U0351698

教育部职业教育专业教学资源库配套教材——安全技术与管理专业

事故应急救援技术

主　编　易　俊　黄文祥

副主编　纵　孟　刘晓帆　郭学良

参　编　李　红　喻晓峰　庞　波

　　　　李　腾

中国矿业大学出版社

·徐州·

内 容 提 要

本书为安全技术与管理专业国家级教学资源库事故应急救援课程的配套教材。全书按照"基础知识先行—单项技能铺垫—综合技能提高"搭建学习框架,共分 5 个模块、14 个项目、34 个任务。

本书可作为普通高等教育应用型本科及高职院校安全类专业的教学用书,也可供相关专业的工程技术人员借鉴、参考。

图书在版编目(C I P)数据

事故应急救援技术/易俊,黄文祥主编. —徐州:
中国矿业大学出版社,2022.10
ISBN 978 - 7 - 5646 - 5388 - 0

Ⅰ. ①事⋯　Ⅱ. ①易⋯②黄⋯　Ⅲ. ①事故—救援
Ⅳ. ①X928

中国版本图书馆 CIP 数据核字(2022)第 075256 号

书　　名	事故应急救援技术
主　　编	易　俊　黄文祥
责任编辑	何晓明
出版发行	中国矿业大学出版社有限责任公司
	(江苏省徐州市解放南路　邮编221008)
营销热线	(0516)83884103　83885105
出版服务	(0516)83995789　83884920
网　　址	http://www.cumtp.com　**E-mail**:cumtpvip@cumtp.com
印　　刷	苏州市古得堡数码印刷有限公司
开　　本	787 mm×1092 mm　1/16　**本册印张** 17.5　**本册字数** 437 千字
版次印次	2022 年 10 月第 1 版　2022 年 10 月第 1 次印刷
总 定 价	59.00 元(共两册)

(图书出现印装质量问题,本社负责调换)

前　　言

本书为安全技术与管理专业国家级教学资源库事故应急救援课程的配套教材。教材全面贯彻党的教育方针，落实立德树人根本任务，面向一线应急救援岗位（安全员、应急救援员、消防员等），参照国家专业教学标准，以法律法规、相关竞赛、证书标准为准绳，引入生命探测仪、救援无人机、救援机器人等一线应急救援新技术，落实"三教"改革，推动"岗课赛证"融通综合育人，助推"课堂革命"改革，力争达到"修心立德铸忠魂，技精能强践使命"的育人目标。

全书内容紧扣事故发生发展主线，按照"基础知识先行—单项技能铺垫—综合技能提高"搭建学习框架，共分 5 个模块、14 个项目、34 个任务。模块 1 属于基础知识认知，帮助学生建立事故应急救援的基本知识和技术轮廓，形成对事故应急救援的总体认识。模块 2 和模块 3 选取了事故处理过程中通用性强、重要程度高的设备设施应用和事故现场急救两个单项技能模块，为事故应急救援综合技能提供技术铺垫。模块 4 和模块 5 属于综合性技能应用，分别针对事故发生后的两个不同阶段进行讲解：第一个阶段是事故初期，以事故现场人员和事故单位为主的初期处置与避险；第二个阶段是事故失控，以专业救援队伍为主导，政府及相关部门广泛参与的抢险救援。

编写团队全力构建"修'五心'，固立德之本；践'五行'，铸生命之盾"的思政主线，实现"一模块一主题，一主题多支撑"的思政框架。模块 1 突出修"求知心"，践行自学探究；模块 2 突出修"精技心"，践行精操细练；模块 3 突出修"仁爱心"，践行救死扶伤；模块 4 突出修"勇敢心"，践行排险解患；模块 5 突出修"爱国心"，践行护家安民。课程思政主线和内容模块主线双线归一、高度契合，最终达成"抢救生命财产，守护美好家园"的思政总目标。

本教材采用新型立体化教材的编写方式，以任务为基本教学单元，内容包括任务分析寻因、案例引入驱动、知识探索助学、任务训练固能、巩固拓展拓学、总结反馈追踪。同时配备微课、动画、PPT、标准规范等阅读资料，读者可以随扫随读,内容与安全技术与管理国家级专业教学资源库课程无缝对接,增加了教材的立体感,助力以学生为中心的"课堂革命"改革。

本书由易俊、黄文祥任主编,纵孟、刘晓帆、郭学良任副主编,参编人员有李红、喻晓峰、庞波、李腾。具体编写分工为:重庆工程职业技术学院黄文祥编写项目 1、项目 2 的任务 1、项目 3、项目 4、项目 6、项目 11,重庆工程职业技术学院易俊编写项目 2 的任务 2、项目 9,中国煤炭工业协会培训中心李腾编写项目 5 的任务 1,重庆工程职业技术学院喻晓峰编写项目 5 的任务 2,重庆化工职业学院纵孟编写项目 5 的任务 3、项目 10、项目 13,兰州资源环境职业技术大学庞波编写项目 7,重庆工程职业技术学院李红编写项目 8,上海市消防救援总队特勤支队郭学良编写项目 12,中国煤炭教育协会刘晓帆编写项目 14。

由于编写时间和编者水平有限,书中疏漏之处在所难免,还请广大读者批评指正!

编　者

2022 年 6 月

目　录

模块1
认识事故应急救援

项目 1 事故应急救援基础知识分析

项目分析

什么是事故,什么是应急救援,事故应急救援主要内涵是什么,法律法规对应急救援有哪些重要规定等,这些问题是学习事故应急救援技术首先要面对的常识性问题,只有对这些基本知识有一定的理解和认识,才能使学生对事故应急救援有一个整体的认识和理解,为后续课程学习奠定基础。

本项目主要针对事故应急救援相关概念和法律法规重要规定进行分析,要求学生能够理解这些概念的内涵和相关法律法规的重要规定、能够正确应用这些知识,培养学生注重基础、依法依规、探索求知的精神品质。

任务 1 事故应急救援相关概念分析

 任务分析

学习事故应急救援,首先要熟悉事故应急救援相关概念。事故应急救援相关概念除了包括一些基本的名词术语(如事故、应急救援等)外,还包括事故的类型和等级划分、事故的内涵等基本内容。

通过对事故应急救援相关概念的初步理解,学生应建立事故应急救援的初步印象和思维轮廓,为后续知识技能学习奠定基础。本任务重点和难点是判断事故类型和等级。

 **任务目标**

> **知识目标**
>
> 1. 熟悉事故应急救援的基本概念。
> 2. 正确阐述事故应急救援的内涵。
>
> **能力目标**
>
> 1. 能够依据实际生产安全事故确定事故的类型和等级。
> 2. 做好基本概念的宣传普及工作。
>
> **素质目标**
>
> 1. 培养学生注重基础、活学活用和动手实践的习惯。
> 2. 激发学生团队意识和探索求知的精神。

案例引入

案例 1　事故判定

某矿业工人长期从事爆破除渣作业,因长期接触粉尘,导致尘肺病。某建筑工人由于高处作业未系安全带,从建筑的 3 层摔下死亡。

引入问题:上述案例中的两个事件是否都是事故,为什么?

案例 2　事故等级判定

某酒店所在建筑物发生坍塌事故,造成 29 人死亡、42 人受伤,直接经济损失 5 794 万元。

引入问题:这个事故是什么类型的事故,事故的等级是什么,为什么?

案例 3　事故应急救援认知局限

某企业对员工进行事故应急救援相关培训,企业从事一线生产的两个工人聊天时说:"事故应急救援是专业人员的事情,我们没有领取相关工资,不用操心。"

引入问题:这种理解是否正确,为什么?

 **知识探索**

名句赏析:"且夫水之积也不厚,则其负大舟也无力。"基础永远是认知的第一步,基本名词术语简要但不简单,一定要咬文嚼字,深耕细挖。

一、事故应急救援基本名词解释

微课资源

（1）事故：是在人们生产、生活过程中突然发生的、违反人们意志的、迫使人们有目的的行为活动暂时或永久停止，可能造成人身伤害、财产损失或环境污染的意外事件。

（2）应急救援：是指针对可能发生的或已经发生的事故采取预防、预备、响应和恢复的活动与计划。

（3）应急管理：是指政府、部门、单位等组织为有效地预防、预测突发公共事件的发生，最大限度减少其可能造成的损失或者负面影响，所进行的制定应急法律法规、应急预案以及建立健全应急体制和应急机制等方面工作的统称。

（4）应急预案：针对可能发生的事故，为迅速、有效、有序地开展应急行动而预先制定的方案，用以明确事前、事发、事中、事后的各个进程中，谁来做、怎样做、何时做，以及相应的资源和策略等。

（5）一案三制：是指为应对事故应急救援而制定的应急预案和建立的应急体制、应急机制、相关法律制度的简称。

（6）应急响应：针对事故险情或事故，依据应急预案采取的应急行动。其目的是减少事故造成的损失，包括人民群众的生命、财产损失，国家和企业的经济损失，以及相应的社会不良影响等。

（7）应急保障：是指为保障应急处置的顺利进行而采取的各种保障措施。一般按功能分为人力、财力、物资、交通运输、医疗卫生、治安维护、人员防护、通信与信息、公共设施、社会沟通、技术支撑以及其他保障。

（8）现场急救：是在事故现场对遭受意外伤害的人员所进行的应急救治处理。其目的是控制伤害程度、减轻人员痛苦、防止伤情迅速恶化、抢救伤员生命，然后将其安全地护送到医院检查和治疗。

（9）初期处置与避险：针对事故发生初期，现场人员如何正确处理、避险逃生，单位内部如何做好现场处置等一系列处置流程、方法和技术，力求将事故控制在局部，防止事故的扩大和蔓延。

（10）抢险救援：事故已经超出现场或单位控制范畴，需要外部援助，强调以专业救援力量为核心，政府、医疗、社会救援等广泛参与的救援活动。

（11）应急恢复：是指事故发生的影响得到初步控制以后，政府、社会组织和公民为了使生产、工作、生活、社会秩序和生态环境尽快恢复到正常状态而采取的措施或行动。

边学边用

结合案例 1 中的问题，完成学生活动表中的活动内容，完成后可以拍照上传至网络平台。

学生活动表

活动描述	案例1问题密钥	备注
请针对案例1中提到的问题完成相关内容		字数不超过100

学生姓名： 完成时间：

二、事故分类和等级划分

1. 事故的分类

微课资源

根据《企业职工伤亡事故分类》(GB 6441)，一般将生产过程中的常见事故划分为20类，以下分别对这些事故类型(危险、有害因素)进行分析。

第1类：物体打击。物体在重力或其他外力的作用下运动，打击人体造成伤害的危险，例如高速旋转的设备部件松脱飞出伤人、高速流体喷射伤人等，不包括因机械设备、车辆、起重机械、坍塌等引发的物体打击的危险。

第2类：车辆伤害。厂内机动车辆在行驶过程中导致的撞击、人体坠落、物体倒塌、飞落、挤压等形式伤害的危险，不包括起重设备提升、牵引车辆和车辆停驶时发生事故的危险。

第3类：机械伤害。由于机械设备的运动或静止的部件、工具、被加工件等，直接与人体接触引起的碰撞、剪切、夹挤、卷绞缠、碾压、割、刺等形式伤害的危险，不包括厂内外车辆、起重机械引起的各类机械伤害危险。

第4类：起重伤害。指在日常起重作业中，脱钩砸人、钢丝绳断裂抽人、移动吊物撞人、滑车砸人以及倾翻事故、坠落事故、提升设备过卷事故、起重设备误触高压线或感应带电体触电等危险。

第5类：触电。主要包括两类。

(1)电击、电伤：人体与带电体直接接触或人体接近带高压电体，使人体流过超过承受阈值的电流而造成伤害的危险称为电击；带电体产生放电电弧而导致人体烧伤的伤害称为电伤。

(2)雷电：由于雷击造成的设备损坏或人员伤亡。雷电也可能导致二次事故的发生。

第6类：淹溺。人体落入水中造成伤害的危险，包括高处坠落淹溺，不包括矿山、井下透水等的淹溺。

第7类：灼烫。火焰烫伤、高温物体烫伤、化学灼伤(酸、碱、盐、有机物引起的体内外灼伤)、物理灼伤(光、放射性物质引起的体内外灼伤)等危险，不包括电灼伤和火灾引起的烧伤危险。

第8类：火灾。由于火灾而引起的烧伤、窒息、中毒等伤害的危险，包括由电气设备故障、雷电等引起的火灾伤害危险。

第9类：高处坠落。指在高处作业时发生坠落造成冲击伤害的危险，不包括触电坠落和行驶车辆、起重机坠落的危险。

第10类：坍塌。物体在外力或重力作用下，超过自身的强度极限或因结构、稳定性破坏而造成的危险(如脚手架坍塌、堆置物倒塌等)，不包括车辆、起重机械碰撞或爆破引起的坍塌。

第 11 类:冒顶片帮。井下巷道和采矿工作面围岩或顶板不稳定,没有采取可靠的支护,顶板冒落或巷道片帮对作业人员造成的伤害。

第 12 类:透水。井下没有采取防治水措施,没有及时发现突水征兆,或发现突水征兆没有及时采取防探水措施,或没有及时探水,裂隙、溶洞、废弃巷道、透水岩层、地表露头等积水进入采空区、巷道、采掘工作面,造成井下涌水量突然增大而发生淹井事故。

第 13 类:放炮。爆破作业中所存在的危险。

第 14 类:火药爆炸。火药、炸药在生产、加工、运输、贮存过程中发生爆炸的危险。

第 15 类:瓦斯爆炸。井下瓦斯超限达到爆炸条件而发生瓦斯爆炸危险。

第 16 类:锅炉爆炸。锅炉等发生压力急剧释放、冲击波和物体(残片)作用于人体所造成的危险。

第 17 类:容器爆炸。压力容器、乙炔瓶、氧气瓶等发生压力急剧释放、冲击波和物体(残片)作用于人体所造成的危险。

第 18 类:其他爆炸。可燃性气体、粉尘等与空气混合形成爆炸性混合物,接触引爆能源(包括电气火花)发生爆炸的危险。

第 19 类:中毒和窒息。化学品、有害气体急性中毒,缺氧窒息,中毒性窒息等危险。

第 20 类:其他伤害。除上述因素以外的一些可能的危险因素,如体力搬运重物时碰伤、扭伤、非机动车碰撞轧伤、滑倒(摔倒)碰伤、非高处作业跌落损伤、生物侵害等危险。

2. 事故的等级划分

根据生产安全事故(以下简称事故)造成的人员伤亡或者直接经济损失,事故一般分为以下等级:

特别重大事故:是指造成 30 人以上死亡,或者 100 人以上重伤(包括急性工业中毒,下同),或者 1 亿元以上直接经济损失的事故。

重大事故:是指造成 10 人以上 30 人以下死亡,或者 50 人以上 100 人以下重伤,或者 5 000 万元以上 1 亿元以下直接经济损失的事故。

较大事故:是指造成 3 人以上 10 人以下死亡,或者 10 人以上 50 人以下重伤,或者 1 000 万元以上 5 000 万元以下直接经济损失的事故。

一般事故:是指造成 3 人以下死亡,或者 10 人以下重伤,或者 1 000 万元以下直接经济损失的事故。

上面规定的“以上”包括本数,“以下”不包括本数,具体可以参考图 1-1 帮助理解。

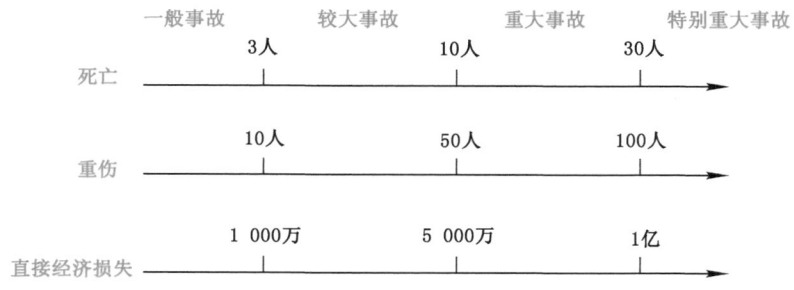

图 1-1 事故等级划分图

边学边用

结合案例 2 中的问题,完成学生活动表中的活动内容,完成后可以拍照上传至网络平台。

学生活动表

活动描述	案例 2 问题密钥	备注
请针对案例 2 中提到的问题完成相关内容		字数不超过 100
学生姓名:	完成时间:	

三、事故应急救援内涵

事故应急救援的内涵包括预防、预备、响应和恢复四个阶段,这四个阶段是一个动态的过程。虽然这四个阶段常常是重叠在一起的,但它们中的每一个阶段都有各自的目标,并且成为下个阶段内容的一部分,如图 1-2 所示。

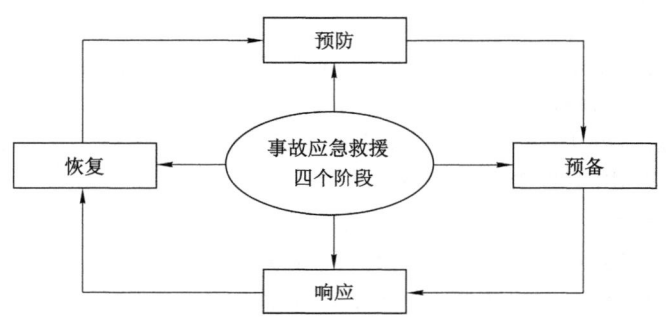

图 1-2　事故应急救援四个阶段

1. 预防

通过安全管理和安全技术等手段,尽可能防止事故的发生,在假定事故必然发生的前提下,通过预先采取的预防措施降低事故的影响或后果严重程度。

2. 预备

事故发生前采取的行动。针对可能发生的事故,为迅速有效地开展应急救援行动而预先所做的各种准备,包括应急机构的设立和职责的落实、预案的编制、应急队伍的建设、应急设备(施)与物资的准备和维护、预案的演练、与外部应急力量的衔接等,目的是应对事故发生而提高应急行动能力及推动响应工作。

3. 响应

事故发生前及发生期间和发生后立即采取救援行动,包括事故的报警与通报、人员的紧急疏散、急救与医疗、消防和工程抢险措施、信息收集与应急决策、外部求援等,目标是尽可能地抢救受害人员、保护可能受威胁的人群,并尽可能控制并消除事故。

4. 恢复

使生产、生活恢复到正常状态或得到进一步的改善。事故发生后立即进行恢复工作,使事故影响区域恢复到相对安全的基本状态,然后逐步恢复到正常状态。立即进行的恢复工作包括事故损失评估、原因调查、清理废墟等。短期恢复中应注意避免出现新的紧急情况;长期恢复包括厂区重建以及受影响区域的重新规划和发展。

边学边用

结合案例 3 中的问题,完成学生活动表中的活动内容,完成后可以拍照上传至网络平台。

学生活动表

活动描述	案例 3 问题密钥	备注
请针对案例 3 中提到的问题完成相关内容		字数不超过 100
学生姓名:	完成时间:	

点睛

> 应急救援名词多,理解记忆最科学。
> 事故类型二十个,逐一去套不出错。
> 救援内涵不特别,四个要素要理解。
> 从业人员不能缺,应急救援有效果。

任务 2　事故应急救援法律法规应用

任务分析

事故应急救援"一案三制"中法制是保障,有了法律法规的保障,各种应急救援工作才能有章可循、有法可依,应急救援工作才能高效运转。

现实工作中对事故应急救援法律法规不熟悉、不了解或贯彻不力,是导致事故发生的重要原因。事故发生后,一系列处理流程也要依法进行,否则也容易产生违法行为。

微课资源

本任务主要针对相关法律法规中关于事故应急救援的重要规定进行深入剖析,要求学生在进行事故应急救援工作过程中要以法律为基础,重点和难点是事故应急救援法律框架体系及重要规定。

 任务目标

知识目标
  1. 熟悉事故应急救援法律体系。
  2. 熟悉事故应急救援重要法律法规目录。
  3. 理解事故应急救援法律法规重要内容规定。
能力目标
  1. 能够正确使用法律法规条文解决生产和生活中遇到的应急救援法律问题。
  2. 具有普法宣传教育的能力。
素质目标
  1. 养成学法、知法、懂法、守法的行为习惯。
  2. 增强学生法制意识和对相关法律自我探究的精神。

案例引入

案例1　未设置应急救援组织遭警告

某建筑施工单位有从业人员1 000多人,该单位安全部门的负责人多次向主要负责人提出要建立应急救援组织,但单位负责人认为建立这样一个组织,平时用不上,还老得花钱来养着,划不来,真有了事情,可以向上级报告,请求他们给予支持就行了。由于单位主要负责人有这样的认识,因此该建筑施工单位一直未设置应急救援组织。后来,有关部门在进行监督检查时,责令该单位立即建立应急救援组织。

引入问题:请分析该案例的性质及有哪些违法行为?

案例2　某烟花制造公司爆炸事故

某烟花制造公司发生爆炸事故,造成13人死亡、13人受伤。事发当日中午,当地上报的伤亡情况为1死1伤,有媒体质疑后,当地又改称是7死13伤。后当地省政府成立调查组,调查核实后发现另有6人死亡。

令人发指的是,事发企业股东、法人代表及相关管理人员甚至转移藏匿遇难人员遗体,伙同有关公职人员谎报、瞒报事故信息。

国务院安委会办公室约谈当地政府和应急管理部门主要负责人,指出当地隐瞒死亡人数,性质恶劣,影响极坏。

引入问题:请分析该起事故性质及违法行为有哪些?

 知识探索

名句赏析:"法律是最保险的'头盔'。"如果脱离了法律,你就行走在危险的边缘。

一、我国事故应急救援法律法规体系

1. 法律

此处仅指狭义上的法律,即由全国人民代表大会和全国人民代表大会常务委员会行使国家立法权而颁布的规范性文件,如《中华人民共和国突发事件应对法》《中华人民共和国安全生产法》等。

2. 行政法规

事故应急救援行政法规,是由国务院组织制定并批准公布的一系列具体规定,是我们实施事故应急救援工作的重要依据,如《危险化学品安全管理条例》《特种设备安全监察条例》等。

3. 地方性法规

地方性法规是指由特定有立法权的地方权力机关——地方人民代表大会及其常务委员会依法制定和修改的行政法规。它的效力不超出本行政区域范围。

现阶段,省、自治区、直辖市、省级政府所在地的市、经国务院批准的较大市的人民代表大会及其常务委员会,根据本地的具体情况和实际需要,在不与宪法、法律、行政法规相抵触的前提下,可规定和颁布地方性法规,报给全国人民代表大会常务委员会和国务院备案,如《重庆市安全生产条例》等。

4. 行政规章

规章可以分为两类:部门规章和地方政府规章。根据规定,部门规章之间、部门规章与地方政府规章之间具有同等效力,在各自的权限范围内施行。

（1）部门规章:是指国务院所属部委根据法律和国务院行政法规、决定、命令,在本部门的权限内所发布的各种行政性的规范性法律文件,如《危险化学品重大危险源监督管理暂行规定》《生产安全事故预案管理办法》《生产经营单位安全培训规定》等。

（2）地方政府规章:是省、自治区、直辖市、设区的市、自治州的人民政府等根据法律、行政法规制定的规范性法律文件,如《广东省专职消防队建设管理规定》等。它不仅不得与宪法、法律和行政法规相抵触,还不得与上级和同级别的地方性法规相抵触。

边学边用

利用手机搜索功能,独立完成学生活动表中的活动内容,完成后可以拍照上传至网络平台。

学生活动表

活动描述	法律	行政法规	地方性法规	地方政府规章	部门规章	备注
利用手机搜索事故应急救援法律法规,整理分类后将名称写在右侧对应位置。要求:每种收集3～5个						

学生姓名：　　　　　　　　　　　　完成时间：

二、应急救援相关的法律法规重要规定

1. 中华人民共和国安全生产法

2021 年 6 月 10 日,中华人民共和国第十三届全国人民代表大会常务委员会第二十九次会议通过《全国人民代表大会常务委员会关于修改〈中华人民共和国安全生产法〉的决定》,自 2021 年 9 月 1 日起施行。其中,第八十条、第八十一条、第八十二条和第八十三条内容要重点记忆理解。

法律法规

边学边用

结合上面条文和案例 1 中的问题,完成学生活动表中的活动内容,完成后可以拍照上传至网络平台。

学生活动表

活动描述	案例 1 问题密钥	备注
请针对案例 1 中提到的问题完成相关内容		字数不超过 100

学生姓名： 完成时间：

2. 生产安全事故报告和调查处理条例

(1) 关于事故报告的重要规定

《生产安全事故报告和调查处理条例》中要重点学习第九条、第十条、第十一条和第十三条的内容。

法律法规

这些规定明确了事故报告的程序和时间,不同类型的事故报告程序不同,强调事故报告要逐级上报,必要时才可以越级上报。对事故单位上报事故时间、相关部门逐级上报时间都进行了规定,并且事故伤亡人数发生变化的要依据情况及时补报。

(2) 关于事故调查的重要规定

《生产安全事故报告和调查处理条例》中关于事故调查的规定要重点学习第四条、第十九条、第二十条、第二十二条和第二十九条的内容。

这些规定明确了不同级别的事故负责事故调查的主体不同,同时对事故报告的提交时间进行了明确规定,不能无限拖延时间,为事故调查有序推进奠定了基础。

(3) 关于法律责任的重要规定

《生产安全事故报告和调查处理条例》中关于法律责任的规定要重点学习第三十六条、第三十七条和第三十八条的内容。

边学边用

依据《生产安全事故报告和调查处理条例》,结合案例 2 中的问题,完成学生活动表中的活动内容,完成后可以拍照上传至网络平台。

学生活动表

活动描述	案例 2 问题密钥	备注
请针对案例 2 中提到的问题完成相关内容		字数不超过 100

学生姓名：　　　　　　　　　　　　　　完成时间：

3. 其他法律法规的规定

《中华人民共和国突发事件应对法》是针对突发事件(包括自然灾害、事故灾难、公共卫生事件和社会安全事件)制定的一部专门法律,主要从预防与应急准备、监测与预警、应急处置与救援、事后恢复与重建等几个大的方面做出了法律上的规定,为一系列事故应急救援法律法规奠定了基础。

《中华人民共和国消防法》第四十三条明确规定:"县级以上地方人民政府应当组织有关部门针对本行政区域内的火灾特点制定应急预案,建立应急反应和处置机制,为火灾扑救和应急救援工作提供人员、装备等保障。"第四十四条规定:"任何人发现火灾都应当立即报警。任何单位、个人都应当无偿为报警提供便利,不得阻拦报警。严禁谎报火警。人员密集场所发生火灾,该场所的现场工作人员应当立即组织、引导在场人员疏散。任何单位发生火灾,必须立即组织力量扑救。邻近单位应当给予支援。消防队接到火警,必须立即赶赴火灾现场,救助遇险人员,排除险情,扑灭火灾。"

《生产安全事故应急条例》第七条规定:"县级以上人民政府负有安全生产监督管理职责的部门应当将其制定的生产安全事故应急救援预案报送本级人民政府备案;易燃易爆物品、危险化学品等危险物品的生产、经营、储存、运输单位,矿山、金属冶炼、城市轨道交通运营、建筑施工单位,以及宾馆、商场、娱乐场所、旅游景区等人员密集场所经营单位,应当将其制定的生产安全事故应急救援预案按照国家有关规定报送县级以上人民政府负有安全生产监督管理职责的部门备案,并依法向社会公布。"

《生产安全事故应急预案管理办法》第三十三条规定:"生产经营单位应当制定本单位的应急预案演练计划,根据本单位的事故风险特点,每年至少组织一次综合应急预案演练或者专项应急预案演练,每半年至少组织一次现场处置方案演练。易燃易爆物品、危险化学品等危险物品的生产、经营、储存、运输单位,矿山、金属冶炼、城市轨道交通运营、建筑施工单位,以及宾馆、商场、娱乐场所、旅游景区等人员密集场所经营单位,应当至少每半年组织一次生产安全事故应急预案演练,并将演练情况报送所在地县级以上地方人民政府负有安全生产监督管理职责的部门。县级以上地方人民政府负有安全生产监督管理职责的部门应当对本行政区域内前款规定的重点生产经营单位的生产安全事故应急救援预案演练进行抽查;发现演练不符合要求的,应当责令限期改正。"第四十四条规定:"生产经营单位有下列情形之一的,由县级以上人民政府应急管理等部门依照《中华人民共和国安全生产法》第九十四条的规定,责令限期改正,可以处 5 万元以下罚款;逾期未改正的,责令停产停业整顿,并处 5 万元以上 10 万元以下的罚款,对直接负责的主管人员和其他直接责任人员处 1 万元以上 2 万元以下的罚款:(一)未按照规定编制应急预案的;(二)未按照规定定期组织应急预案演练的。"

《危险化学品安全管理条例》第六十九条规定:"县级以上地方人民政府安全生产监督管理部门应当会同工业和信息化、环境保护、公安、卫生、交通运输、铁路、质量监督检验检疫等部门,根据本地区实际情况,制定危险化学品事故应急预案,报本级人民政府批准。"第七十条规定:"危险化学品单位应当制定本单位危险化学品事故应急预案,配备应急救援人员和必要的应急救援器材、设备,并定期组织应急救援演练。"

《中华人民共和国职业病防治法》第二十条规定:"用人单位应当采取下列职业病防治管理措施:⋯⋯(六)建立、健全职业病危害事故应急救援预案。"

《特种设备安全监察条例》第六十五条规定:"特种设备安全监督管理部门应当制定特种设备应急预案。特种设备使用单位应当制定事故应急专项预案,并定期进行事故应急演练。"

《建设工程安全生产管理条例》第四十七条规定:"县级以上地方人民政府建设行政主管部门应当根据本级人民政府的要求,制定本行政区域内建设工程特大生产安全事故应急救援预案。"第四十八条规定:"施工单位应当制定本单位生产安全事故应急救援预案,建立应急救援组织或者配备应急救援人员,配备必要的应急救援器材、设备,并定期组织演练。"第四十九条规定:"施工单位应当根据建设工程施工的特点、范围,对施工现场易发生重大事故的部位、环节进行监控,制定施工现场生产安全事故应急救援预案。实行施工总承包的,由总承包单位统一组织编制建设工程生产安全事故应急救援预案,工程总承包单位和分包单位按照应急救援预案,各自建立应急救援组织或者配备应急救援人员,配备救援器材、设备,并定期组织演练。"

 点睛

> 法制层次多,主体有区别。
>
> 主席签法律,层级高一切。
>
> 法规有两项,级别相对弱。
>
> 政府和部门,规章有两个。
>
> 如果起冲突,国务来解决。

项目 2　事故应急救援理念和技术体系分析

　　事故应急救援理念是引领事故应急救援工作的思想基础,是学习事故应急救援技术首要解决的问题。理念决定行动,党中央时刻将人民的生命安全放在首位,要求牢固树立"生命至上、安全第一"的理念,救援工作也要以此为思想基础,同时形成统筹协调的组织理念和多元共治的管理理念。在这些应急救援理念的基础上,才能更好地理解事故应急救援技术的内涵,建立完善的框架体系。

　　本项目主要引导学生形成正确的事故应急救援理念,理解事故应急救援技术框架体系,培养学生探求真理、善于总结、重视技术的行为习惯以及对党和国家的敬爱之情。

任务 1　事故应急救援重要理念分析

 任务分析

　　事故应急救援理念是长时间发展过程中逐步形成的,凝结了党和人民的重要探索与实践经验。只有充分理解这些理念,才能正确看待事故应急救援事业,才能更好地武装头脑、指导实践。本任务重点是事故应急救援的三个重要理念,难点是能够使用理念解释我们国家应急救援的一些重要政策。

微课资源

 任务目标

知识目标
1. 理解生命至上的安全理念内涵。
2. 理解统筹协调的应急救援组织理念内涵。
3. 理解多元共治的应急管理理念内涵。

能力目标
1. 能够从具体的事故应急救援案例中提炼出我国应急救援的一些重要理念。
2. 能够使用理念解释我们国家应急救援的一些重要政策。

素质目标
1. 培养学生探索问题的主动性。
2. 增强学生勤于思考、勇于表达自己观点的主动性。
3. 加深学生对党和国家的感情。

案例引入

案例1　一起化工事故后，党中央、国务院高度重视的案例

某化工有限公司化学储罐发生爆炸事故，并波及周边16家企业。经全力处置，事故现场得以控制，空气污染物指标在许可范围内。事故造成47人死亡、90人重伤，另有部分群众不同程度受伤。

事故发生后，党中央、国务院高度重视，立即做出重要指示，要求政府和有关部门全力抢险救援，搜救被困人员，及时救治伤员，做好善后工作，切实维护社会稳定。要加强监测预警，严防发生环境污染和次生灾害。要尽快查明事故原因，及时发布权威信息，加强舆情引导。

引入问题：案例中主要体现了事故应急救援的哪些理念？

案例2　应急管理部成立

2018年3月，根据第十三届全国人民代表大会第一次会议批准的国务院机构改革方案，组建应急管理部，不再保留国家安全生产监督管理总局。新组建的应急管理部将分散在原国家安全生产监督管理总局、国务院办公厅、公安部（消防）、民政部、国土资源部、水利部、农业部、林业局、地震局以及防汛抗旱指挥部、国家减灾委、抗震救灾指挥部、森林防火指挥部等的应急管理相关职能进行了整合。

引入问题：成立应急管理部主要体现了事故应急救援的哪些理念？

案例3　一起事故后，抢险救援广泛参与的案例

福建省泉州市某酒店所在建筑物发生坍塌，造成71人被困。事故发生后，应急管理部

立即启动应急响应,会同住房和城乡建设部等部门派出工作组连夜赶赴现场指导应急处置工作。福建省及泉州市迅速组织力量开展救援。国家综合性消防救援队伍、国家安全生产专业救援队伍、中交集团、地方专业队伍、社会救援力量等共计 118 支队伍、5 176 人参与了抢险救援。

引入问题:案例中主要体现了事故应急救援的哪些理念?

 知识探索

名句赏析:"立党为公,执政为民。心系中华,为万世开太平!"党永远把人民生命和财产安全放在第一位。

一、生命至上的安全发展理念

中华人民共和国成立初期,我国经济发展水平比较低、物质比较匮乏,财产特别是公共财产尤其具有特殊重要意义,人们形成了勇于保护国家财产、集体财产的社会价值观。改革开放后,随着社会生产力的发展和全社会物质财富的大大增加,在保护国家财产、集体财产的过程中,人的生命价值也日益受到重视。进入新时代,党中央明确把"牢固树立以人民为中心的思想,切实保障人民群众生命财产安全"作为我们党治国理政的一项重要原则,始终把"生命至上、安全第一"作为开展应急管理工作的底线。

1. "生命至上"是人民利益至上的具体体现

"为人民谋幸福"是中国共产党的初心和使命,坚持"人民至上、生命至上"是中国共产党的内在价值取向,是满足人民群众日益增长的美好生活需要的基石,是习近平新时代中国特色社会主义思想的重要组成部分。防灾减灾救灾事关人民生命财产安全,事关社会和谐稳定,是衡量执政党领导力、检验政府执行力、评判国家动员力、体现民族凝聚力的一个重要方面。要把确保人民群众生命安全放在第一位。应急管理是国家治理体系和治理能力的重要组成部分,承担防范化解重大安全风险、及时应对处置各类灾害事故的重要职责,担负保护人民群众生命财产安全和维护社会稳定的重要使命。中国共产党根基在人民、血脉在人民,坚持以人民为中心的发展思想,无论面临多大的挑战和压力,无论付出多大的牺牲和代价,这一点都始终不渝、毫不动摇。

2. 树立安全发展理念,弘扬"生命至上、安全第一"的思想

党的十八大以来,党中央坚持以人民为中心的发展思想,坚持"人民至上、生命至上",把人民群众生命安全和身体健康作为治国理政的一项重大任务。党的十九大报告中指出:"树立安全发展理念,弘扬生命至上、安全第一的思想,健全公共安全体系,完善安全生产责任制,坚决遏制重特大安全事故,提升防灾减灾救灾能力。"党的二十大报告中提出:"坚持安全第一、预防为主,建立大安全大应急框架,完善公共安全体系,推动公共安全治理模式向事前预防转型。"坚持"生命至上",必须切实做到"安全第一"。"生命至上"为"安全第一"提供了价值基础和思想引领,"安全第一"为"生命至上"提供了支撑保障。

3. 切实保障人民群众的生命财产安全

党的十八大以来,我国出台了一系列落实"人民至上、生命至上"的政策、制度和法律,不断补短板、强弱项,不断完善应急管理制度体系,不断切实保障人民群众的生命财产安全,使

人民群众的获得感、幸福感、安全感显著增强。在"生命至上"原则下,应急管理始终坚持做到以下几点:

一是对生命绝不轻言放弃。应急管理部组建以来,认真贯彻落实习近平总书记关于防灾减灾救灾重要论述,全力防范化解重大自然灾害风险,有效应对重大自然灾害,最大限度减少灾害造成的人员伤亡和财产损失。在抢险救援阶段,不放弃每一个生命,不错过每一个救援机会,不到最后绝不言弃。

二是做好灾民的安置和心理安抚工作。将受灾人民群众第一时间转移到安全区域,做好受伤处理、心理安抚和生活保障工作以及灾后重建工作。

三是高度重视应急救援人员的生命安全和心理健康,加强救援人员安全保护意识及配套装备,培养高素质的专业应急救援队伍,为快速开展大规模应急救援和灾后重建工作奠定了基础。

 边学边用

结合案例 1 中的问题,完成学生活动表中的活动内容,完成后可以拍照上传至网络平台。

学 生 活 动 表

活动描述	案例 1 问题密钥	备注
请针对案例 1 中提到的问题完成相关内容		字数不超过 100
学生姓名:	完成时间:	

二、统筹协调的组织理念

中华人民共和国成立以来,党和政府高度重视灾害防治工作,发挥我国社会主义制度能够集中力量办大事的政治优势,防灾减灾救灾成效举世公认。中华人民共和国成立后至改革开放前,社会相对封闭,各种突发事件在起因、过程、后果等方面都比较单一,实行的是以单灾种管理为主的分类管理模式,成立了不同的专职部门来应对不同类型的突发事件,各个"条"自上而下组织动员,采取行动。

改革开放以来,随着整个社会系统变得日益开放、各种要素的流动性日渐增强,各类突发事件越来越具有"跨界"的属性,在事件起因、发展过程、影响后果等方面表现出越来越强的联锁联动特点,相互之间容易耦合、演化、叠加,这就要求采取系统性手段予以综合应对。在加强部际联席会议机制建设的同时,我国重点依托各级政府应急管理办公室进行综合协调,发挥其运转枢纽作用。

党的十九大报告中指出:"统筹发展和安全,增强忧患意识,做到居安思危,是我们党治国理政的一个重大原则。"党的二十大报告中指出:"我们必须增强忧患意识,坚持底线思维,做到居安思危、未雨绸缪,准备经受风高浪急甚至惊涛骇浪的重大考验。"党的十九大以来,党中央深刻把握国家治理规律,适时做出应急管理机构改革和体系能力现代化建设的重大

决定,为进一步防范化解重特大安全风险,健全公共安全体系,有效整合优化应急力量和资源,在探索具有中国特色的综合应急管理模式上实现了划时代的变革。组建应急管理部,是对整个机关实施全新的再造重建、脱胎换骨,努力实现由"物理相加"向"化学反应"的深刻转变。

1. 形成高效统一的指挥体系

党的十九届四中全会上提出:"构建统一指挥、专常兼备、反应灵敏、上下联动的应急管理体制,优化国家应急管理能力体系建设,提高防灾减灾救灾能力。"应急管理部建立了部门负责人 24 h 在岗值守工作机制,形成了高效统一的指挥体系。面对多发的重大灾害险情,发挥议事协调机构作用,应急管理部牵头组织各相关部门第一时间集中会商、调度指挥,实现研判更加快速、决策更加科学。目前,我国的应急管理体系已由原来的"分类管理"逐步转变为"统筹协调",避免了分类管理存在部门分割、权责独立的现象,消除了"不完整单部门负责制""临时性指挥部机制""外生性减灾机制""重大自然灾害的中央兜底"的弊病,建立了特别重大灾害由应急管理部牵头处置和一般性灾害由地方各级政府负责、应急管理部统一响应支援的应急处置机制。同时,严格落实属地责任和主体责任,充分发挥地方、企业和其他社会力量等各方面的作用。

2. 通过统筹协调有机整合各方面的资源与力量

新时代应急管理面对的重大安全风险是高度复杂、高度不确定的系统性风险。统筹协调的目的是将各方面的资源与力量有机整合起来。统筹协调的维度包括内部统筹协调、部门间统筹协调、军地统筹协调、政企和政社统筹协调以及国际统筹协调等。在经济全球化时代,重大风险的全球治理也已成为构建人类命运共同体的一个重要内容。人类对自然规律的认知没有止境,防灾减灾、抗灾救灾是人类生存发展的永恒课题。科学认识致灾规律,有效减轻灾害风险,实现人与自然和谐共处,需要国际社会共同努力。

边学边用

结合案例 2 中的问题,完成学生活动表中的活动内容,完成后可以拍照上传至网络平台。

学生活动表

活动描述	案例 2 问题密钥	备注
请针对案例 2 中提到的问题完成相关内容		字数不超过 100

学生姓名:　　　　　　　　　　　　完成时间:

三、多元共治的管理理念

中华人民共和国成立初期,应急管理工作多是由政府管控,呈现"大包大揽""单打独斗"的状态。至改革开放前的"总体性"结构中,政府扮演"独奏"的角色,是应急管理的绝对主体,重特大突发事件发生后,全国总动员、全民齐发动。改革开放后,我国的市场经济和对外开放不断迈开步子,社会力量、市场力量以及国际合作在应急管理中发挥着越来越重要的作用。随着中国经济社会发展,突发事件日趋复杂,过去政府作为应急管理唯一主体的局面已经发生转变。进入新时代,面对形形色色、各种各样的突发事件,应急管理充分依托社会力量,由政府管控转为多元共治,企业、非政府机构、各种团体组织、人民群众等都参与进来。一方面,建立包括中央政府与地方政府、营利性组织与非营利性组织、企业与社会公众共同参与的多元应急主体,构建跨区域、跨领域、跨部门的应急管理体系。另一方面,加快各应急管理部门间的融合,完善工作机制,形成职责明确、运转高效、衔接顺畅、统筹协调的工作态势,充分体现了新时代应急管理统一领导、多元结合、上下联动、反应敏捷的优势。应急管理部组建以来,坚持以习近平新时代中国特色社会主义思想为指导,加快推进中国特色应急救援力量体系的建设。

1. 国家综合性消防救援队伍

国家综合性消防救援队伍主要由消防救援队伍和森林消防队伍组成,是我国应急救援的主力军和国家队,承担着防范化解重大安全风险、应对处置各类灾害事故的重要职责。组建国家综合性消防救援队伍,是党中央适应国家治理体系和治理能力现代化做出的战略决策,是立足我国国情和灾害事故特点构建新时代国家应急救援体系的重要举措,对提高防灾减灾救灾能力、维护社会公共安全、保护人民生命财产安全具有重大意义。

2. 各类专业应急救援队伍

各类专业应急救援队伍主要由地方政府和企业专职消防、地方森林(草原)防灭火、地震和地质灾害救援、生产安全事故救援等专业救援队伍构成,是国家综合性消防救援队伍的重要协同力量,担负着区域性灭火救援和安全生产事故、自然灾害等专业救援职责。另外,交通、铁路、能源、工信、卫生健康等行业部门都建立了水上、航空、电力、通信、医疗防疫等应急救援队伍,主要担负行业领域的事故灾害应急抢险救援任务。

3. 社会应急力量

从 2008 年开始,参与灾难救援的社会力量开始蓬勃发展起来。目前,社会应急队伍超过 1 000 支,依据人员构成及专业特长开展水域、山岳、城市、空中等应急救援工作。另外,一些单位和社区建有志愿消防队,属群防群治力量。同时,人民解放军和武警部队是我国应急处置与救援的突击力量,担负着重特大灾害事故的抢险救援任务。

边学边用

结合案例 3 中的问题,完成学生活动表中的活动内容,完成后可以拍照上传至网络平台。

学生活动表

活动描述	案例 3 问题密钥	备注
请针对案例 3 中提到的问题完成相关内容		字数不超过 100
学生姓名:	完成时间:	

 点睛

> 应急救援保安全,生命至上是理念。
>
> 统筹协调是手段,多元共治是关键。
>
> 群策群力不畏险,党的恩情大于山。

任务 2　事故应急救援技术体系分析

 任务分析

　　事故应急救援技术主要是针对事故发生初期现场人员和单位如何紧急处置、现场急救、避险逃生,以及后期以专业救援队伍为核心的多部门参与的抢险救援等一系列程序措施。

微课资源

　　本任务主要针对事故应急救援的各个技术模块进行分析,让学生对事故应急救援技术有一个全方位的了解,为后续学习建立框架引导,重点和难点是事故应急救援技术体系的框架和内容。

 任务目标

> 知识目标
>
> 　　1. 熟悉事故应急救援技术体系的结构划分。
>
> 　　2. 熟悉事故应急救援技术的内容。
>
> 能力目标
>
> 　　1. 能够通过阅读案例,分辨出案例中涉及的事故应急救援技术。
>
> 　　2. 培养学生分析和归纳问题的能力。
>
> 素质目标
>
> 　　1. 培养学生尊重技术、探索求知的行为习惯。
>
> 　　2. 培养学生团队意识和对救援工作的情感。

 案例引入

案例 1　一起成功现场急救案例

　　某日上午,22 岁的小伙子王先生来到公司上班后,感到口渴,于是去接杯水喝。但还没喝上水,王先生就突然晕倒在地,心跳、呼吸骤停。公司同事见状立刻拨打 120 急救电话,并开始进行心肺复苏。公司老板叶先生 20 年前曾参加过 CPR 急救培训,得知员工倒下后挺身而出,

一直不停地为王先生进行心肺复苏,直到医院救护车到达现场。医院急诊科急救医护人员到达现场后继续为王先生进行心肺复苏,评估病情后进行电除颤 1 次,心肺复苏 20 多分钟后病人心跳、呼吸恢复,随即转送医院急诊科。最终由于施救得当王先生保住了生命。

引入问题:案例中涉及哪些方面的事故应急救援技术?

案例 2　一起火灾成功逃生案例

某日,广东省汕头市一居民家中因空调短路发生火灾,现场有兄弟俩被困在屋内,一个 11 岁,一个 13 岁。起火时,孩子的姑姑冲出来呼救,一不小心把门关了,两个孩子被困在屋内。哥哥发现火灾后,及时将弟弟叫醒,随后去拿湿毛巾,并把电闸关掉,然后兄弟俩冲到阳台呼救,之后哥哥让弟弟用湿毛巾捂住口、鼻,等待消防人员前来救援,并且哥俩等到手电筒照过来时大声呼救。消防人员看到他们后,将他们从四楼解救了出来。

引入问题:案例中涉及哪些方面的事故应急救援技术?

 **知识探索**

名句赏析:"技术天天练,事故日日防。"只有了解事故应急救援技术的基本内容,才能做好应对各种事故的准备。

一、事故应急救援技术模块分析

"事故"是一个比较宽泛的词汇,本书主要指生产生活事故、自然灾害事故等。事故应急救援技术是指针对各种类型的事故在发生后不同主体如何利用应急资源、技术方法控制事故、避险逃生的流程、方法和措施,从而有效减轻事故危害的技术。

本书从大的方面将事故应急救援技术划分为事故应急救援常见设备设施应用模块、事故现场急救模块、事故初期处置与避险模块、事故抢险救援模块。

1. 事故应急救援常见设备设施应用模块分析

事故应急救援常见设备设施应用属于事故应急救援单项技术能力,设备设施属于事故应急救援资源,用途广泛。实践证明,事故发生后能够正确使用这些设备设施,能够有效控制事故的扩大,避免自身伤亡,提高避险自救成功率。本模块重点介绍常见的设备设施。

按照事故应急救援常见设备设施的应用特点,将其分为现场个体防护设备应用项目、消防设施应用项目、现场搜救设备应用项目。

2. 事故现场急救模块分析

事故现场急救属于事故应急救援单项技术能力,在各种事故中都可能会使用到,主要包含了心肺复苏与止血包扎技术应用项目、骨折固定与伤员搬运技术应用项目。这些技能应用主体广泛、简单适用,是可以全民普及的一项技术能力。

事故发生后,如果现场人员出现心脏、呼吸骤停以及受伤等情况,需要立即采取心肺复苏、止血包扎。如果出现骨折等无法行走等情况,则需要依据现场条件进行骨折固定和伤员搬运。该模块技能贯穿于各种事故应急救援之中。

3. 事故初期处置与避险模块分析

事故初期处置与避险属于综合技能范畴,主要解决事故发生初期现场人员或一线单位如何正确处理、避险自救、有效减少伤亡或事故损失。

本模块主要介绍各种常见的事故类型下现场处置与避险技术,将触电、淹溺、灼烫等成因和处置相对简单的事故归为简单事故范畴,形成简单事故初期处置项目。此外,重点介绍了建筑火灾事故初期处置与避险项目、危险化学品事故初期处置与避险项目、矿井事故初期处置与避险项目,这些比较典型的事故初期处置与避险技术可以帮助学生在面对初期事故时正确应对。

4. 事故抢险救援模块分析

如果事故发展已经超出了企业内部控制范畴,需要借助外部力量(如政府、专业应急救援队伍等其他力量)解决,就进入了抢险救援阶段。本书的抢险救援指的是以专业救援队伍救援为核心、多主体参与的应急救援工作和措施,属于综合应急救援技能范畴,也是应急救援技术的高阶阶段。

该模块主要讲解建筑火灾事故抢险救援项目、危险化学品事故抢险救援项目、矿井事故抢险救援项目,以专业救援队伍抢险救援过程和技术措施为主要学习内容。

全书以事故发生后的应急救援各种活动为主线,展开事故应急救援技术的学习,形成本书的技术框架。

思考各个技术模块之间的关系,并简要写在下面。

二、事故应急救援项目与任务分析

结合前面技术模块对应的项目,分析其对应的任务内容,具体如下。

1. 现场个体防护设备应用

个体防护设备是工作过程中或处置事故过程中最基本的一类设备,按照防护部位的不同分为 4 个任务,分别是头部防护设备应用、呼吸防护设备应用、眼面部防护设备应用、防护服应用。

2. 消防设施应用

消防设施在事故初期应急避险和抢险救援中都有广泛应用,本项目共分为 4 个任务,分别是火灾自动报警系统初探、消防给水及消火栓系统应用、自动喷水灭火系统初探、灭火器应用,详细分析了各种消防设施的种类、结构、工作原理和使用方法。

3. 现场搜救设备应用

事故发生后,现场搜救至关重要,通常的搜救方式除了利用搜救犬外,主要通过生命探测仪、救援无人机、救援机器人进行开展,因此了解这些设备的应用对于全面理解抢险救援工作和前沿科技有较大帮助。

4. 心肺复苏与止血包扎技术应用

心肺复苏和止血包扎一般情况下是现场急救优先要采取的技术措施,是最直接的救命技术,该项目包含心肺复苏技术应用和止血包扎技术应用两个基本任务。本部分规范化了心肺复苏的流程和技术措施,丰富了止血包扎的技术内容。

5. 骨折固定与伤员搬运技术应用

骨折固定和伤员搬运一般情况下是现场急救的后续措施,事故现场的伤员出现骨折而无法独立行走时,必须进行必要的骨折固定,而后进行伤员搬运。本项目丰富了骨折固定技术应用和伤员搬运技术应用两个任务的技术内容,详细介绍了各种骨折固定方法和伤员搬运方法。

6. 简单事故初期处置

简单事故是指成因和处置相对简单、影响范围较小的事故。本项目选取了触电、淹溺和灼烫事故,详细分析了这三个任务的处置流程和处置措施。

7. 建筑火灾事故初期处置与避险

建筑火灾是事故中非常常见的一种,掌握基本的建筑火灾初期处置与避险技术对每个人都至关重要。本项目选取了两种比较典型的建筑火灾进行技术分析,分别是高层建筑火灾事故初期处置与避险和商场建筑火灾事故初期处置与避险,重点分析这两种火灾的特点、初期处置方法和避险自救技术。

8. 危险化学品事故初期处置与避险

危险化学品事故是危险化学品生产经营过程中常见的一类事故。本项目选取了危险化学品泄漏事故初期处置与避险、危险化学品火灾爆炸事故初期处置与避险两个任务进行讲解,主要分析了这些事故发生后处置的一般流程、处置措施和避险逃生方法。

9. 矿井事故初期处置与避险

采矿属于高危行业,事故发生频率高、影响大。本项目主要选取了矿井事故中典型的火灾事故初期处置与避险、水灾事故初期处置与避险两个任务,主要分析了这些事故发生后的处置流程和避险方法。

10. 建筑火灾事故抢险救援

建筑火灾事故抢险救援主要是指以消防队救援为主的工作内容。该项目划分为两个任务,分别是高层建筑火灾事故抢险救援和商场建筑火灾事故抢险救援,主要介绍了高层建筑火灾和商场建筑火灾抢险救援的特点、流程、方法和措施。

11. 危险化学品事故抢险救援

危险化学品事故在抢险救援过程中危险大、技术要求高。本项目划分为两个任务,分别是危险化学品泄漏事故抢险救援和危险化学品火灾爆炸事故抢险救援,主要介绍了这些危险化学品事故抢险救援的一般流程和基本技术措施。

12. 矿井事故抢险救援

矿井事故抢险救援是以矿山救护队为救援主体。本项目主要选择了两个代表性任务,分别是矿井火灾事故抢险救援和矿井水灾事故抢险救援,主要介绍了矿山救护队在面对这些事故时的整个处理流程和基本的技术操作。

 边学边用

结合案例 1 和案例 2 中的问题,完成学生活动表中的活动内容,完成后可以拍照上传至网络平台。

学生活动表

活动描述	案例 1 问题密钥	案例 2 问题密钥	备注
请针对案例 1 和案例 2 中提到的问题完成相关内容			每个问题字数不超过 100
学生姓名:		完成时间:	

三、事故应急救援技术整体框架

通过前面的分析可以绘制出如图 2-1 所示的事故应急救援技术体系框架图。

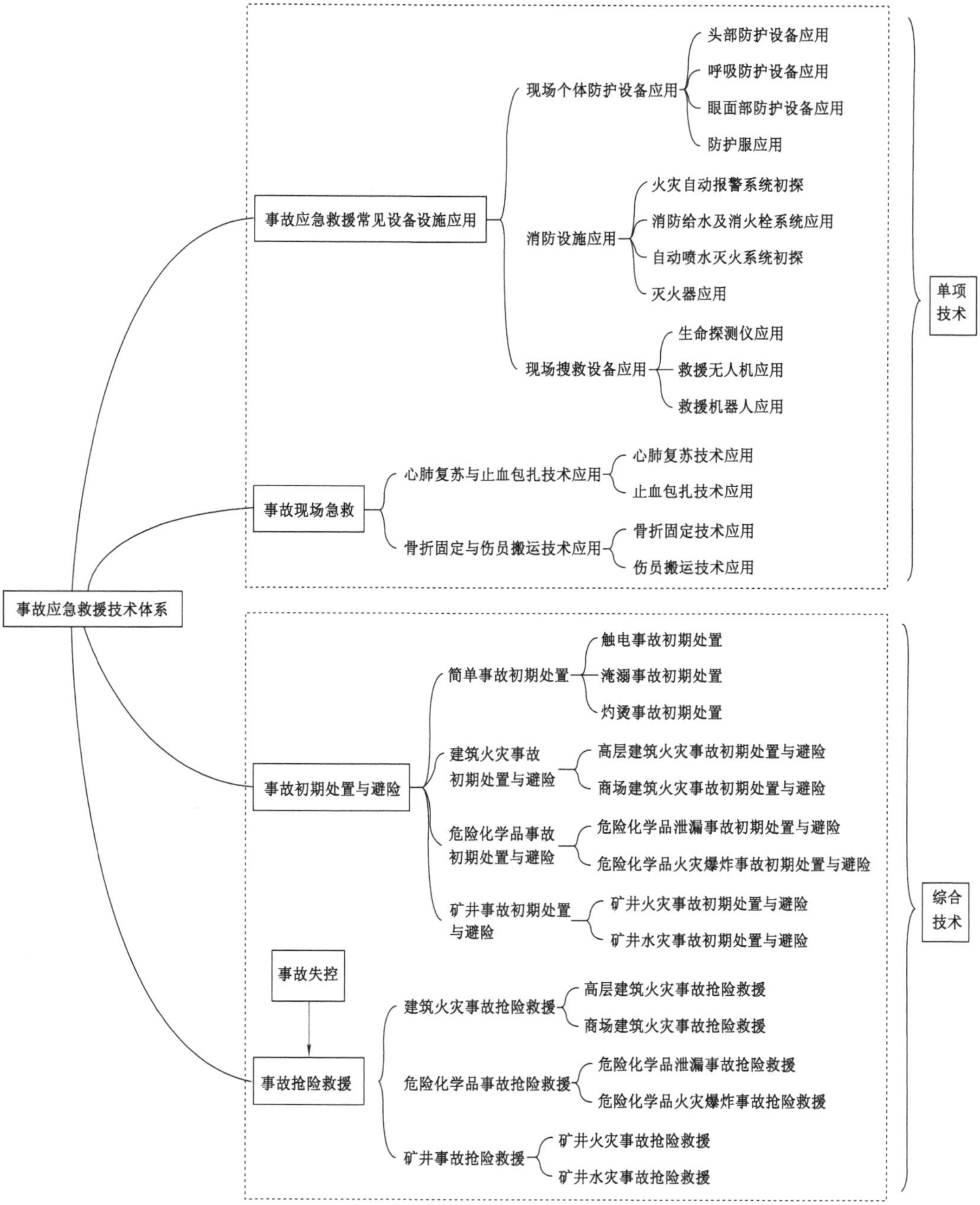

图 2-1　事故应急救援技术体系框架图

从图中我们可以看出各大模块之间的关系：模块 2 事故应急救援常见设备设施应用模块和模块 3 事故现场急救模块属于事故应急救援单项技术；模块 4 事故初期处置与避险和模块 5 事故抢险救援模块属于综合技术。综合技术以单项技术为基础，综合技术中事故初期处置与避险主要的实施主体是事故初期现场人员或事故单位，事故抢险救援主要的实施主体是事故失控后的专业救援队伍。前者强调事故初期处置和避险，是将事故消灭在萌芽状态或降低事故危害；后者强调事故失控后的专业抢险救援，是救援的最后保障。

应急救援技术全，项目任务清晰现。

应急设备种类繁，原理操作是关键。

现场急救最常见，应用范围最广泛。

初期处置与避险，后期专业来救援。

模块2
事故应急救援常见设备设施应用

项目 3　现场个体防护设备应用

　　实践证明,事故发生后佩戴和穿着个体防护设备能最大限度地减少伤亡,个体防护设备不仅仅是作业过程中要佩戴的防护器具,更是事故应急救援中进行事故初期处置与抢险的重要护具。

　　个体防护设备种类众多,主要分为呼吸防护、头部防护、眼面部防护和防护服等,很多伤人事故往往就是没有佩戴或错误佩戴个体防护设备而导致的。大量的有限空间事故中,造成施救人员伤亡的重要原因往往是没有佩戴呼吸保护装置;物体打击事故中,一个重要原因是没有做好头部防护;灼烫或火灾事故中,很多人员的受伤是由于没有佩戴好眼面部防护设备或穿好防护服而造成的。

　　为了做好生产生活处理事故过程中的安全工作,必须熟悉各种个体防护设备的用途、基本特点、结构、工作原理以及佩戴操作。本项目重点介绍了呼吸保护设备、头部防护设备、眼面部防护设备和防护服的应用,培养学生安全防护"精技强能"的思想意识。

任务 1　头部防护设备应用

 任务分析

　　头部是人体最重要的部位,在工伤、交通死亡事故中,因头部受伤而致死的比例最高,大约占死亡总数的 35.5%,其中以坠落物撞击致死事故为首。正确佩戴安全帽能够避免或减轻上述伤害。

微课资源

　　在生产过程中很多场所都需要进行头部保护,比如建筑、隧道、矿山、机械加工等,如果做好头部防护,能够有效避免或减少人员伤亡。

　　本任务主要学习安全帽的基本结构、技术要求和使用方法,要求学生既要从思想上重视防护,又要规范操作各种防护用品,重点是安全帽的使用,难点是安全帽的外观检查。

 事故应急救援技术

 任务目标

知识目标
  1. 理解安全帽的重要作用。
  2. 熟悉安全帽各种参数和使用方法。
能力目标
  1. 能够正确识别作业现场安全帽的结构。
  2. 能够正确判断作业现场安全帽的基本技术参数。
  3. 能够正确佩戴安全帽。
素质目标
  1. 强化学生标准意识、规范意识、劳动意识。
  2. 培养学生关注细节、精益求精的习惯。

案例引入

案例1　一起因安全帽质量问题而导致死亡的案例

某建筑工地上,钢筋捆扎员工何某和其他40多名员工一起正在作业。工地前一天运送来一批螺纹钢筋,要运到5楼楼顶。何某在楼底先用钢丝捆绑起6根钢筋,往楼顶上吊。快吊到楼顶时,捆绑的钢筋中有2根突然从18 m高的地方滑落。尽管佩戴了安全帽,但其中一根钢筋还是刺穿安全帽直接插进了何某的头部,另一根插入离他身体不到5 cm的泥土中,造成何某当场死亡。

据其他员工介绍,何某所戴的安全帽只卖3.5元,质量很差,如果是质量好的安全帽,可能不会出现被刺穿的后果。

引入问题:安全帽有哪些质量和技术参数要求?

案例2　一起因安全帽佩戴问题而导致死亡的案例

某建筑施工工地,一名安全帽未系下颌带的工人负责在起重机下将竹笆捆扎后悬挂到吊钩上,当竹笆吊起后,突然一片竹笆掉落下来,正好砸中其安全帽帽舌,将安全帽打翻在地,这名工人本能地后退,不慎跌倒,后脑撞击地面,经医院抢救无效死亡。

引入问题:该起事故导致工人死亡的主要原因是什么? 安全帽应该怎么佩戴?

知识探索

名句赏析:"无知加大意必危险,防护加警惕保安全。"头部是人体最重要的部位,安全防护从"头"做起。

头部防护用品根据防护作用的不同可分为三类：① 安全帽，是防御冲击、刺穿、挤压等伤害头部的帽子；② 防护头罩，是使头部免受火焰、腐蚀性烟雾、粉尘以及恶劣气候条件伤害头部的个人防护设备；③ 工作帽，是能避免头部脏污和擦伤、长发被绞辗等伤害的普通帽子。

　　由于防护头罩和工作帽比较简单，因此本任务主要介绍安全帽。

一、安全帽简介

　　安全帽是防止打击物伤害头部的防护用品，主要由帽壳、帽衬、下颊带和后箍组成。帽壳呈半球形，坚固、光滑并有一定弹性，打击物的冲击和穿刺动能主要由帽壳承受。帽壳和帽衬之间留有一定空间，可缓冲、分散瞬时冲击力，从而避免或减轻对头部的直接伤害。冲击吸收性能、耐穿刺性能、侧向刚性、电绝缘性、阻燃性是对安全帽基本技术性能的要求。安全帽要符合《头部防护　安全帽》(GB 2811)的要求，安全帽的选用要符合《头部防护　安全帽选用规范》(GB/T 30041)的要求。

二、安全帽主要结构、作用及参数概念

仿真资源

　　(1) 帽壳：承受打击，使坠落物与人体隔开。

　　(2) 帽箍：使安全帽保持在头上一个确定的位置。

　　(3) 顶带：保持帽壳的浮动，以便分散冲击力。

　　(4) 后箍：头箍的锁紧装置。

　　(5) 下颊带：辅助保持安全帽的状态和位置。

　　(6) 吸汗带：吸汗。

　　(7) 佩戴高度：安全帽在佩戴时，帽箍侧面底部的最低点至头顶最高点的轴向距离。

　　(8) 水平距离：安全帽在佩戴时，帽箍与帽壳内侧之间的水平面上的径向距离。

　　(9) 垂直间距：安全帽在佩戴时，头顶最高点与帽壳内表面之间的轴向距离（不包括顶筋的空间）。

　　安全帽外观结构如图 3-1 所示。

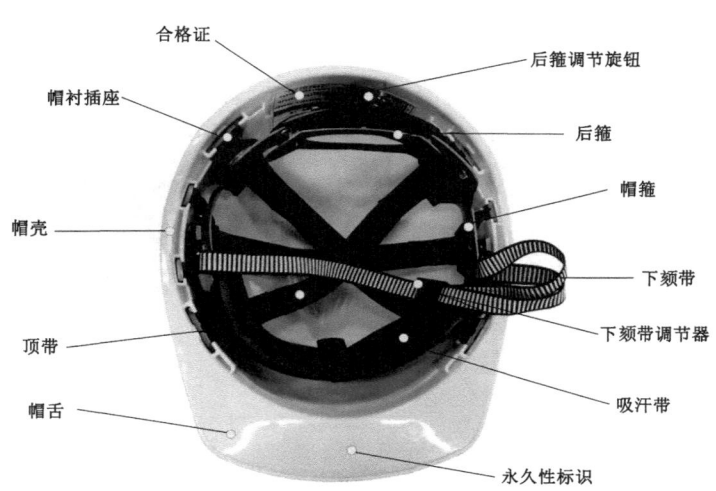

图 3-1　安全帽外观结构

边学边用

按照上面学习的内容完成学生活动表中的活动内容,完成后可以拍照上传至网络平台。

学生活动表

活动描述	活动成果	备注
请标记出图中安全帽的结构	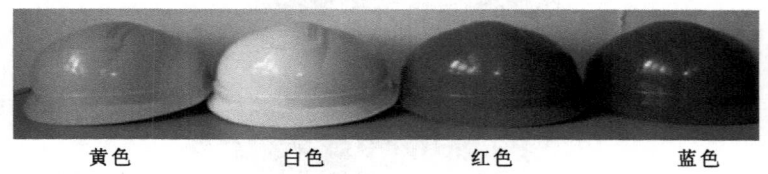	

学生姓名: 完成时间:

三、安全帽技术要求

(1)垂直间距:按规定条件测量,其值应≤50 mm。

(2)水平间距:按规定条件测量,其值应≥6 mm。

(3)佩戴高度:按规定条件测量,其值应≥80 mm。

(4)重量:特殊型安全帽不应超过600 g,普通型安全帽不应超过430 g;产品实际质量与标记质量相对误差≤5%。

(5)帽沿尺寸:帽沿应≤70 mm。

(6)通气孔:安全帽可设通气孔,通气孔总面积应≤450 mm²。

(7)帽舌:帽舌应≤70 mm。

(8)下颏带:应使用宽度≥10 mm的织带或直径≥5 mm的绳。

(9)颜色:安全帽颜色应符合相关行业的管理要求。例如,建筑行业黄色安全帽一般表示施工人员、蓝色安全帽一般表示电工或监理人员、红色安全帽一般表示技术管理人员、白色安全帽一般表示安全监督人员等。各种颜色的安全帽如图3-2所示。

黄色 白色 红色 蓝色

图3-2 各种颜色的安全帽

四、安全帽的使用规范

佩戴安全帽前,应该调整好安全帽的松紧大小,系紧下颏带,以安全帽固定在头部无法自由活动为标准。

下颏带翻在帽顶上、不系下颏带、下颏带放入安全帽内、下颏带不系紧,这些都是错误的佩戴方式。除了错误佩戴安全帽之外,使用破损、过期的安全帽,也是不安全的行为。

五、安全帽使用时的注意事项

(1)选用与自己头型适合的安全帽。戴安全帽前应将帽后调整带按自己头型调整到合适的位置,然后将帽内弹性带系牢。

(2)不要把安全帽歪戴,也不要把帽沿戴在脑后方。否则,会降低安全帽对于冲击的防护作用。

(3)安全帽的下颏带必须扣在颏下并系牢,松紧要适度。这样不致被大风吹掉,或者是被其他障碍物碰掉,或者由于头的前后摆动而使安全帽脱落。

(4)安全帽在使用时不要为了透气而随便再行开孔。因为这样将会使帽体的强度降低。

(5)由于安全帽在使用过程中会逐渐损坏,所以要定期检查,检查有没有龟裂、下凹、裂痕和磨损等情况,发现异常现象要立即更换,不准再继续使用。任何受过重击、有裂痕的安全帽,均应报废。

(6)严禁使用只有下颏带与帽壳连接的安全帽,即帽内无缓冲层的安全帽。

(7)施工人员在现场作业中,不得将安全帽脱下搁置在一旁,或当坐垫使用。

(8)安全帽大部分使用高密度低压聚乙烯塑料制成,具有硬化和变蜕的性质。安全帽如果较长时间不用,则需要存放在干燥通风的地方,远离热源,不受日光的直射。

(9)新领的安全帽,首先应检查是否有劳动部门允许生产的证明及产品合格证,再看是否破损、薄厚不均以及缓冲层、调整带和弹性带是否齐全有效。不符合规定要求的要立即调换。

(10)在现场室内作业也要戴安全帽,特别是在室内带电作业时,更要认真戴好安全帽,因为安全帽不仅可以防碰撞,而且还能起到绝缘作用。

(11)平时使用安全帽时应保持整洁,不能接触火源,不要任意涂刷油漆,不准当凳子坐,防止丢失。如果丢失或损坏,必须立即补发或更换。无安全帽一律不准进入施工现场。

边学边用

阅读《头部防护　安全帽》(GB 2811),结合案例 1 和案例 2 中的问题,完成学生活动表中的活动内容,完成后可以拍照上传至网络平台。

学生活动表

活动描述	案例 1 问题密钥	案例 2 问题密钥	备注
请针对案例 1 和案例 2 中提到的问题完成相关内容			每个问题字数不超过 100

学生姓名:　　　　　　　　　　　　完成时间:

点睛

安全防护头为重,概念结构要记清。
佩戴之前先检查,方法要点记心中。
颜色依据行业定,注意事项要分明。
作业现场各不同,防护意识不可轻。

任务2　呼吸防护设备应用

任务分析

呼吸防护设备是个体防护设备的重要组成部分,广泛用于化工、船舶、石油、冶炼、仓库、实验室、矿山等行业的事故初期处置与避险和事故抢险救援中,在事故现场急救中也有重要用途,可以防护有毒有害气体危害人体,是目前常用的事故应急救援设备。安全技术人员、事故应急救援人员甚至一般工作人员都应该熟练掌握其性能和应用。

本任务选取事故应急救援中最常用的呼吸防护设备进行介绍,主要介绍呼吸防护设备的重要性、分类、结构、工作原理以及使用方法,重点是呼吸防护设备的使用,难点是呼吸防护设备的结构和工作原理。

任务目标

知识目标
1. 理解各种呼吸防护设备的重要性。
2. 熟悉各种呼吸防护设备的结构特点和原理。
能力目标
1. 能够正确操作各种呼吸防护设备。
2. 能够及时纠正呼吸防护设备佩戴错误的行为。
素质目标
1. 增强学生安全防护意识、团队意识。
2. 培养学生动手能力和精益求精的精神。

案例引入

案例1　一起因空气呼吸器而导致死亡的事故案例

某钢铁公司作业区煤气加压机出口压力超压致使煤气管道压力超过炼铁厂白灰作业区

地坑内排水器承压上限,导致煤气排水器击穿,造成煤气泄漏。管理人员违章指挥工人进入煤气危险区域查找煤气泄漏点,工人进入煤气危险区域时未正确佩戴空气呼吸器,导致中毒窒息。事故发生后,管理人员未佩戴空气呼吸器直接施救,导致事故扩大。

引入问题:处理煤气泄漏过程是否需要佩戴空气呼吸器?如何正确使用空气呼吸器?

案例 2　一起因氧气呼吸器佩戴问题而导致的事故案例

某企业万吨级烧碱系统试车过程中,发生大量次氯酸钠分解并外泄,散发出大量氯气,调度室让兼职救援人员前往处理,3 名兼职救援人员乘车到现场后朝事发点走去,其中 1 人边走边调节佩戴好的氧气呼吸器阀门,但还没到事发地点就倒在了地上,另外 2 人没能及时发现,待发现时倒地人员已经死亡。

后经过查实,事故原因是该兼职救援人员不能熟练使用氧气呼吸器,边走边调整中将气瓶的阀门关死,无氧可吸,造成缺氧窒息。

引入问题:氧气呼吸器如何佩戴?如何做好使用前的检查?如何避免人员发生事故后,其他人员不能及时发现的问题?

案例 3　一起因自救器佩戴问题而导致的事故案例

某矿发生一氧化碳中毒事故,事故当班有 6 名工人入井,入井时都携带了自救器,在千米长的回风巷回撤管子,由于采空区自然发火,密闭墙漏气,而致使大量一氧化碳涌入工人作业的巷道,造成当班 6 名工人一氧化碳中毒,最终造成 2 人死亡。现场搬运尸体时,发现自救器距离遇难地点 2 m 远,没有动过的痕迹。据因距离漏气点较远而幸免于难的 4 名工人回忆,遇难者在作业过程中已经感到了头昏脑胀、全身无力,但由于缺乏安全意识和不会使用自救器,没有立即使用自救器自救,从而丧失了逃生机会。

引入问题:自救器工作原理有哪些?如何正确佩戴自救器?

知识探索

名句赏析:"一曰防,二曰救,三曰戒。先其未然谓之防,发而止之谓之救,行而责之谓之戒。防为上,救次之,戒为下。"做好安全防护特别是呼吸防护是开展应急救援的先决条件。

一、空气呼吸器

空气呼吸器主要在以下环境中使用:缺氧环境、粉尘环境、火灾时的烟雾环境、有毒有害以及不明的气体环境,如图 3-3 所示。

1. 空气呼吸器的型号

正压式空气呼吸器型号编制规则如图 3-4 所示。

微课资源

图 3-3　各种环境示意图

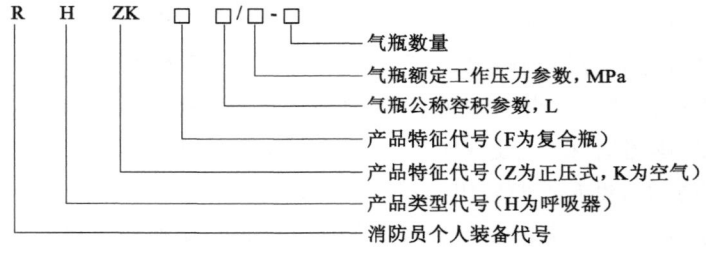

图 3-4　正压式空气呼吸器型号编制规则

请写出型号为 RHZKF6.8/30 的正压式空气呼吸器各参数的意义。

2. 空气呼吸器的结构

常见 RHZK 系列空气呼吸器外观及基本结构如图 3-5 所示,其主要包括五大部件:面罩总成、供气阀总成、气瓶总成、减压器总成、背托总成。

（1）面罩总成

面罩总成（面罩）是用来罩住脸部,隔绝有毒有害气体进入人体呼吸系统的装置。面窗一般由高强度聚碳酸酯材料注塑而成,耐冲击;表面镀有耐磨层;透光率好,不失真。在面窗的两侧各有一个传声器组件,可为佩戴者提供双重传声,并可与声音放大器及有线、无线通信系统连接。面窗前部的凹形接口可与供气阀的凸形接

仿真资源

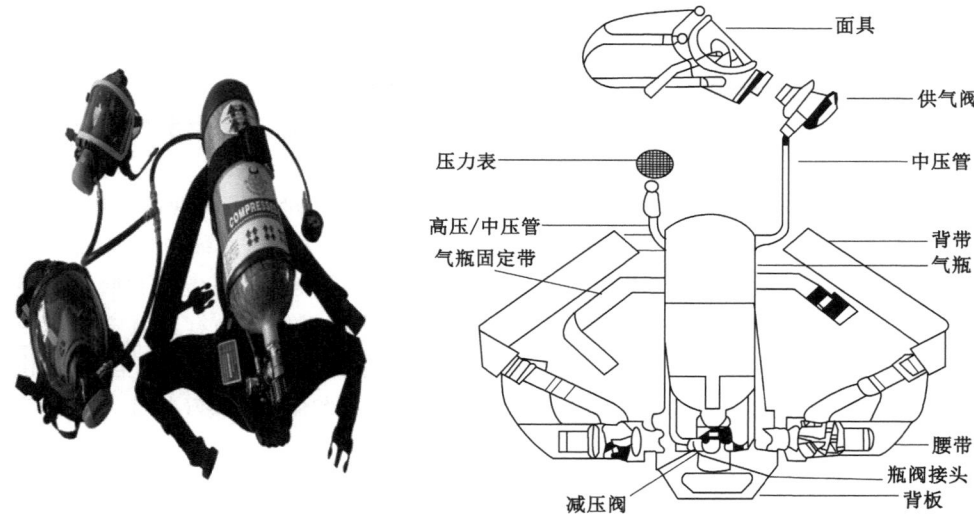

图 3-5　RHZK 系列空气呼吸器外观及基本结构

口快速连接,并形成可靠密封。头罩组件采用薄型网状结构。面窗内的口鼻罩只罩住佩戴者的口和鼻,减小有害空间,以提高空气的利用率。使用时,空气通过供气阀上的一排小孔喷到面窗内表面,冲刷面窗由于温差产生的雾气,再通过吸气阀被使用者吸到口鼻罩中,呼出的气体直接通过呼气阀排到大气中。

（2）供气阀总成

供气阀总成（供气阀）是将减压器输出的中压气体按照佩戴者的吸气量,再次减压至人体可以呼吸的压力,供佩戴者呼吸的装置。供气阀总成直接安装于面罩上,并有一根胶管通过快速接头连接到减压器上的中压导气管上。供气阀的凸形接口配有环形垫圈,与面罩上供气阀接口双环线连接后形成双重密封,密封可靠。供气阀的凸形接口上设有一排供气孔,使用时气体由供气孔喷到面窗内表面,可迅速去除面窗内的积雾或薄霜。当面罩从脸部取下时,用大拇指按住橡胶罩中间部位,完全按下后,会伴有"嗒"的一声,即可关闭供气阀,停止供气,避免浪费瓶内空气。而重新将面罩戴在脸上保持密封并吸气时,供气阀将自动开启,供给空气。

（3）气瓶总成

气瓶总成是用来储存高压压缩空气的装置。空气呼吸器所配置的气瓶有钢瓶和复合瓶两种,并有多种规格供用户选择。复合瓶是在铝合金内胆外用碳纤维和玻璃纤维等高强度纤维缠绕制成的,它与钢质气瓶相比具有重量轻、耐腐蚀、安全性好和使用寿命长等优点,能够使佩戴者在使用空气呼吸器实施灭火、救援过程中降低其体力消耗,从而提高战斗力。瓶阀有两种,一种为普通瓶阀,另一种为带压力显示瓶阀。

（4）减压器总成

减压器总成是将气瓶内高压气体减压后,输出 0.6～0.9 MPa 的中压气体,经中压导气管送至供气阀供人体呼吸的装置。压力表可方便地检查瓶内余压,并具有夜光显示功能,便于在光线不足的条件下观察。报警器有两种结构形式:一种直接安装在减压器上,称为后置报警器;另一种与压力表一同置于使用者的胸前,称为前置报警器。前置报警器便于使用者清楚地听到报警声,尤其多人同时在抢险救援作业现场时,很容易分辨别出是自己还是他人的空气呼吸器在报警。当气瓶压力降到(5 ± 0.5)MPa时报警器开始发出大于90 dB的声响报警,此时使用人员必须立刻撤离到一个不需要空气呼吸器防护的安全场所。报警器起鸣后将持续报警,直到气瓶压力小于1 MPa为止。

选用前置报警器的空气呼吸器,还可配置他救接头。他救接头安装在减压器的另一侧,并固定在右腰托的腰带上。其主要作用有:① 在抢险救援现场,他人装具的气瓶内压缩空气已差不多用完,来不及撤离到不需要呼吸保护的场所时,在确保自己空气呼吸器有足够空气的情况下,可向同伴供气救援。② 如果得知某处有人员被困在某一有毒有害气体或缺氧环境中生命垂危,救援人员在佩戴具有他救接头功能空气呼吸器的同时携带全面罩、供气阀(二者已连接好),把面罩直接戴在受困人员面部后,即可向受困人员供气救援。

(5)背托总成

背托总成是用来支承安装气瓶总成和减压器总成,并保持整套装具与人体良好佩戴的装置。背托总成上使用的织物材料分为阻燃型和非阻燃型两种。上肩带、腰垫采用宽大厚实的海绵作内衬,使得空气呼吸器的重量均匀地分散在肩部、腰部,不会造成局部压痛感,提高战斗力。

3. 空气呼吸器的工作原理

空气呼吸器的工作原理如图3-6所示。

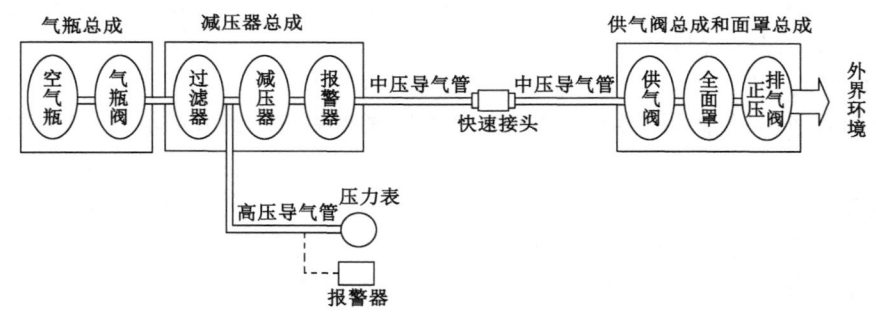

图3-6 空气呼吸器的工作原理

当打开气瓶阀时,气瓶内的高压空气经气瓶阀进入减压器总成,与此同时,高压空气进入压力显示装置显示出气瓶内空气的储存压力。高压空气经减压后输出$0.6\sim0.9$MPa的中压空气,经中压导气管、快速接头进入安装在面罩上的供气阀。

动画资源

当使用者正确佩戴面罩保持密封深吸气时,供气阀自动开启,向面罩内输入再次减压的空气,此时的空气压力略高于环境压力。使用者呼气时,面罩内的压力升高,排气阀打开,呼出的气体排出面罩。

4. 使用前的检查

(1)打开空气呼吸器保护箱,检查各部件是否完整、齐全,将供气阀装上面罩,中压管插入快速接头。

（2）打开气瓶瓶阀,观察压力表,压力不小于 24 MPa 方可使用,否则需要重新灌气;观察空气呼吸器是否有明显的漏气现象,压力表下降速度每分钟必须小于 2 MPa,若正常,则关闭瓶阀;关闭瓶阀时必须先拉起防误关闭卡扣,再关闭瓶阀。按压供气阀上的旁通阀按钮,慢慢排尽管路里的空气,观察压力表指针在（5±0.5）MPa 时,报警器应开始发出大于 90 dB 的连续报警声。

5. 使用操作步骤

（1）将气瓶底部朝向自己,然后展开肩带,并将其分别置于气瓶两边。两手同时抓住背板两侧,将空气呼吸器举过头顶;同时,两肘内收贴近身体,身体稍微前倾,使空气呼吸器自然落于背部,同时确保肩带环顺着手臂滑落至肩膀上。

（2）身体前倾,双手拉住肩带调节带,直至肩带及背板与身体充分贴合且佩戴舒适;扣上腰带,并调节松紧,以能够插入一只手掌为宜;将肩带调节带塞入腰带内,避免晃荡。调整到舒适的位置,使臀部和肩部承重,瓶阀部位必须朝下。

（3）将安全帽置于脑后,将面罩吊带挂在脖子上,打开瓶阀至少三圈以上,将面罩凹处对准下颏,将面罩由下至上对准面部,向后拉起面罩网带,将面罩系带拉紧,使面罩完全贴合面部,深吸一口气,供气阀自动开始供气,屏住气,听听面罩是否有漏气声。如无,则正常。戴上安全帽,拉紧下颏带。呼吸十几下,如顺畅、舒适,则表明佩戴正常,可以进行抢险作业。

6. 使用后的脱卸

脱下安全帽,将其置于脑后,拨动面罩系带锁扣,松开系带,由下往上拉起面罩网带,脱下面罩,按压供气阀上的重置按钮,关闭供气阀,拉起瓶阀上的防误关闭卡扣,关闭瓶阀,拨动肩带锁扣,松开肩带,脱下空气呼吸器,排尽管路内的余气,将空气呼吸器轻放入保护箱,一天内完成灌气、清洗、维护等工作,恢复其备用状态。

7. 使用注意事项

（1）使用前必须检查气瓶,压力低于 24 MPa 时不能使用。

（2）危险区域内,任何情况下严禁摘下面罩。

（3）养成经常看表的习惯,听到报警器响起或压力降到 5 MPa,应立即撤出危险区域。

（4）进入危险区域作业,必须两人以上相互照应。如有条件,再有一人监护最好。

（5）呼吸器及配件避免接触明火、高温。

（6）呼吸器严禁沾染油脂。

（7）使用者必须将胡须刮净,以避免面罩漏气。

（8）如感觉呼吸困难,出现头晕等不适症状,应及时撤离危险区域。

8. 使用后的检查、维护

（1）关闭气瓶阀,按压供气阀的按钮,使系统排气（卸压）。

（2）对面罩及设备进行保洁,同时应对面罩进行消毒。

（3）如气压低于规定值,应立即进行更换。

（4）不使用时放在专用包袋内。

（5）放置在通风、干燥的地方,避免阳光直晒。

边学边用

结合案例 1 中的问题,完成学生活动表中的活动内容,完成后可以拍照上传至网络平台。

学生活动表

活动描述	案例1问题密钥	备注
请针对案例1中提到的问题完成相关内容		字数不超过100

学生姓名： 完成时间：

二、氧气呼吸器

氧气呼吸器主要适用于矿山救护队员和消防指战员在窒息性或有毒有害气体环境中进行抢险救灾工作时使用，也可供国防、核工业、航天、石化、冶金、城建、隧道等行业中受过专门训练的人员在危及健康的环境中从事预防或处理事故时使用。

下面以常见的 HYZ4CⅡ型隔绝式正压氧气呼吸器为例进行介绍，如图 3-7 所示。

图 3-7　HYZ4CⅡ型隔绝式正压氧气呼吸器外观

1. 氧气呼吸器的型号含义

HYZ4CⅡ型隔绝式正压氧气呼吸器型号含义如图 3-8 所示。

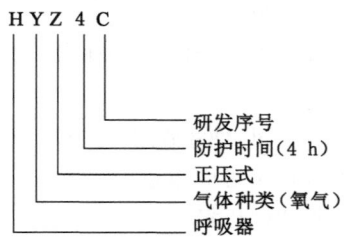

HYZ 4 C

研发序号
防护时间（4 h）
正压式
气体种类（氧气）
呼吸器

图 3-8　HYZ4CⅡ型隔绝式正压氧气呼吸器型号含义

2. 氧气呼吸器的结构

氧气呼吸器主要由高压、中压、低压系统及其他等四部分组成。

（1）高压系统：主要由氧气瓶、气瓶开关、分配器的高压腔、手动补给阀、压力表的高压导管组成。

（2）中压系统：主要由减压器的中压腔、安全阀、自动补给阀前腔组成。

（3）低压系统：主要由正压气室、排气阀、冷却器、吸气软管、吸气阀、面罩、呼气软管、呼气阀、清净罐、排水阀组成。

（4）其他：主要由上下外壳、着装带（腰带、肩带、胸带）组成。

氧气呼吸器具体结构如图 3-9 所示。

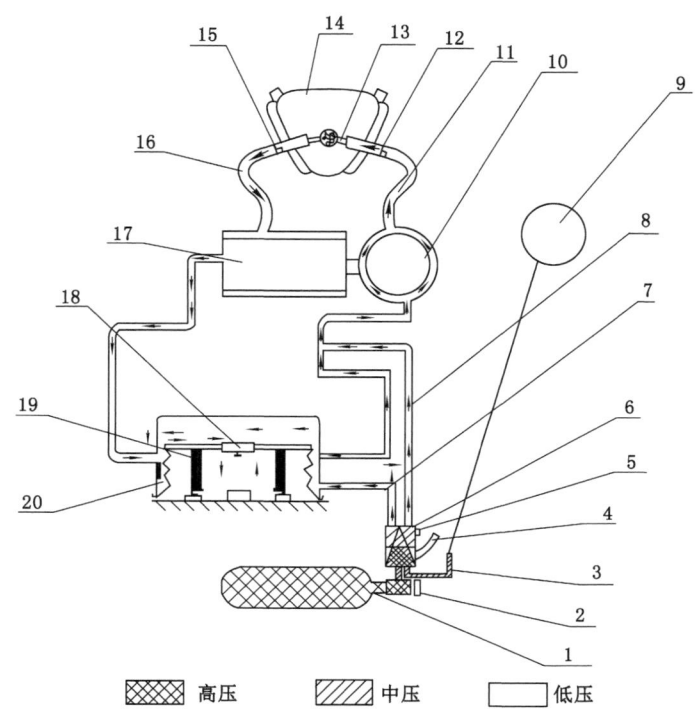

1—氧气瓶；2—气瓶开关；3—高压导管；4—手动补给阀手柄；5—安全阀；6—分配器；7—补给导管；
8—定量导管；9—压力表；10—冷却器；11—吸气软管；12—吸气阀；13—面罩接口；14—面罩；
15—呼气阀；16—呼气软管；17—清净罐；18—排气阀；19—加载弹簧；20—正压气室。

图 3-9　HYZ4CⅡ型隔绝式正压氧气呼吸器结构示意图

3. 氧气呼吸器的工作原理

工作时，首先打开气瓶开关，气体经分配器中的减压器减压后连续流入正压气室。当使用者吸气时，气体由正压气室流经冷却器，经降温后，再经吸气软管、吸气阀进入面罩内被使用者吸入。当使用者进行呼气时，呼出的气体经呼气阀、呼气软管进入清净罐，在清净罐内呼出气体中的二氧化碳被氢氧化钙吸收。被净化的气体重新进入正压气室，便完成了整个呼吸循环。呼出的气体进入正压气室后与来自气瓶中的氧气进行混合再次参加呼吸循环，如此反复循环下去。呼吸系统内积存的多余气体经排气阀排出。

本呼吸器的呼吸系统是一个密闭的回路，与外界大气处于完全隔绝状态。由于加载弹簧与自动补给阀的联合作用，而使整个系统内部的气压始终保持高于外界大气压力，因此称之为正压原理供气系统。

 学中思、思中学

加载弹簧如何让整个系统保持正压?

---

4. 使用前的检查

在救护队进行救灾前,要对系统主要属性进行检查,具体内容如下:

(1) 检查外壳:双手触摸外壳,确保外壳完整。

(2) 检查呼吸阀灵活性:嘴含三通短促呼吸能听到呼吸阀启闭的声音。

(3) 检查呼气阀:捏住吸气软管,含三通吸气,吸不动即为正常。

(4) 检查吸气阀:捏住呼气软管,含三通吹气,吹不动即为正常。

(5) 检查整机气密:吸气吸到吸不动,然后舌头堵住三通,舌头有向里面吸的感觉。

(6) 检查整机排气:使劲吹气直到排气阀打开,有排气的声音。

(7) 连接并佩戴面罩:将面罩与呼吸器进行连接,戴好面罩。

(8) 打开氧气瓶:有进气的声音。

(9) 收紧面罩系带,检查面罩气密性:用力握紧呼吸软管,随后轻轻地吸气,确认面罩被吸附于面部后停止吸气。保持该状态 5 s 后,左右、上下晃动头部,确认能否保持吸附状态。

(10) 检查自动补气:深吸气,听到自动补气的声音。

(11) 检查手动补气:按补气按钮,听到补气声音。

(12) 查看压力表:压力不低于 18 MPa。

(13) 检查附件:如哨子等。

5. 佩戴操作

操作前,将呼吸器仰放在操作面上,腰带、肩带按自然方向左右分开,面罩放在呼吸器右侧,面窗朝上,操作者距呼吸器约 1 m,呈立正姿势。操作者听到口令后,前进半步,两手伸直捧住呼吸器两侧,将其举起绕过头顶,逐渐松开两手,使呼吸器轻轻滑落在背上,同时肩带也沿手臂滑落在双肩上,系好腰带、胸带,打开氧气瓶,迅速连接好面罩并戴入头部,收紧系带。

6. 终止使用操作

(1) 将气瓶开关的手柄沿着顺时针方向旋转到底,关闭气瓶。

(2) 松开面罩的固定绑带,取下面罩。

(3) 松开腰部绑带和胸部绑带,卸下呼吸器本体。

(4) 将呼吸器上外壳向下放置。

7. 使用注意事项

呼吸器在使用过程中,一些不可预见的意外因素可能对仪器造成损伤,以下是呼吸器在使用过程中可能出现的故障以及相应的解决办法:

(1) 自补过频:在使用过程中,若仪器正常,只有在从事较重的体力劳动呼吸量加大时,自补才会频繁开启。若在从事中体力劳动或休息的情况下出现经常自补的现象,则说明仪器出现了故障。造成自补过频的原因可能有三种:① 面罩没有佩戴好,有漏气的地方;② 呼吸循环系统漏气;③ 流量变小。

按以下步骤进行检查,可以确定是哪种原因造成的:调整面罩,若调整好以后自补过频的现象消失,说明造成自补过频的原因就是面罩没有戴好,调整好以后仪器可以继续使用。若调整好以后还有自补过频的现象,则需要计算压力表的下降速度。在正常情况下,压力表的下降速度为 3~5 MPa/h。如果下降速度正常,说明造成自补过频的原因是流量变小,虽然经常自补,但补充的氧气只是补充流量变小而不足的这部分氧气,因此这种情况下仪器可以继续使用。

　　若压力表下降速度加快,超出了正常范围,则说明是呼吸循环系统出现了漏气,此时必须撤出灾区,更换备用仪器或者进行故障处理。

　　(2)频繁使用手补:手动补给阀属于应急装置,在仪器正常的情况下一般不需要使用。若在使用过程中发现经常使用手补氧气才能够使用,说明仪器发生了故障。造成频繁手补的原因是自动供氧系统出现故障,可能是发生了堵塞或漏气。出现这种故障时,必须退出灾区,更换备用仪器或进行故障处理。

　　(3)发生特大泄漏:发生这种故障时,由于要维持系统内部的正压,自补会一直完全打开。呼吸器的自补流量一般大于 100 L/min,而氧气瓶的额定储氧量是 540 L。这样,如果气瓶一直开启,不到 6 min,氧气瓶内的氧气就会消耗完,因此一旦发生这种故障,一定不要让氧气瓶一直打开。此时,应开关一次氧气瓶呼吸 5 次,同时迅速撤出灾区,若氧气剩余量已经不足,可以通过互换来更换备用氧气瓶。

　　由于灾区情况的不确定性,在使用过程中很可能对仪器造成损伤和故障,使用者应熟练掌握故障判断的方法。在日常的训练中,应该把故障排除和应对方法加入训练内容,达到熟练。这样,即使在使用过程中出了故障,也可以从容应对。

边学边用

　　结合案例 2 中的问题,完成学生活动表中的活动内容,完成后可以拍照上传至网络平台。

学生活动表

活动描述	案例2问题密钥	备注
请针对案例 2 中提到的问题完成相关内容		字数不超过 100

学生姓名:　　　　　　　　　　　完成时间:

三、自救呼吸器

　　自救呼吸器是一种体积小、携带轻便但作用时间较短的人员逃生使用的呼吸保护仪器。

　　自救呼吸器主要分为过滤式自救呼吸器和隔离式自救呼吸器。过滤式自救呼吸器在消防方面应用较多,是宾馆、办公楼、商场、银行、邮电、电力、轮船、电信、炼油、化工、公共娱乐场所和住宅发生火灾事故时必备的个体呼吸保护装置。隔离式自救呼吸器又分为化学氧自救器和压缩氧自救器,主要用于井下作业人员在发生瓦斯突出、火灾爆炸等灾害事故以及救护人员在呼吸器发生故障时迅速撤离灾区使用。可供化工部门在对设备进行简单维护以及有毒有害气体逸出时使用,也可供石油开采作业时天然气及其他毒性气体大量突出时使用,还可装备在现代化高层建筑中,当发生灾害性火灾时,供遇险人员佩戴逃生和待救时使用。

1. 过滤式自救呼吸器

(1) 主要结构

常见的 XHZLC40 型自救呼吸器的主要结构如图 3-10 所示。

当发生火灾时必然会产生有毒烟气,有毒烟气通过过滤装置过滤后,产生较为洁净的空气供人呼吸。过滤式自救呼吸器由反光阻燃头罩、过滤装置、半面罩以及呼吸阀等组成,常用于宾馆、办公楼、商场、银行、邮电、电力、公共娱乐场所和住宅等场所。

微课资源

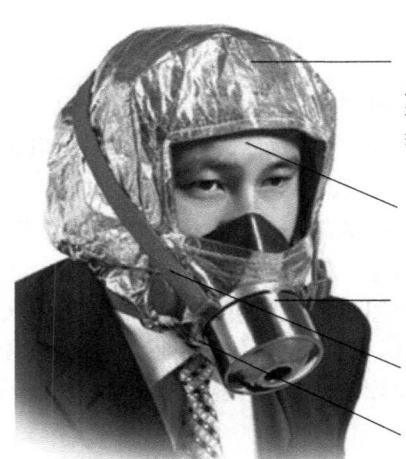

阻燃、抗高温通用头罩,反光并极易在火场浓烟中被发现并适合长发、有胡须、戴眼镜者使用

大眼窗具有开阔的视野

不锈钢滤毒罐

可调整的一点式带扣

纯棉阻燃脖套

图 3-10　XHZLC40 型自救呼吸器的主要结构

(2) 技术特性

主要特性:保护人体呼吸器官、眼睛和头面部免遭一氧化碳、氯化氢等有毒有害气体的伤害,防毒、防火、防热辐射、防烟,密封性好,适用于成年人的各种面型。

防护时间:40 min(拆开包装算起)。

(3) 使用前的检查

① 使用前需要检查自救呼吸器是否具有裂痕、破口,确保面具与脸部贴合密封性。

② 检查自救呼吸器呼吸阀片有无变形、破裂及裂缝。

③ 检查自救呼吸器头带是否有弹性。

④ 检查自救呼吸器滤毒盒座密封圈是否完好。

⑤ 检查自救呼吸器滤毒盒是否在使用有效期范围内。

(4) 使用方法

具体使用方法如图 3-11 所示。

① 打开包装盒,取出呼吸器头罩。

② 拔掉滤毒罐前孔的两个红色橡胶塞。

③ 将头罩戴进头部、向下拉至颈部,滤毒罐应置于鼻子前面。

④ 拉紧头带,以妥当地包住头部,平静地深呼吸,选择最安全的路线出逃。

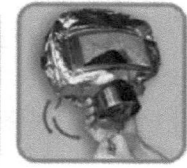

图 3-11　过滤式自救呼吸器的使用方法

（5）使用注意事项

① 本过滤式自救呼吸器仅供一次性使用,不能用于工作保护,只能供个人逃生自救。

② 产品处于备用状态时,环境温度应为 0～40 ℃,周围无热源、无易燃易爆及腐蚀性物品,通风应良好,无雨淋及潮气侵蚀。

③ 本呼吸器为存放型,一旦固定,不能随意搬动、敲击、拆装,以免引起意外失效。

④ 本呼吸器不能在氧气浓度低于 17% 的环境中使用。

⑤ 本呼吸器供成年人逃生时佩戴。

⑥ 使用前若发现塑料包装袋已经被撕破,视为呼吸器已经失效,不能再用。

2．化学氧自救器

（1）主要结构

常见的 ZH30 型化学氧自救器主要结构如图 3-12 所示。

① 外部结构:主要由金属的上部外壳、下部外壳以及封口带、腰带环、橡胶保护罩等组成。

微课资源

② 内部结构:主要由鼻夹组、口具组、呼吸软管、药罐体、启动装置、气囊体和排气阀等组成。

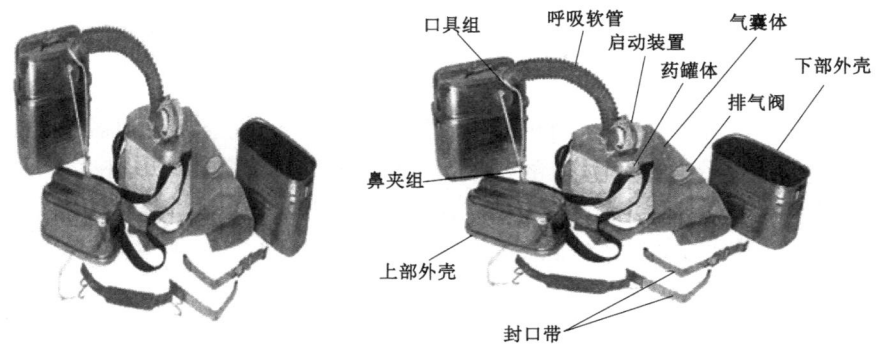

图 3-12　ZH30 型化学氧自救器外观及主要结构

（2）基本原理

化学氧自救器是利用化学药剂生氧的隔绝式自救器,呼吸气路为循环式闭路呼吸系统,佩戴人员呼出气体中的二氧化碳和水汽与生氧罐中的生氧剂发生化学反应,产生大量氧气进入气囊。化学反应式为:

$$4KO_2 + 2H_2O \longrightarrow 4KOH + 3O_2 + Q$$

$$2KOH + CO_2 \longrightarrow K_2CO_3 + H_2O + Q$$

吸气时气囊中的氧气经呼吸软管、口具进入人体,完成整个呼吸循环,实现个人呼吸的自我保护。当气囊中的气体压力过大时,气囊排气阀会自动打开,自动排出多余气体,使气囊在正常压力下工作,保证呼吸的正常进行。启动装置可以弥补佩戴初期生氧量不足的状况。当佩戴者拉动启动绳(或顺时针扳动启动阀片)时,启动装置启动,促使生氧剂加速生氧,在60 s内使氧气充满气囊,供佩戴者呼吸需要。如启动装置没有启动或自救器不设启动装置,可向气囊内猛吹3～4口气,生氧剂即可生氧。其优点是:呼吸系统与外界环境空气隔绝,不受外界任何有毒有害气体及烟雾的危害,因此适用于各种有毒有害气体及缺氧环境。其缺点是:采用闭式循环,加之化学反应过程会产生大量热量,因此呼吸会有不舒服感。

(3)佩戴时的操作

① 打开保护罩:迅速将自救器扭至胸前,右手拉开保护罩,露出红色扳手。

② 开启封印条:用右手开启扳手,将封印条扳断并扔掉。

③ 去掉外壳:左手握住下外壳,右手将上外壳拔下扔掉,然后用左手拉住背带,用右手脱下外壳并扔掉。

④ 套背带:将有口具的一面贴身,把背带套在脖子上。

⑤ 佩戴口具:拔掉口具塞后将口具放入口中,口具片应放在唇齿之间,牙齿咬紧牙垫,紧闭嘴唇。

⑥ 拉动启动装置:拔出口具塞后用拉绳将启动针拉出,启动装置启动生氧,氧气进入气囊。

⑦ 上鼻夹:双手拉开鼻夹弹簧,将鼻夹准确地夹住鼻子,用嘴呼吸。

⑧ 调整挎带:拉动挎带上的调节扣,把挎带长度调整到适宜长度并系好,然后开始撤离灾区。

(4)使用注意事项

① 佩戴时,拔掉口具塞,整理气囊,戴好自救器,然后夹上鼻夹,快速、短促地呼吸。

② 佩戴自救器撤离灾区时,要冷静、沉着,步行速度根据情况可快可慢。

③ 在整个逃生过程中,要注意把口具、鼻夹戴好,保持不漏气,绝不可从嘴中拔下口具说话。

④ 使用中不要用手压气囊,防止氧气流失使供氧不足,注意防止利器刺破或挂破气囊。

⑤ 携带自救器应避免碰撞、跌落,不许当坐垫使用,不得随意打开外壳。

⑥ 在佩戴时万一启动装置失灵,佩戴者可向气囊呼气至气囊鼓起,然后夹上鼻夹撤离。

⑦ 使用一次就报废,不能重复使用。

3.压缩氧自救器

(1)主要结构

常见的ZYX45型压缩氧自救器主要结构如图3-13所示。

(2)基本原理

使用时,咬住口具、夹上鼻夹,人就和压缩氧自救器组成了人-机呼吸系统。

微课资源

呼气时,气流通过呼气阀经气囊进入清净罐,其中的二氧化碳与清净罐中的二氧化碳吸收剂发生化学反应而被吸收,余下的氧气就进入气囊。吸气时,通过吸气阀进入人体,就完成了整个呼吸循环过程。

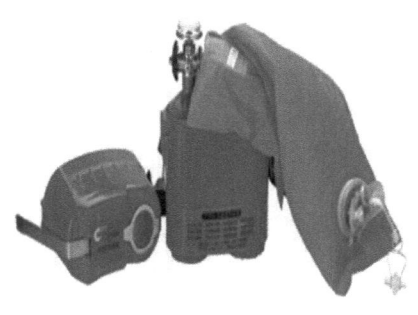
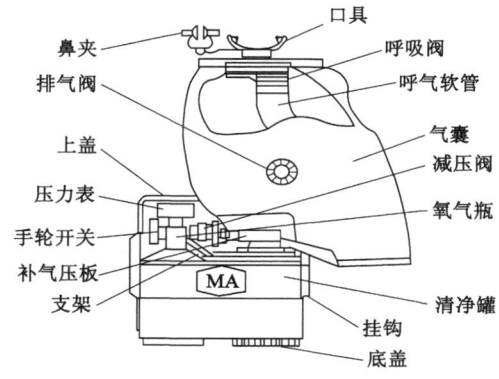

图 3-13　ZYX45 型压缩氧自救器外观及主要结构

在整个佩戴过程中，人的鼻孔被鼻夹夹住，通过人口与口具的呼吸连接，完全用嘴进行呼吸。人-机呼吸系统与外界完全隔绝。

（3）佩戴操作

① 将压缩氧自救器移到前面。

② 扳开挂钩，取下上盖，展开气囊。

③ 取下口具塞，把口具放入唇齿之间，咬住牙垫，紧闭嘴唇。

④ 打开气瓶开关，然后按动补气压板，气囊迅速鼓起。

⑤ 将鼻夹弹簧拉开，用鼻夹垫夹住鼻子，用口呼吸，迅速撤离灾区。

仿真资源

（4）使用注意事项

① 在使用过程中要养成经常观察压力表的习惯，以掌握耗氧情况及撤离灾区的时间。

② 不要无故开启、磕碰及坐压自救器。

③ 使用时保持沉着，在呼气和吸气时都要慢而深（即深呼吸）。

④ 使用中应特别注意防止利器刺伤、划伤气囊。

⑤ 在未达到安全地点时不要摘下自救器。

⑥ 在高温下使用自救器应遵守有关规定。

边学边用

结合案例 3 中的问题，完成学生活动表中的活动内容，完成后可以拍照上传至网络平台。

学生活动表

活动描述	案例 3 问题密钥	备注
请针对案例 3 中提到的问题完成相关内容		字数不超过 100

学生姓名：　　　　　　　　　　完成时间：

 点睛

有毒环境很普遍,呼吸防护保安全。

外观特征易分辨,结构原理是关键。

空呼氧呼皆常见,消防矿山常出现。

自救装置最轻便,隔离过滤助避险。

操作要领记心间,救人救己莫等闲。

任务3 眼面部防护设备应用

任务分析

微课资源

企业职工在劳动生产过程中,常常会因飞来的异物、化学物质或光线而对眼面部造成伤害。据统计,职业性眼面部伤害约占整个工业伤害的5‰,其中眼外伤为1‰～3‰。相对其他人体器官,眼部更易受到职业性伤害。

如何在工作中有效保护眼面部不受伤害?改善工作环境和工作条件是最有效的途径。当工作条件暂时不能改变时,则需要根据危害因素的不同而选择不同的眼面部防护用品,并正确使用。

本任务主要分析眼面部防护用品的种类、选用、正确使用和维护,全面认识眼面部防护设备,重点是眼面部防护设备的使用,难点是能够依据不同场所选择正确的眼面部防护设备。

 任务目标

知识目标

1. 理解眼面部防护用品的重要作用。

2. 正确阐述各种眼面部防护用品的种类。

能力目标

1. 能够依据不同场所选择正确的眼面部防护设备。

2. 能够正确使用眼面部防护用品。

素质目标

1. 增强学生珍爱生命的安全防护意识。

2. 培养学生从细节做起、规范操作、注重劳动的习惯。

 案例引入

案例 1　一起未佩戴防护面罩而导致事故的案例

某冶炼厂三车间冶炼工杨某,在 302# 炉眼吹氧开炉操作中,未装设安全防护挡板,又未佩戴防护面罩,被炉内回火灼伤面部。

引入问题:事故的主要原因是什么? 应选择什么样的防护面罩?

案例 2　一起未佩戴防护眼镜而导致事故的案例

某化工厂一车间维修工在检修某泵时,因安全措施不落实,未佩戴防护眼镜,氨冷凝液冲出,正好溅入正在撬开泵堵头检修作业者的眼中,导致其左眼角灼伤,被送进医院救治。

引入问题:眼面部防护设备有哪些种类? 案例中检修作业应该佩戴什么样的眼面部防护设备?

知识探索

名句赏析:"眼睛是心灵的窗户,大家要好好爱护它。"眼面部防护是应急救援工作的重中之重。

眼面部防护设备是指预防烟雾、尘粒、金属火花和飞屑、热、电磁辐射、激光、化学飞溅等伤害眼睛或面部的个人防护用品。

一、眼面部致伤因素

常见的职业性眼面部伤害因素包括异物性伤害、化学性伤害、非电离辐射伤害、电离辐射伤害、微波和激光伤害等五个方面。

1. 异物性伤害

在铸造、机械加工、建筑、采石等行业的作业过程中,可能会发生砂粒、金属碎屑等异物进入眼内或冲击面部的情况。有的固体异物(如旋转切削的金属碎片或打磨金属物体的碎颗粒)高速飞出,若击中眼球或面部,可造成严重的眼球破裂或穿透性损伤以及面部皮肤破裂或鼻骨骨折等损伤。

2. 化学性伤害

生产过程中的酸碱液体或腐蚀性烟雾进入眼中或冲击到面部皮肤,可引起角膜或面部皮肤的烧伤。在工业生产中,化学性眼面部伤害较多见,以碱液引起的烧伤最严重,因为碱液比酸液更易穿透皮肤。

3. 非电离辐射伤害

在电气焊接、氧切割、炉窑、玻璃加工、热轧和铸造等场所,热源在 1 050～2 150 ℃时能产生强光、紫外线和红外线。紫外辐射可引起眼角膜表浅组织灼伤,使受害者产生畏光、疼痛、流泪、眼睑炎等症状。红外辐射对眼组织产生热效应,引起眼睑慢性炎症和晶体混浊(职

业性白内障),强光会引起眼睛疲劳、眼睑痉挛和结膜炎。

4．电离辐射伤害

在原子能工业、核动力装置(如核电站、核潜艇)、核爆炸、高能物理实验等场所,往往存在 α 粒子、β 粒子、γ 射线、X 射线、热中子、慢中子、快中子、质子和电子等辐射。当作业人员总剂量吸收超过 22 Gy(1 Gy＝1 J/kg)时,有些人员就可能出现白内障,其出现率随总剂量的增大而升高。

5．微波和激光伤害

微波和激光属于电磁波。微波广泛应用于雷达、通信、医疗、探测、军事、食品加工等领域。微波对人体眼睛的伤害主要是热效应引起晶体浑浊,导致白内障发生。近年来,激光在工业、医疗、科研特别是军事方面的应用发展很快,激光若投射到眼睛的视网膜上可引起灼伤,大于 0.1 μW 的激光还可能引起眼球出血、蛋白凝固、融化,甚至造成永久失明。

二、眼面部防护用品分类

眼面部防护用品根据防护部位和防护性能分为防护眼镜(图 3-14)和防护面罩(图 3-15)。

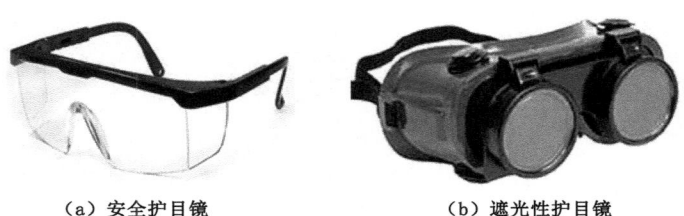

（a）安全护目镜　　　　　　　　　（b）遮光性护目镜

图 3-14　防护眼镜

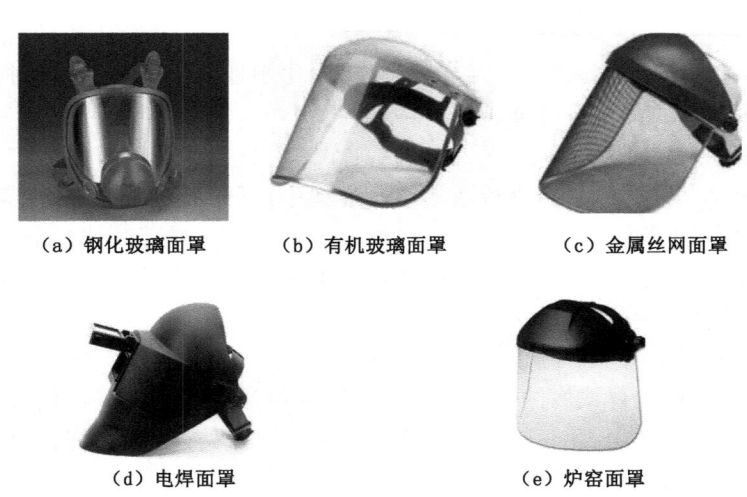

（a）钢化玻璃面罩　　　（b）有机玻璃面罩　　　（c）金属丝网面罩

（d）电焊面罩　　　　　　　　　（e）炉窑面罩

图 3-15　防护面罩

1. 防护眼镜

（1）安全护目镜：防止有害物伤害眼睛的防护用品，如防冲击眼护具、防化学药品护目镜等。

（2）遮光护目镜：防有害辐射线伤害眼睛的防护用品，如焊接护目镜和炉窑护目镜等产品。

2. 防护面罩

（1）安全面罩：防有害物伤害眼面部的防护用品，如钢化玻璃面罩、有机玻璃面罩、金属丝网面罩等。

（2）遮光面罩：防有害辐射线伤害眼面部的防护用品，如电焊面罩、炉窑面罩等。

三、眼面部防护用品的选用

在 GB 39800 系列《个体防护装备配备规范》中，规定了需要配备眼面部防护用品的一些适用场所。每一种防护用品都有其使用限制，在选用时需要根据不同的危害选择具有相应功能的眼面部防护用品。

边学边用

阅读 GB 39800 系列《个体防护装备配备规范》，完成学生活动表中的活动内容，完成后可以拍照上传至网络平台。

学生活动表

活动描述	类别	参考适应范围（可简略书写）	备注
写出标准中眼面部防护装备类别和主要适用范围			字数不超过 100

学生姓名：　　　　　　　　　　　　完成时间：

四、正确使用和维护眼面部防护用品

选择了适用的防护用品，正确去使用才可以起到有效的防护作用。使用前，应参照制造商的使用说明书，了解其佩戴方法及注意事项，如是否易碎等。佩戴前先检查防护用品是否完好，在佩戴好防护用品后应检查是否稳固，在做弯腰、低头等与工作相关的动作时是否会脱落。在有眼面部危害存在的场所，应坚持佩戴防护用品，主管或访客等人员进入有危害的场所，应当遵从相同的安全条例，在工作场所内始终佩戴防护用品。对于选用带眼面部防护的呼吸防护用品时，可参照《呼吸防护用品的选择、使用与维护》（GB/T 18664）中的相关建议进行适合性检验及适当的维护。

良好的维护可以延长防护用品的寿命，降低企业的成本。维护保养的方法可参照制造商提供的信息。多人共用存在有眼疾传染的可能，或在有传染病的工作场所等情况下使用

时,应根据相关的指引对防护用品进行消毒。为防止镜片刮花,存放时应将镜片朝上放置,避免与粗糙表面接触,不要使用粗糙的纸或布擦拭镜片,不要使用有机溶剂擦拭镜片,不要用刀或其他工具刮擦镜片表面,也不要与零件、工具等硬物一起堆放。为了防止眼镜变形,不要在眼镜上放置重物或过度挤压眼镜。

 **边学边用**

结合案例 1 和案例 2 中的问题,完成学生活动表中的活动内容,完成后可以拍照上传至网络平台。

学生活动表

活动描述	案例 1 问题密钥	案例 2 问题密钥	备注
请针对案例 1 和案例 2 中提到的问题完成相关内容			每个问题字数不超过 100

学生姓名: 　　　　　　　　　　　　　　完成时间:

 **点睛**

> 眼面伤害事故多,防护佩戴不出错。
>
> 面罩种类有选择,安全遮光看场所。
>
> 佩戴书中去求解,检验维修有规则。
>
> 防护意识不可缺,依法依规讲科学。

任务 4 防护服应用

任务分析

在现代工业作业环境中,经常会存在火焰、高温、熔融金属、腐蚀性化学品等危险。对于这些危险,需要专用的防护服来保护整个身体。防护服可以分为一般作业防护服和特殊作业防护服。一般作业防护服用棉布或化纤织物制作,适用于没有特殊要求的一般作业场所。特殊作业防护服按作业环境的需要有防尘防毒服、化学防护服、防火隔热服、医用防护服、反光防护服等。

微课资源

本任务主要分析特殊作业防护服的种类、结构和用途以及化学防护服的穿脱方法,让学生全面认识防护服,重点是防护服的使用,难点是能够依据不同场所选择正确的防护服。

**任务目标**

知识目标

　　1. 理解防护服的重要作用。

　　2. 正确阐述防护服的种类、结构和用途。

能力目标

　　1. 能够依据不同场所选择正确的防护服。

　　2. 能够正确穿戴防护服。

素质目标

　　1. 强化学生安全第一、防护先行的意识。

　　2. 培养学生从细节做起、规范操作、注重劳动的习惯。

案例引入

案例 1　某公司发生硝酸泄漏事故

　　某公司两名正在装卸硝酸的工人因操作不当而导致硝酸泄漏,由于他们在操作时并没有按照要求穿戴防护服,而导致被灼伤。据了解,当时这辆槽车装有近 5 t 的硝酸,硝酸泄漏后工人及时关闭了管道,没有造成更大的危害。但工人在操作时并没有按照规范操作,未配备防护服,以致两人都被灼伤。

　　引入问题:案例中造成人员受伤的情况是否可以避免? 应选择什么样的防护服?

案例 2　一起未穿防护服而导致事故的案例

　　某厂铲车司机夜间作业,在煤场西边推完瘦煤后,要去南侧推刚刚卸完的另一车煤,行进中发现电线杆处有装卸工,鸣笛警示,装卸工离开后,铲车司机启动继续向南行驶了一段距离,听到有人喊:"车下有人!"铲车司机赶紧停车并下车查看,发现一人躺在车下,头部受伤,经抢救无效死亡。经调查,造成本次事故的一个重要原因是工人没有穿防护服,导致司机没能及时发现。

　　引入问题:案例中的工人应该穿戴什么样的防护服? 该种防护服有何作用?

**知识探索**

　　名句赏析:"因为使命在肩,所以勇往直前。"事故发生后可以看到应急救援人员身穿各种防护服奋战在一线。

一、防护服结构和用途

1. 防尘防毒服

（1）防尘服

防尘服适用于粉尘作业,一般由从头到肩的风帽或头巾、上下装组成,袖口、裤口及下摆收紧,选用质地密实、表面平滑的透气织物制作,如图 3-16 所示。

图 3-16　防尘服

（2）防毒服

防毒服包括透气式防毒服和隔绝式防毒服两种,如图 3-17 所示。

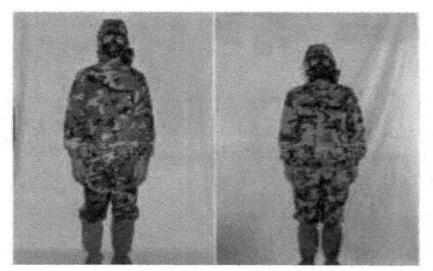
（a）透气式防毒服

（b）隔绝式防毒服

图 3-17　防毒服

透气式防毒服用纤维活性炭等特殊透气织物制成,袖口、裤口扎紧,能防御毒气、烟雾的危害,适用于污染较轻的场所。

隔绝式防毒服用抗渗透材料制成,由头罩和上下一体的衣服组成,整体结构密闭,能有效地防御各种毒气、尘埃的危害,适用于污染危害较严重的场所。

防毒服通常配合过滤式防毒面具使用,也可以依靠自身携带或外部氧源供氧,使整个呼吸系统与外界隔离,同时可以与防毒手套、防毒靴等配套使用。

2. 化学防护服

化学防护服是消防员防护服装之一,它是消防员在有危险性化学物品火场和事故现场进行灭火战斗和抢险救援时为保护自身免遭化学危险品侵害而穿着的防护服装,可以分为轻型防护服和重型防护服,如图 3-18 所示。

轻型化学防护服是供抢险人员、工厂或实验室的工作人员进入固体、液体酸碱类化学物品现场进行抢险救援工作时穿着的一种个体防护服装。重型化学防护服一般配备呼吸器,防护服重量一般在 6 kg 左右。

（a）轻型化学防护服

（b）重型化学防护服

图 3-18　化学防护服

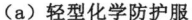

学中思、思中学

化学防护服主要应用于哪些工种？（可参考 GB 39800 系列标准）

3. 避火隔热工作服

（1）避火服

避火服[图 3-19（a）]是近火作业时穿着的防护服装,用来对上下躯干、头部、手部和脚部进行防火隔热防护,包括防火上衣、防火裤、防火头套、防火手套以及防火脚套等,具有阻燃、反辐射热等特性,能有效地保障消防队员、高温场所作业人员接近热源而不被酷热、火焰、蒸汽灼伤。

（a）避火服

（b）隔热服

图 3-19　避火隔热工作服

避火服常采用绝热玻璃纤维、铝化玻璃纤维、无铝化玻璃纤维制成。加大避火服内可佩戴空气呼吸器,观测面镜由多层热处理玻璃及防热玻璃制成,防火温度可以达到 833 ℃,防辐射温度可以达到 1 111 ℃。

（2）隔热服

隔热服[图 3-19(b)]也叫耐高温隔热服,是重要的个体防护设备,指在接触火焰及炙热物体后能阻止本身被点燃,保护人体免受各种热害的防护服,分为石油、化工、冶金、玻璃等行业高温炉前作业的防护服装和用于消防、森林防火的消防服。

隔热服能反射 90％的辐射热,接近 300 ℃高温下可以工作 1 h 以上,接近 500 ℃高温下可以工作 30 min 以上,瞬间接近最高温度为 700 ℃,也能够在辐射热通量为 10 W/cm² (一般 900～1 000 ℃)的场所进行抢险作业。其主要由头罩、上衣、背带裤、手套和护脚等组成。

4. 医用防护服

医用防护服(图 3-20)是指医务人员(医生、护士、公共卫生人员、清洁人员等)及进入特定医药卫生区域的人群(如患者、医院探视人员、进入感染区域的人员等)所使用的防护性服装,也可以作为一般工作人员进行防疫工作使用。其作用是隔离病菌、有害超细粉尘、酸碱性溶液、电磁辐射等,保证人员的安全和保持环境清洁。

图 3-20　医用防护服

5. 反光防护服

反光防护服是利用反光材料加上特殊的染色工艺制成的在各种光线条件下能起到警示作用的服装,如图 3-21 所示。它一般由颜色醒目的基底(荧光)材料和反光(逆反射)材料组成。用玻璃珠制作的反光服装标识,加上荧光底色后,比非反光材料在灯光下醒目数百倍。荧光加反射的效果极强,使穿着者无论是在白天或是黑夜,在灯光的照射下都能与周围环境形成强烈的反差,从而能够及时地被发现。一般可在 800 m 的目测距离内被发现,从而起到安全防护的作用。

6. 其他防护服

其他防护服包括防寒服、防水服、防辐射服、防静电服等,这里不再一一赘述。

图 3-21　反光防护服

边学边用

结合案例 1 和案例 2 中的问题,完成学生活动表中的活动内容,完成后可以拍照上传至网络平台。

学生活动表

活动描述	案例 1 问题密钥	案例 2 问题密钥	备注
请针对案例 1 和案例 2 中提到的问题完成相关内容			每个问题字数不超过 100

学生姓名:　　　　　　　　　　完成时间:

二、穿脱防护服的方法

不同的防护服穿脱方法不同,主要依据具体的产品说明书进行使用。下面以化学防护服的穿脱为例展示防护服的穿脱方法,其他类型防护服可以参考穿脱。

微课资源

化学防护服的穿着要遵循一定的次序,这样可以保证防护服穿着的正确、快速,在工作中发挥防护服的效用,而且为使用后安全地脱下打下基础。一般应遵循裤腿→靴子→上衣→呼吸器→帽子→拉链→手套的次序。最后为了提高整个系统的密闭性,可以在开口处(如衣襟、袖口、裤管口、面罩和防护服连帽接口)加贴胶带。为了增强手部的防护,可以选择戴两层手套。在整个过程中要尽量防止防护服的内层接触到外部环境,以免防护服在一开始就受到污染。

脱下防护服应遵循的原则是安全地脱下防护服,不对人体和环境造成污染。需要注意的是,在脱下化学防护服前要进行必要的洗消除污。这里所说的洗消除污仅仅是为了能够安全地脱下防护服而不使穿着者或环境受到污染,而不是为了某些防护服的重新使用。根据污染物的不同,洗消繁简不同。这时要注意有些化学品如浓硫酸遇水会发生剧烈的放热反应,这时应该先将衣服表面的化学品消除掉,然后再用水冲洗。这样可以避免高热损坏防护服,继而造成对穿着者的污染和危害。

洗消除污后,脱下化学防护服也需要遵循一定的程序,一般是拉链→帽子→上衣→手套→裤腿→靴子→呼吸器。在脱下手套前要尽量接触防护服的外表面,手套脱下后要尽量接触防护服的内表面,防护服脱下后应当是内表面朝外,将外表面和污染物包裹在里面,避免污染物接触人体和环境。脱下的防护用品要集中处理,避免在此过程中扩大污染。

三、注意事项

化学防护服穿脱注意事项如下:

(1)全密封化学防护服不得与火焰及熔化物直接接触。

(2)使用前必须认真检查服装有无破损,如有破损,严禁使用。

(3)使用全密封化学防护服时,必须注意头罩与面罩紧密配合,颈扣带、胸部的扣子必须扣紧,以保证颈部、胸部气密。腰带必须收紧,以减少运动时的"风箱效应"。

(4)每次使用后,根据脏污情况用肥皂水或 $0.5\% \sim 1\%$ 的碳酸钠水溶液洗涤,然后用清水冲洗,放在阴凉通风处晾干后包装。

(5)折叠全密封化学防护服时,将头罩开口向上铺于地面。折回头罩、颈扣带及两袖,再将服装纵折,左右重合,两靴尖朝外一侧,靴底相对卷叠,横向放入全密封化学防护服包装袋内。

(6)全密封化学防护服在保存期间严禁受热及阳光照射,不许接触活性化学物质及各种油类。

 **点睛**

> 防护服装种类全,各种环境细挑选。
>
> 化学防护多常见,轻型重型看危险。
>
> 卫生防疫工作难,医用防护保安全。
>
> 穿脱防护似简单,谨慎使用不惧繁。

项目 4　消防设施应用

项目分析

　　火灾是现实生活中最常见、最突出的一种事故,是直接关系人民生命、财产安全的大问题。据应急管理部初步统计,2021 年全国共接报火灾 74.8 万起,死亡 1 987 人,受伤 2 225 人,直接财产损失 67.5 亿元。火灾发生后,事故应急救援主要依靠的设备是消防设施,依靠消防设施可以在火灾发生后快速报警和灭火。那么与事故应急救援相关的消防设施有哪些,这些设施是如何工作的,如何利用这些消防设施处理火灾,是每一个社会成员都应该了解和学习的内容。

　　本项目主要选取常见的消防设施进行讲解,包括火灾自动报警系统、自动喷水灭火系统、消火栓系统、灭火器等。其中,火灾自动报警系统主要是为了解决火灾初期如何实现自动报警的问题,自动喷水灭火系统、消火栓系统和灭火器主要是为了解决火灾初期处置与抢险救援的问题。这些设施关系到每一个人的生命安全。

　　通过本项目学习,学生可以全面认识和熟悉消防设施的结构、原理和使用,能够充分利用和爱护消防设施。做好火灾的处置工作,可以为将来参与救援或从事相关专业工作奠定基础,培养学生爱护消防设施、勇于创新的意识和善于使用消防设施的精技心。

任务 1　火灾自动报警系统初探

任务分析

　　我国每年死于火灾的人数超过千人,无论是住宅、公共建筑还是厂房和仓库,都是火灾易发高发的对象。火灾事故发展速度快、破坏力强,如果能够在火灾初期及时发现,无疑为火灾扑救提供了更多宝贵的时间,火灾事故就有可能控制在萌芽状态。但是如果火灾事故仅仅依靠人员来发现和处理,存在着巨大的不可靠性,这就需要能够快速识别火灾和报警的系统——火灾自动报警系统。

火灾自动报警系统是什么、结构如何、功能如何实现等是本任务需要解决的问题,重点和难点是三种火灾自动报警系统的工作原理。

 任务目标

知识目标

1. 理解火灾自动报警系统的重要作用。
2. 正确阐述火灾自动报警系统的种类和工作原理。

能力目标

1. 能够依据不同场景选择合适的火灾自动报警系统。
2. 能够识别火灾自动报警系统各组件。

素质目标

1. 培养学生发现问题、探索问题的精神。
2. 增强学生爱护消防设施、精技强能的意识。
3. 培养学生系统性、创新性思维。

案例引入

案例 1 一起因火灾自动报警系统及时响应而扑灭火灾的案例

四川省一高层住宅发生火灾。事发时,起火业主家中无人,正是家门口的一处感烟火灾探测器被烟雾触发,并将信号反馈到消防控制室内的火灾报警控制器上,才让消防控制室物业值班人员能够第一时间发现火情,为灭火赢得了宝贵时间。消防救援人员赶到现场后,迅速利用大楼内的室内消火栓系统进行供水灭火,大火很快就被扑灭。楼内居民被安全疏散,事故未造成人员伤亡。

引入问题:案例中的火灾自动报警系统是如何工作的?

案例 2 一起火灾报警系统失灵的案例

模拟火灾烟雾,报警系统竟然没任何反应!近日某地应急管理局、工商局、治安大队、消防大队组成联合检查小组,对辖区内歌舞娱乐场所进行消防安全检查,发现一 KTV 火灾自动报警系统损坏,失去报警功能,随后联合调查小组依法对该 KTV 进行了临时查封。

引入问题:案例中该系统无法实现报警的可能原因是什么?

 知识探索

名句赏析:"隐患险于明火,防范胜于救灾,责任重于泰山。"火灾初期如果能及时发现,灭火就成功了一半。

火灾自动报警系统是火灾探测报警与消防联动控制系统的简称,是以实现火灾早期探测和报警、向各类消防设备发出控制信号并接收设备反馈信号,进而实现预定消防功能为基本任务的一种自动消防设施。火灾自动报警系统按照应用范围可以分为区域火灾自动报警系统、集中报警系统和控制中心报警系统三类。

一、区域火灾自动报警系统

1. 火灾探测器及手动报警按钮

火灾发生后,要想及时探测到火情,探测器一定是能够识别火灾特征的。那么火灾有哪些特征? 我们对比图 4-1 所示的两张图片。

微课资源

我们一眼就看出了右边的建筑起火了,为什么? 是因为有些东西刺激了我们的感官,比如火焰、浓烟。还有些我们看不到的刺激,比如高温、有害气体等。这些特征用探测器来感知,就出现了感烟火灾探测器、感温火灾探测器、火焰探测器等,如图 4-2 所示。

图 4-1　建筑着火前后对比

感烟探测器　　　　感温探测器　　　　火焰探测器

图 4-2　火灾探测器

如果人员发现了火灾也可以通过一种叫作手动报警按钮的装置来报警,手动按下就可以将报警信号发出。手动报警按钮如图 4-3 所示。

2. 火灾警报器

发现火灾后,要及时通知到邻近相关人员,必须能够发出刺激人体感官的声和光来实现,于是就产生了火灾警报器。它可以发出刺激人眼睛和耳朵的声和光,其具体形态如图 4-4 所示。

图 4-3　手动报警按钮

图 4-4　火灾警报器

3. 火灾报警控制器

如果一个建筑中布置了很多探测器、警报器,就会出现一个问题,火灾探测器和警报器如何对应。

如图 4-5 所示,左边 1 号探测器动作了,右边哪一个报警器进行报警?这个时候就需要一个进行中间控制和管理的部件来完成这个任务,这个部件就是火灾报警控制器。有了火灾报警控制器的存在,探测器发现火灾后,会把信号传递到火灾报警控制器,火灾报警控制器就像一个大脑,进行逻辑分析之后来选择对应的火灾警报器动作,这样就完成了火灾自动报警任务。

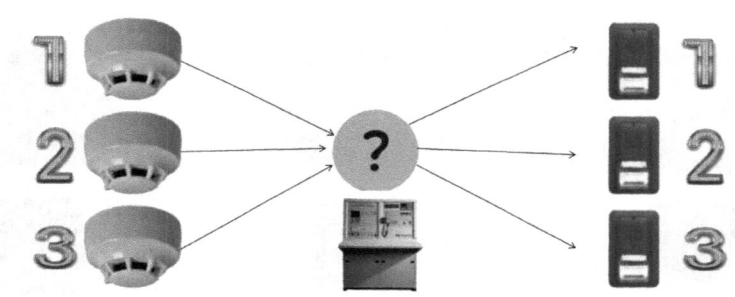

图 4-5　火灾报警控制器作用

4. 总体功能分析

由火灾探测器或手动报警按钮将火灾信号传送给火灾报警控制器,火灾报警控制器经过判断,认为需要报警,就会把信号传递给火灾警报器,火灾警报器就会发出声和光,提醒人们疏散。这样就形成了一个比较完整的火灾自动报警系统:发生火灾→探测火灾→智能判断→通知人员。该系统就是区域火灾自动报警系统,如图 4-6 所示。该系统没有联动控制消防器材,无法实现对自动喷水灭火系统、防排烟设施等的联动控制。如要了解联动控制,需要学习后续内容。

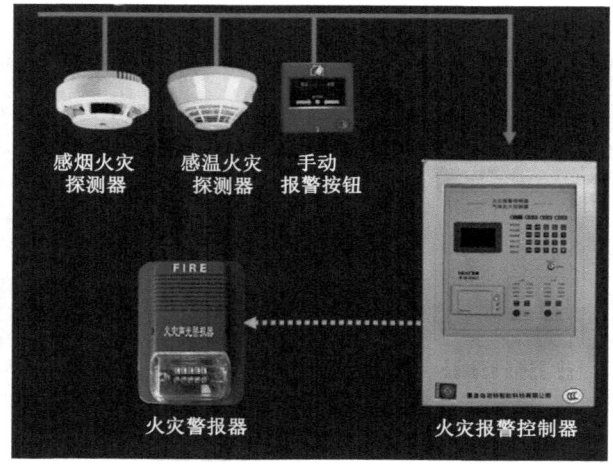

图 4-6　区域火灾自动报警系统

边学边用

结合案例 1 中的问题,完成学生活动表中的活动内容,完成后可以拍照上传至网络平台。

学生活动表

活动描述	案例 1 问题密钥	备注
请针对案例 1 中提到的问题完成相关内容		字数不超过 100

学生姓名:　　　　　　　　　　　　完成时间:

二、集中报警系统

1. 了解集中报警系统

我们前面讲的区域报警系统,可以概括为四个因素:声光＋控制＋两个触发(探测器＋手动报警按钮)。该系统只起到了通知作用,还有很多功能没有实现,比如当建筑比较暗的时候,还需要启动照明设备和疏散指示

微课资源

系统来协助人员逃生。这些功能,区域报警系统无法完成。如果需要这些设备工作,就需要借助更为强大的设备来完成,这个设备就是消防联动控制器,它可以和其他消防设施产生联系,让这些消防设施在合适的时间进行工作。

另外,区域报警系统的警报声很容易和其他警报声混淆,所以想要更好地通知人员,需要更直接的办法,这就需要借助消防应急广播。此外,火灾发生时很多通信信号会被切断,

这个时候我们就需要一种消防专用电话进行沟通。这些设备的状态需要一个显示装置进行直观显示,这就是我们前面提到的消防控制室图形显示装置。这些消防联动设备如图 4-7 所示。

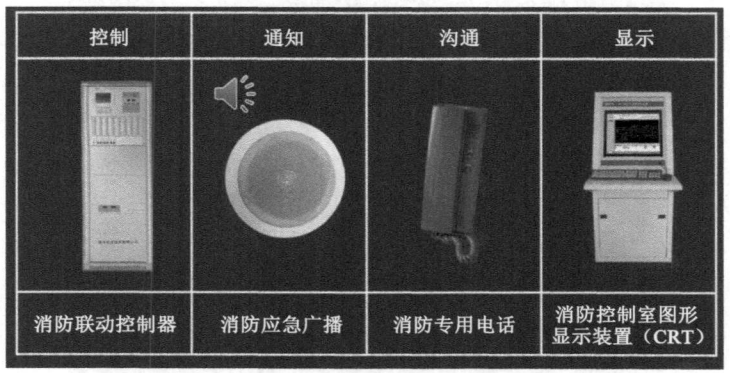

图 4-7 消防联动设备

将这些系统全部放到一起,就形成了一个全新的系统,这个系统既可以报警、发现火灾,又可以让相关消防设施同时投入工作和系统作业。这个系统就是集中报警系统,如图 4-8 所示。

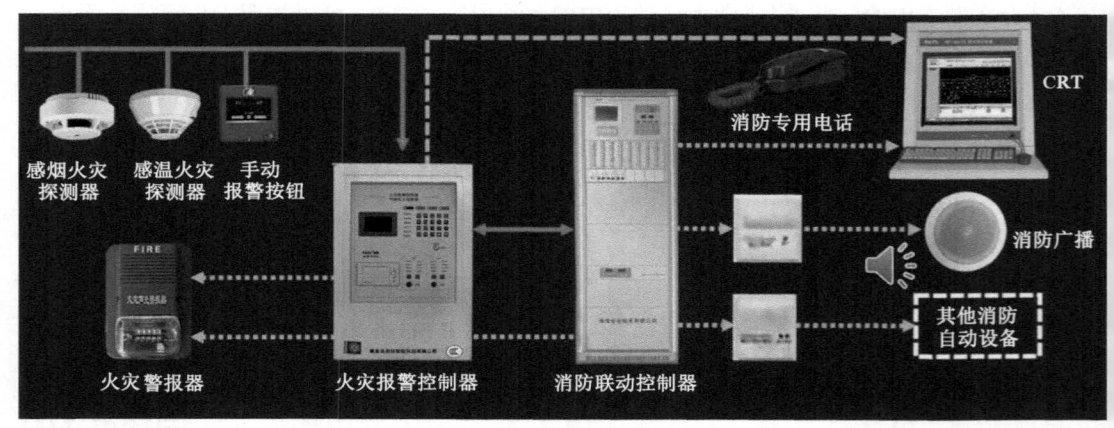

图 4-8 集中报警系统

2. 集中报警系统整体功能分析

集中报警系统相比于区域报警系统,功能更强大,既能实现报警,又能实现联动。我们可以看出,集中报警系统不仅有完整的区域报警系统功能,而且增加了消防联动功能。下面我们分析一下集中报警系统信号功能是如何实现的。

首先,火灾探测器或手动报警按钮将探测信息传递给火灾报警控制器,这种传递的信号叫作火灾报警信号;火灾报警控制器会把这种信息传递给消防联动控制器,这种传递的信号叫作联动触发信号;消防联动控制器再经过逻辑判断,认为需要向某种设备发出信号,这种信号叫作联动控制信号;设备启动后会发出一个信息反馈回消防联动控制器,这种信号叫作消防联动反馈信号。整个工作过程伴随着各种信号传递。

学中思、思中学

你去过的场所中哪些地方设置了集中报警系统？

_____

_____

三、控制中心报警系统

现实生活中,存在很多体量比较大的建筑(图4-9),一套集中报警系统无法满足要求,可能会设置两个以上的集中报警系统或消防控制室,这种情况下的系统叫作控制中心报警系统。

图4-9　大体量建筑

与集中报警系统相比,此系统主要是体量较大,它的组成与集中报警系统组成并无本质区别。需要注意的是,有两个以上的消防控制室时,应确定一个为主消防控制室。主消防控制室能够控制分消防控制室所控制的消防系统、设备,各分消防控制室消防设备之间可以相互传输、显示信息,但不应相互控制。

微课资源

边学边用

结合案例2中的问题,完成学生活动表中的活动内容,完成后可以拍照上传至网络平台。

学生活动表

活动描述	案例2问题密钥	备注
请针对案例2中提到的问题完成相关内容		字数不超过100

学生姓名:　　　　　　　　　　　　　　完成时间:

点睛

初火易隐藏,人员疏散忙。

探测警报响,控制细思量。

若需联动上,集中是良方。

建筑体量庞,中心保无恙。

任务 2 消防给水及消火栓系统应用

 任务分析

　　水是最常用的一种天然灭火剂。水在灭火中具有高效、经济、获取方便、使用简单的特点,在消防灭火中应用广泛。水的灭火作用主要有冷却作用、窒息作用、对水溶性可燃液体的稀释作用、冲击乳化作用以及水力冲击作用等。建筑消防给水是指为建筑消火栓给水系统、自动喷水灭火系统等水灭火系统提供可靠的消防用水的供水系统。

　　消火栓系统是以水为介质,用于灭火、控火和冷却防护等功能的消防系统,本任务将详细介绍建筑中最常见的室内和室外消火栓系统。消火栓系统是扑救、控制建筑物初期火灾的最为有效的灭火设施,是应用最为广泛、用量最大的水灭火系统。

　　本任务主要介绍消防给水及消火栓系统的功能、分类、用途、工作原理,为学生正确认识和使用水灭火系统奠定基础,重点是消防给水系统的构成、工作原理及消火栓的使用,难点是能够解决消防给水系统工作过程中遇到的简单问题。

任务目标

知识目标

1. 理解消防给水及消火栓系统的重要作用。

2. 正确阐述消防给水系统分类、结构和工作原理。

3. 正确阐述消火栓系统的组成和工作原理。

能力目标

1. 能够解决消防给水系统工作过程中遇到的简单问题。

2. 能够正确使用室内和室外消火栓。

素质目标

1. 培养学生发现问题、探索问题的精神。

2. 增强学生爱护消防设施、精技强能的思想。

3. 培养学生系统性、创新性思维。

案例引入

案例 1　一起消火栓没水而导致严重后果的案例

"假如消火栓里有水,而不是像现在这样形同虚设,我家的房子最多也就是烧了厨房,而不是一楼二楼全部化为灰烬!"罗女士认为,险情发生时,因为消火栓内没水,而导致延误了救火时机,对此物业方面应承担不可推卸的责任。

罗女士说,在附近公园巡逻的巡警,看到窗户冒出的浓烟,几分钟就赶到了现场,熟练地开启了楼层消防箱,接上水管,打开阀门,却发现没有水,无法灭火。

"28 层有两个消火栓,但两个里面都没有水,整栋楼的消火栓都没水!"同栋居民曾先生也证实,消防员在火灾发生十多分钟后就及时赶到了现场,但由于消火栓内没水,救援至少被延误了半个小时以上,室内基本烧得也差不多了。

引入问题:消火栓为什么没水?消防给水系统组成有哪些?

案例 2　一起正确使用消火栓灭火案例

冯先生正在就诊时,突然闻到一股刺鼻的焦味,打开窗户一看,原来是和医院一墙之隔的老旧房屋的屋顶发生了火灾,火势迅速扩大,滚滚黑烟不断涌入医院的病房,威胁着正在就医的病人们。见此情况,他立即让同事拨打 119 报警,然后自己跑到医院三楼拐角处打开室内消防箱,迅速连接好水带、水枪,打开消火栓出水灭火。15 min 后,大火被成功扑灭。

引入问题:消火栓如何分类?消火栓如何正确操作?

知识探索

名句赏析:"火遭水克,火灭其光,水势滔滔,源远流长。"水自古以来就是灭火的首选,也是现代防灭火的重要内容。

一、消防给水系统

1. 消防给水来源

（1）天然水源

由地理条件自然形成的,可供灭火救援时取水的场所称为天然水源,如图 4-10 所示。天然水源具有分布广、水量足的特点。但天然水源往往因受自然环境所限,车辆不易靠近,且水位受季节、潮汐等因素影响变化较大。

微课资源

（2）水井

水井水作为消防水源向消防给水系统直接供水时,其最不利水位应满足水泵吸水要求,其最小出流量和水泵扬程应满足消防要求,且当需要两路消防供水时,水井不应少于两眼,每眼井的深井泵供电均应采用一级供电负荷,通常借助轴流式深井泵来抽水,如图 4-11 所示。

图 4-10 天然水源

图 4-11 深井泵抽水示意图

（3）市政给水

当市政给水管网连续供水时，消防给水系统可采用市政给水管网直接供水。

大部分建筑都采用两路消防给水，下面了解一下什么是两路消防给水，如图 4-12 所示。

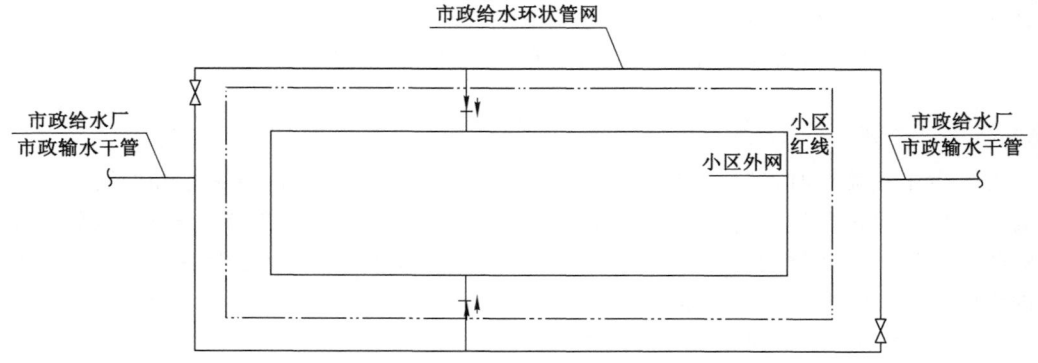

图 4-12 市政给水两路供水

两路供水要满足三个条件：

（1）市政给水厂应至少有两条输水干管向市政给水管网输水。

（2）市政给水管网应为环状管网。

（3）市政给水干管上有不少于两条引入管向消防给水系统供水。

 学中思、思中学

什么样的建筑可以不用满足两路消防供水？

2. 消防给水系统分类

按照水压划分为三个类别：

（1）高压消防给水系统：能始终保持满足水灭火设施所需的系统工作压力和流量，火灾时无须消防水泵直接加压的消防给水系统。

（2）临时高压消防给水系统：平时不能满足水灭火设施所需的系统工作压力和流量，

火灾时能自动启动消防水泵以满足水灭火设施所需要的压力和流量的供水系统。

（3）低压消防给水系统：能满足车载或手抬移动消防水泵等取水所需要的工作压力和流量的供水系统。

3. 建筑消防给水系统构成

构成建筑消防给水系统的设施主要包括消防水源、消防水泵、消防供水通道、增（稳）压设备、消防水泵接合器和消防水箱等，如图 4-13 所示。

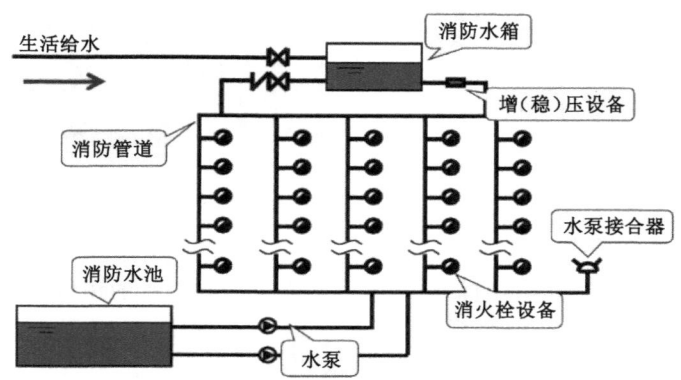

图 4-13　消防给水系统构成

（1）消防水池

消防水池是人工建造的供固定或移动消防水泵吸水的储水设施，如图 4-14 所示。

（2）消防水箱

消防水箱是指设置在地面标高以上储存或传输消防水量的水箱。其主要作用，一是提供系统启动初期的用水量；二是利用高度为系统提供准工作状态下所需要的水压，如图 4-15 所示。

图 4-14　消防水池

图 4-15　消防水箱

（3）增（稳）压设施

对于采用临时高压消防给水系统的高层或多层建筑，当消防水箱设置高度不能满足系统最不利点灭火设备所需的水压要求时，应设置增（稳）压设备。增（稳）压设备一般由增（稳）压泵、隔膜式气压罐、管道附件及控制装置等组成。增（稳）压设备可以在系统出现管道水压下降的情况下及时补压，启泵次数不大于 15 次/h，如图 4-16 所示。

（4）消防水泵

消防水泵通过叶轮的旋转将能量传递给水，从而增加水的动能、压力能，并将其输送到灭火设备处，以满足各种灭火设备的水量、水压要求，它是消防给水系统的心脏，如图4-17所示。

图4-16　增（稳）压设备　　　　　　　　　　　　图4-17　消防水泵

（5）消防水泵接合器

消防水泵接合器是供消防车向消防给水管网输送消防用水的预留接口。它既可用于补充消防水量，也可用于提高消防给水管网的水压。在火灾情况下，当建筑物内的消防水泵发生故障或室内消防用水不足时，消防车从室外取水并通过水泵接合器将水送到室内消防给水管网供灭火使用，如图4-18所示。

地上式 　　地下式 　　墙壁式

图4-18　消防水泵接合器

（6）消防给水管道

消防给水管道可以分为室内消防给水管道和室外消防给水管道，室内外消防给水多数情况下应布置成环状，但当采用一路消防供水布置成枝状时要满足相关要求，如图4-19所示。

图4-19　消防给水管道

4．消防给水系统工作过程

以图 4-13 为例，消防给水系统基本工作过程为：当室内发生火灾后，用水终端设备（消火栓等）开始出水，这时候消防水箱提供早期的消防用水，当达到一定条件后消防水泵自动启动，将消防水池中的水源源不断地输送到用水地点，满足消防灭火需要。

边学边用

结合案例 1 中的问题，完成学生活动表中的活动内容，完成后可以拍照上传至网络平台。

学生活动表

活动描述	案例1问题密钥	备注
请针对案例 1 中提到的问题完成相关内容		字数不超过 100

学生姓名：　　　　　　　　　　　完成时间：

二、消火栓系统

消火栓是一种固定消防工具，主要作用是控制可燃物、隔绝助燃物、消除着火源。在城镇、居住区、企（事）业单位的规划和建筑设计时，必须同时设计消火栓系统。城市、居住区应设市政消火栓，民用建筑、厂房（仓库）应设室内消火栓。

1．消火栓分类

按照服务范围不同，分为室外消火栓、室内消火栓。

室外消火栓是指设置在市政给水管网和建筑物外消防给水管网上的一种给水设施，室内消火栓是指设置在建筑物内消防给水管网上的一种给水设施，如图 4-20 所示。

（a）室外消火栓　　　　　（b）室内消火栓

图 4-20　消火栓

2．室外消火栓

（1）室外消火栓用途

室外消火栓是安装在室外，当出现火情时供消防人员取水灭火的一种装置。室外消火栓系统是最基本的消防设施。在城镇、居民区、企(事)业单位等进行规划时要设置室外消火栓;工业建筑、民用建筑、堆场、储罐等周围也必须设置室外消火栓系统。室外消火栓主要是满足消防管理部门使用,又可以分为市政消火栓和建筑室外消火栓,它的用途包括两个方面:

① 供消防车或其他移动灭火设备从市政给水管网和建筑物外消防给水管网上迅速加水,以满足火场供水需要。

② 当室外消火栓周围发生火灾时,直接拉出水带、水枪实施灭火。

(2)室外消火栓形式

室外消火栓按其结构不同,分为地上式消火栓和地下式消火栓两种,如图 4-21 所示。

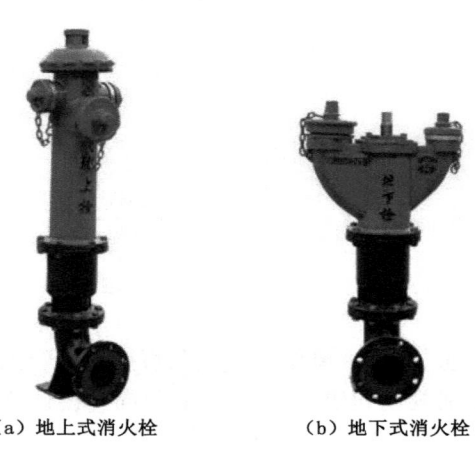

（a）地上式消火栓　　　　（b）地下式消火栓

图 4-21　室外消火栓

(3)室外消火栓构成

室外消火栓由本体、阀座、阀瓣、排水阀、阀杆和接口等零部件组成。

室外消火栓进水口的公称通径有 100 mm 和 150 mm 两种。市政消火栓宜采用 DN150 的室外消火栓。

室外地上式消火栓应有一个直径为 150 mm 或 100 mm 和两个直径为 65 mm 的栓口。

室外地下式消火栓应有直径为 100 mm 和 65 mm 的栓口各一个。

(4)室外消火栓设置要求

室外消火栓应沿道路设置。当道路宽度大于 60 m 时,宜在道路两边设置消火栓,并宜靠近十字路口。室外消火栓的间距不应大于 120 m,保护半径不应大于 150 m,距路边不应大于 2 m、距房屋外墙不宜小于 5 m。

建筑物室外消火栓宜沿建筑周围均匀布置,且不宜集中布置在建筑一侧;建筑消防扑救面一侧的消火栓数量不宜少于 2 个。

(5)室外消火栓操作方法

DN100、DN150 出水口专供灭火消防车吸水之用,DN65 出水口供连接水带后放水灭火之用。当使用 DN100、DN150 出水口时,必须将两个 DN65 出水口关闭;使用 DN65 出水口时,必须将不用的出水口关紧,防止漏水,以免影响水流压力。

室外消火栓的操作方法如图 4-22 所示。

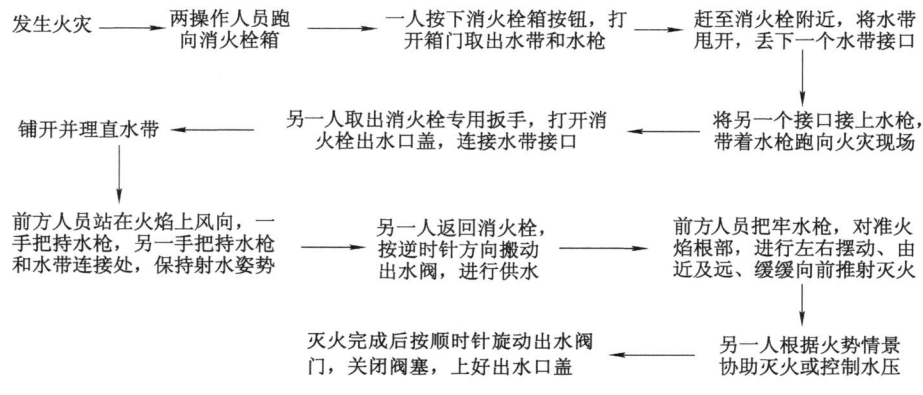

图 4-22　室外消火栓操作示意图

用室外消火栓需要使用专用扳手逆时针旋转,把螺杆旋到最大位置,打开消火栓。室外消火栓使用完毕后,需打开排水阀,将消火栓内的积水排出,以免结冰将消火栓损坏。

学中思、思中学

请思考室外消火栓使用过程中可能存在哪些困难?

3. 室内消火栓

（1）室内消火栓组成

室内消火栓一般由消火栓设备、消防管道、手动报警按钮、稳压设施、水泵接合器、消火栓水泵、水箱、水池等组成。

大部分部件在消防给水系统里面已经讲过,这里不再重复。下面主要介绍消火栓设备和水泵接合器。

消火栓设备由水枪、水带、消火栓以及附属的轻便消防水龙和消防软管卷盘等组成,均安装于消火栓箱内,具体如图 4-23 所示。

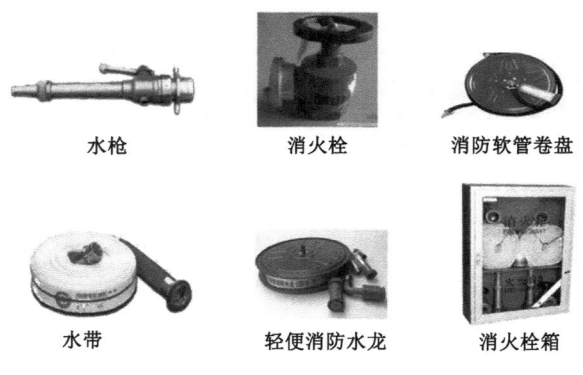

图 4-23　消火栓设备组成

① 消防水带

消防水带是一种用于输送水或其他液态灭火药剂的软管,分为通用消防水带、消防湿水带、抗静电水带、消防水幕水带几种。

室内消火栓目前多配套 DN65 或 DN50 的衬胶通用消防水带,每个消火栓一般配备一条(盘)水带,水带两头为内扣式标准接头,每条水带的长度一般为 20 m,最长不应大于 25 m。水带一头与消火栓出口连接,另一头与水枪连接。

② 消防水枪

消防水枪是以水为喷射介质的消防枪。消防水枪可以通过水射流形式的选择进行灭火、冷却保护、隔离、稀释和排烟等多种消防作业,是消防灭火过程中使用最广泛的装备之一。

消防水枪根据射流形式主要分为直流水枪、喷雾水枪、直流喷雾水枪和多用水枪。随着社会经济的发展和消防装备技术的进步,过去我国广泛使用的直流水枪、喷雾水枪和多用水枪正逐步被导流式直流喷雾水枪所取代。室内消火栓水枪喷嘴口径有 $\phi13$ mm、$\phi16$ mm、$\phi19$ mm 三种。

③ 消防软管卷盘

消防软管卷盘是一种输送水、干粉、泡沫等灭火剂,供一般人员自救或处理室内初期火灾或消防员进行灭火作业的一种消防装置,它广泛用于建筑楼宇、工矿企业、消防车等场所和装备上。

消防软管卷盘可分为水软管卷盘、干粉软管卷盘、泡沫软管卷盘、水和泡沫联用软管卷盘、水和干粉联用软管卷盘、干粉和泡沫联用软管卷盘等。消防软管卷盘由输入阀门、卷盘、输入管路、支承架、摇臂、软管及喷枪等部件组成,经常设置在消火栓箱体中与消火栓配合使用。

④ 轻便消防水龙

轻便消防水龙是在消防专用管道及自来水管道上使用的由专用消防接口、水带及水枪组成的一种小型简便的喷水灭火器具,经常设置在消火栓箱体中与消火栓配合使用。

(2)室内消火栓形式

室内消火栓按出水口形式不同,可分为单出口室内消火栓和双出口室内消火栓;按栓阀数量不同,可分为单栓阀室内消火栓和双栓阀室内消火栓,如图 4-24 所示。

单出口(单栓阀)　　双出口(单栓阀)　　双出口(双栓阀)

图 4-24　室内消火栓形式

（3）室内消火栓设置要求

① 设有消防给水的建筑物，其各层（无可燃物的设备层除外）均应设置消火栓。

② 室内消火栓的布置，应保证有两支水枪的充实水柱同时到达室内任何部位。建筑高度小于或等于 24 m，且体积小于或等于 5 000 m³ 的库房，可采用 1 支水枪充实水柱到达室内任何部位。

③ 室内消火栓应设在明显且易于取用地点。栓口离地面高度为 1.1 m，其出水方向宜向下或与设置消火栓的墙面成 90°角。

④ 同一建筑物内应采用统一规格的消火栓、水枪和水带，每根水带的长度不应超过 25 m。

什么是充实水柱？

（4）室内消火栓的操作使用方法

发生火灾时，应迅速打开消火栓箱门，紧急时可将玻璃门击碎。按下箱内紧急按钮（可以起到报警作用），取出水带，将水带接口连接在消火栓栓口上，另一接口与水枪连接，按逆时针方向开启消防栓阀门，把水枪对准火焰根部扫射灭火，如图 4-25 所示。

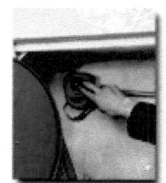

（1）打开消火栓箱门，按紧急按钮

（2）取出水带，将水带接口连接在消火栓栓口上

（3）另一接口与水枪连接

（4）按逆时针方向开启消火栓阀门

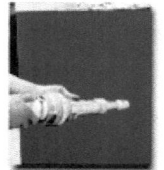

（5）把水枪对准火焰根部扫射

图 4-25　室内消火栓的操作使用方法

灭火完毕后，关闭室内消火栓及所有阀门，将水带冲洗干净，置于阴凉干燥处晾干后，按原水带安置方式置于栓箱内。将已破碎的消火栓箱玻璃清理干净，换上同等规格的玻璃片。检查栓箱内所配置的消防器材是否齐全、完好，如有损坏应及时修复或配齐。

仿真资源

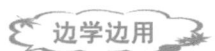 边学边用

结合案例2中的问题,完成学生活动表中的活动内容,完成后可以拍照上传至网络平台。

学生活动表

活动描述	案例2问题密钥	备注
请针对案例2中提到的问题完成相关内容		字数不超过100

学生姓名: 完成时间:

 点睛

> 建筑火灾常发生,消防给水是保障。
> 水箱水池和水泵,室内室外两分明。
> 消防软管和水龙,配套栓箱会使用。
> 系统部件记心中,关键时刻能救命。

任务3　自动喷水灭火系统初探

任务分析

对于现代建筑物火灾来说,早一分钟发现,就会多一分扑救的把握,因为扑救初期火灾最容易、损失最小、伤亡最小。及时发现早期火灾,意义重大。建筑火灾发生后在初期容易扑救,但如果没有及时扑救就会蔓延成灾。自动喷水灭火系统是一种能自动作用喷水,并同时发出火警信号的灭火系统,是现代建筑中应用最普遍的一种固定灭火设备,可以替代人员在火灾初期自动灭火,具有工作性能稳定、造价便宜、维护方便、灭火效率高、使用期长、不污染环境等优点。

在生产生活中经常会在一些商场、医院、公共娱乐场所、厂房、仓库等地方遇到自动喷水灭火系统的一些附属设施。自动喷水灭火系统有哪些类别?每种类别组成如何?它是如何工作的?需要安全与应急救援人员甚至普通大众都应该了解和熟悉。本任务重点是自动喷水灭火系统构成、工作原理,难点是判断自动喷水灭火系统的一般故障原因。

 **任务目标**

知识目标

  1. 理解自动喷水灭火系统的重要作用。

  2. 正确阐述火灾自动喷水灭火系统的构成和工作原理。

能力目标

  1. 能够识别不同场所自动喷水灭火系统的附属部件。

  2. 能够判断自动喷水灭火系统的一般故障原因。

素质目标

  1. 增强学生的时间观念和热爱劳动的意识。

  2. 培养学生团队精神和对解决技术问题的兴趣及探索精神。

案例引入

案例 1　一起自动喷水灭火系统快速灭火的案例

  某安装了湿式自动喷水灭火系统的餐饮楼二层餐厅厨房电油锅燃烧,12:01 火灾自动报警系统报警,12:02 有 1 个喷头开始喷水,同时水流指示器报警,12:03 燃烧即被扑灭,整个灭火过程仅仅用了 56 s 时间。由此可见水自动灭火系统的重要性。

  引入问题:自动喷水灭火系统是如何实现快速灭火的?

案例 2　一起人为导致自动喷水灭火系统启动而造成严重损失的案例

  一对夫妇入住酒店后,因洗涤的衣服无法晾晒,竟然将衣服用衣架挂到了消防洒水喷头上面,触发了酒店的湿式自动喷水灭火系统,喷出来的高压水柱 360°无死角对房间强力喷射后房间内水漫金山,积水 20 cm,各种设施全部报废,且渗透隔壁房间,全楼层其他住客都被影响,最终酒店查实系客人原因,经评估损失约 15 万元,损失需要客人全额赔偿。

动画资源

  引入问题:一个小小的喷头为什么会造成如此严重的后果? 有没有办法避免此类事件的发生?

 **知识探索**

  名句赏析:"有形之类,大必起于小;行久之物,族必起于少。"因此要想控制事物,就要从微细时着手。

一、初步了解自动喷水灭火系统

  自动喷水灭火系统是由洒水喷头、报警阀组、水流报警装置(水流指示器或压力开关)等组件以及管道、供水设施组成,并能在发生火灾时喷水的自动灭火系统。

1. 自动喷水灭火系统分类

总体来讲,自动喷水灭火系统分为两大类:一类是闭式系统,一类是开式系统,各自又可以分为很多小的类别,如图 4-26 所示。

开式系统和闭式系统主要不同在于喷头的形态,开式喷头和闭式喷头如图 4-27 所示。

开式喷头没有金属片,是和管道畅通连接的,与大气相通。闭式喷头通过底部的螺丝拧在天花板上,有个玻璃泡支撑金属片,使管道封闭连接到管道上,管道里面往往充水或充满有压气体。

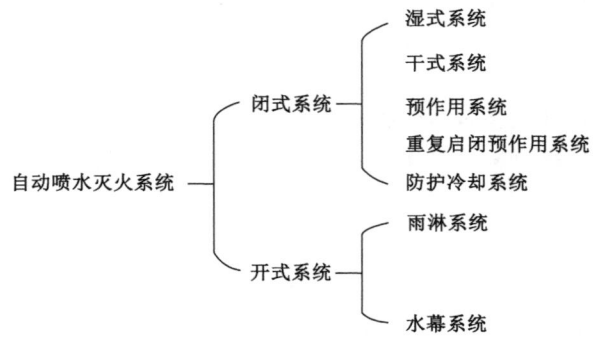

图 4-26　系统分类图

 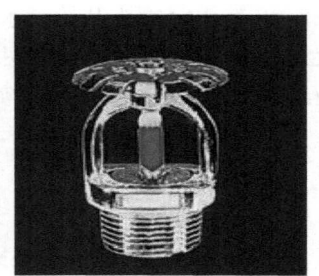

（a）开式喷头　　　　　　　　　（b）闭式喷头

图 4-27　喷头形态

闭式喷头主要是通过红色玻璃泡来进行探测的,当发生火灾后,温度升高,玻璃泡里面的液体会膨胀,当温度达到一定程度后,玻璃泡会炸裂,里面的水或气体就会喷出,如图 4-28 所示。

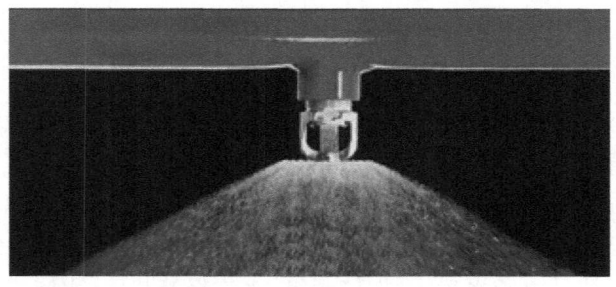

图 4-28　洒水喷水

开式系统分为雨淋系统和水幕系统,闭式系统又分为湿式系统、干式系统、预作用系统、重复启闭预作用系统和防护冷却系统。

2. 系统简介

(1) 湿式自动喷水灭火系统

　　湿式系统在准工作状态下,配水管道内充满用于启动系统的有压水,如图 4-29 所示。

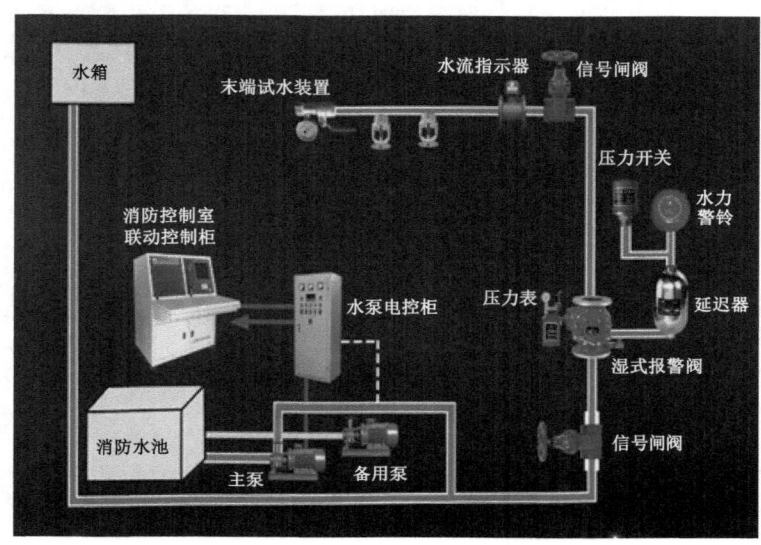

图 4-29　湿式自动喷水灭火系统

(2) 干式自动喷水灭火系统

　　干式系统在准工作状态下,配水管道内充满有压气体,与湿式系统相比,只是将传输喷头开放信号的介质由有压水改为有压气体,如图 4-30 所示。

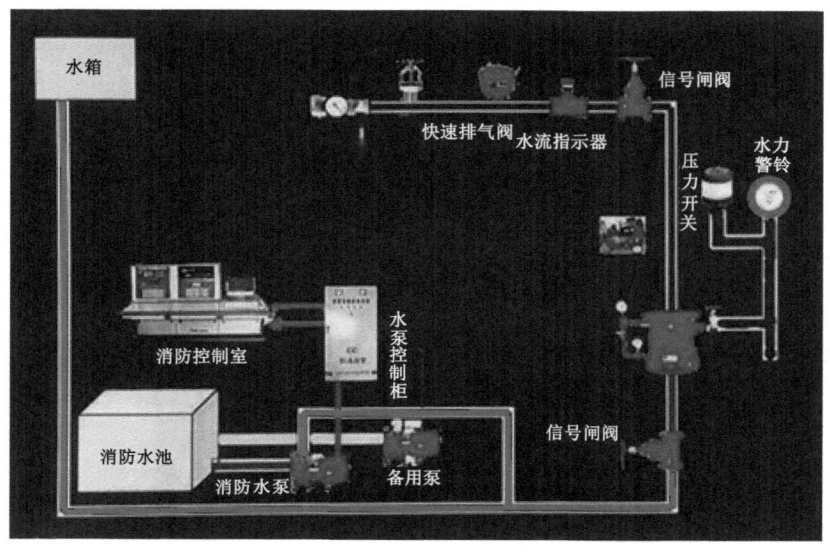

图 4-30　干式自动喷水灭火系统

（3）预作用自动喷水灭火系统

预作用系统在准工作状态下,配水管道内不充水,发生火灾时,由火灾报警系统、充气管道上的压力开关联锁控制预作用装置和启动消防水泵,实现喷水灭火,如图 4-31 所示。

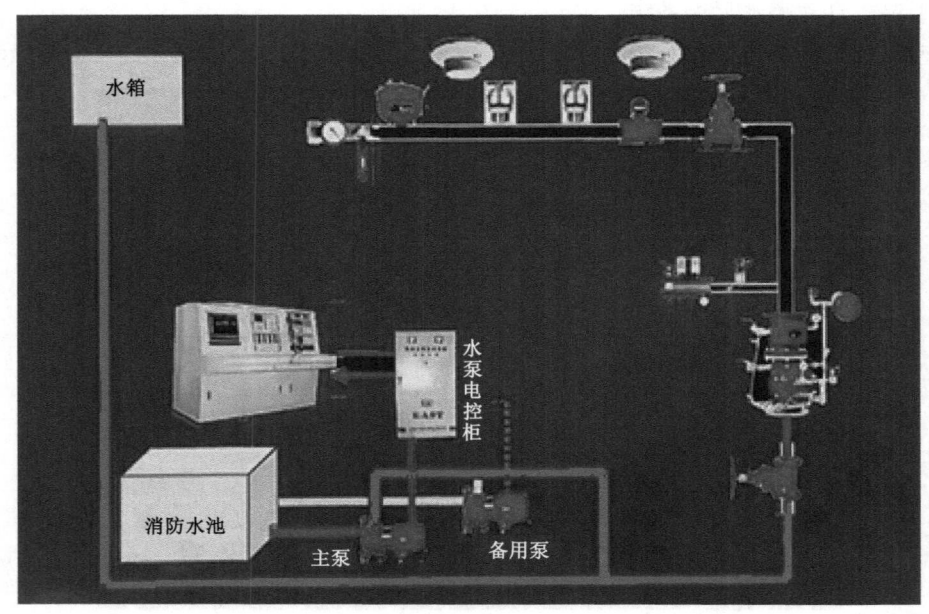

图 4-31　预作用自动喷水灭火系统

（4）防护冷却系统

防护冷却系统由闭式洒水喷头、湿式报警阀组等组成,是发生火灾时用于冷却防火卷帘、防火玻璃墙等防火分隔设施的闭式系统,如图 4-32 所示。

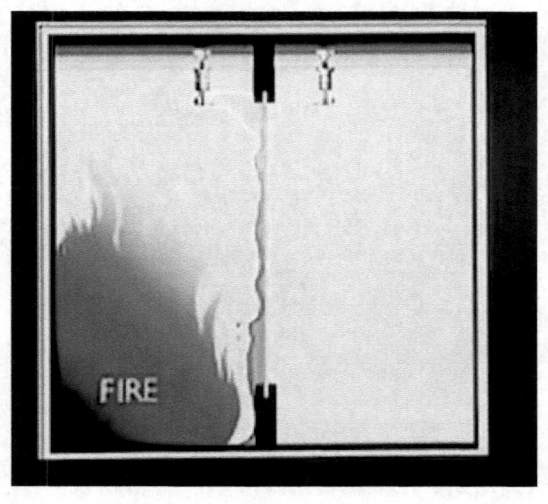

图 4-32　防护冷却系统

（5）雨淋系统

与前几种系统的不同之处在于,雨淋系统采用开式喷头,由雨淋阀控制喷水范围,由配套的火灾自动报警系统或传动管控制,自动启动雨淋报警阀组和消防水泵,如图 4-33 所示。

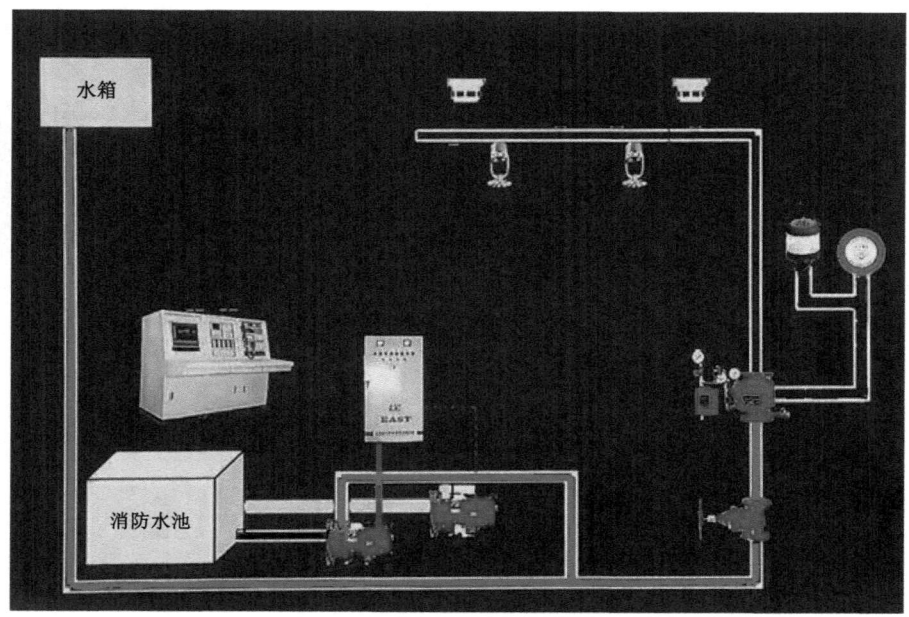

图 4-33　雨淋系统

（6）水幕系统

水幕系统不具备直接灭火能力,而是用于挡烟阻火和冷却保护分割物,系统组成和雨淋系统基本一致,可以参考雨淋系统,如图 4-34 所示。

图 4-34　水幕系统

从系统图看,干式系统、湿式系统、预作用系统、雨淋系统有何不同?

二、湿式自动喷水灭火系统

1. 系统简介

微课资源

湿式系统在准工作状态时,由消防水泵或稳压泵、气压给水设施等稳压设施维持管道内水的压力。发生火灾时,在火灾温度作用下,闭式喷头的热敏元件动作,喷头开启,开始喷水。这里说的热敏元件就是各种颜色的玻璃泡,如图 4-35 所示。

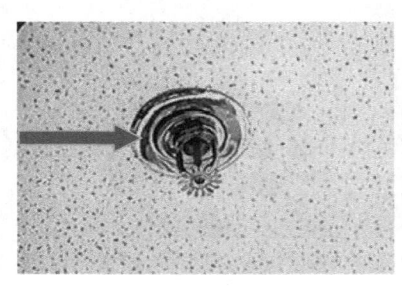

图 4-35　喷头实物

2. 系统组成

整个系统组成如图 4-29 所示。

首先我们看下湿式系统的管网,系统正常情况下充满了水,以报警阀为分界,将靠近喷头侧称为系统侧,另一侧称为供水侧,喷头上面是管网。报警阀是系统的核心,报警阀本体连同附属构件延迟器、水力警铃、压力开关等统称为报警阀组,报警阀平时是关闭的,右侧管路部分叫报警管路,正常状态下它是没有水的。高位消防水箱可以保障整个管道里面充满水,而且还能保持一定压力。还有另一条供水路线来自消防水泵,消防水泵连接消防水池,由水泵电控柜来控制启停。消防控制室消防联动控制柜是整个系统的大脑。这就是整个系统的基本结构。

下面我们看下发生火灾后,它是如何自动工作的。发生火灾后,温度持续上升到一定程度,喷头红色玻璃泡就会炸开,系统将直接喷水,紧接着管网的水就会流动,向喷头补充,水流指示器就会发出信号到消防控制室,消防控制室就知道了发生火灾的区域。水流动后,本来关闭状态的报警阀将会因为系统侧和供水侧压力变化而被打开,打开后水就持续不断地从供

动画资源

水侧流到了系统侧。刚开始消防水泵还没有启动,完全依靠高位消防水箱来供水,与此同时报警阀里面有一条通道通往右侧报警管路,先经过延时器,后到水力警铃和压力开关,水力警铃就会发出声响,提醒火灾发生。压力开关接到信号后就会直接通过水泵电控柜启动消防水泵,水泵一旦启动,水就会源源不断地顺着消防管路往用水地点供给,

这样就实现了自动灭火。

3. 各部件功能

（1）末端试水装置

末端试水装置主要用于检验系统的可靠性，测试系统能否在开放一只喷头的最不利条件下可靠报警并正常启动。每个报警阀组控制的最不利点洒水喷头处都要设置末端试水装置，如图 4-36 所示。

图 4-36　末端试水装置

（2）水流指示器

水流指示器的功能是及时报告发生火灾的部位，在设置闭式自动喷水灭火系统的建筑内，每个楼层、每个防火分区都应该设置水流指示器，如图 4-37 所示。

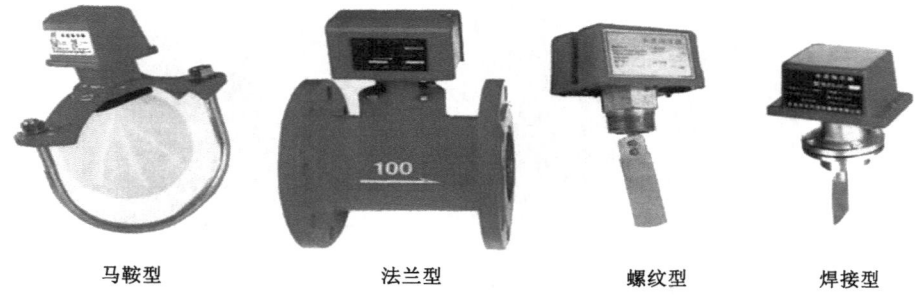

马鞍型　　　　　　　法兰型　　　　　　　螺纹型　　　　　　　焊接型

图 4-37　水流指示器

（3）湿式报警阀组

湿式报警阀组在正常状态下用于隔断系统侧和供水侧水流，如图 4-38 所示。

图 4-38　湿式报警阀组

湿式报警阀组主要包括报警阀本体、延迟器、水力警铃、压力开关等。报警阀本体主要作用是隔断上下水流;延迟器有一定的容量,可以延迟报警,防止误报警;水力警铃可以在水流冲击下发出水力报警声音,进行现场报警;压力开关通过触点开关发出信号启动消防水泵,同时将信号传递给消防控制室,各部件形态如图 4-39 所示。

报警阀本体　　　　　　延迟器　　　　　　水力警铃　　　　　压力开关

图 4-39　报警阀组部件

正常情况下报警阀左侧供水管路是没通水的,系统侧和供水侧被阀瓣隔断,系统工作时阀瓣被顶开,左侧就会通水,如图 4-40 所示。

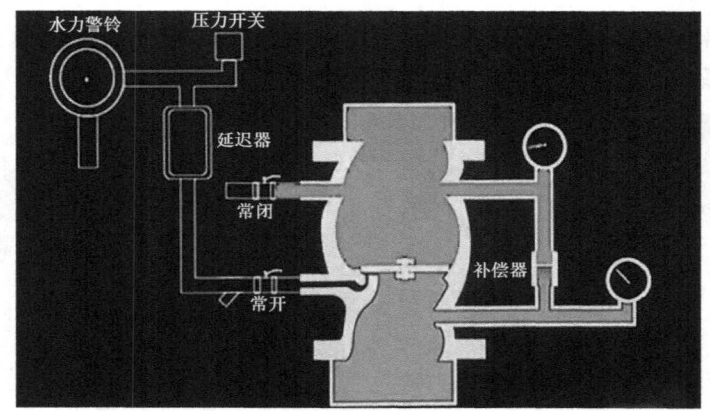

(a) 准工作状态

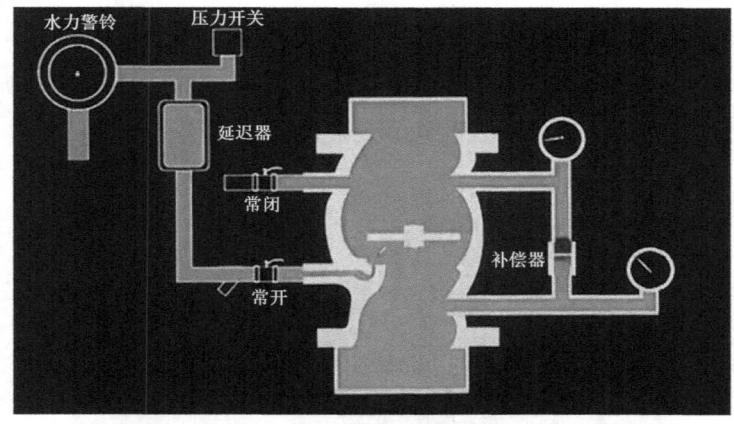

(b) 工作状态

图 4-40　报警阀组准工作状态和工作状态

（4）信号阀

信号阀主要用于检修消防管路，与普通阀相比，如果检修后忘了开启，信号阀可以将信号传递到消防控制室，让值班人员及时发现，如图 4-41 所示。

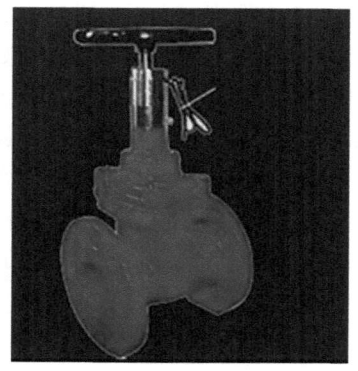

图 4-41　信号阀

以上介绍的各种组件要结合系统工作原理图来理解和学习。

边学边用

结合案例 1 中的问题，完成学生活动表中的活动内容，完成后可以拍照上传至网络平台。

学生活动表

活动描述	案例 1 问题密钥	备注
请针对案例 1 中提到的问题完成相关内容		字数不超过 100

学生姓名：　　　　　　　　　　　　完成时间：

点睛

> 火灾温度升，喷头先行动。
> 报警居正中，水流两边行。
> 水箱初期用，开关启水泵。
> 防灾要成功，牢记此系统。

三、干式自动喷水灭火系统

湿式报警系统整个系统充满了水，如果在严寒地区，环境温度很低，管道结冰，整个系统将瘫痪，无法正常工作，这种情况下可以借助干式自动喷水灭火系统来解决。

微课资源

1. 工作过程

干式自动喷水灭火系统管道里面不再是全部充满水,这种系统能满足环境要求,适用于温度低于 4 ℃或高于 70 ℃的场所。整个系统组成如图 4-30 所示。

从图中可以看出,该系统与湿式系统很相似,主要区别是报警阀后管道充满了气体。报警阀被称为干式报警阀,靠上下压力差来使阀瓣闭合,当发生火灾后,喷头炸裂,这个时候喷出的不是水,而是有压气体,由于气体喷出,报警阀的系统侧压力会下降,报警阀开启,报警管路和系统侧充水,水就会通过喷头喷出。整个工作过程如下:发生火灾,喷头炸裂,管道开始排气充水,报警阀打开,压力开关动作,一路信号发送给水泵控制柜,

动画资源

启动水泵;一路信号发送到消防控制室消防联动控制器,消防联动控制器发信号来启动快速排气阀,加速排气。

2. 主要部件

(1)快速排气阀

火灾发生后,仅仅依靠喷头排气充水速度很慢,快速排气阀可以起到快速排气充水的作用。

(2)充气泵

充气泵是干式系统一个重要的部件,是对充气管路进行充气用的,平时如果有气体泄漏,充气泵也可以及时补充气体,保持压力均衡。

(3)干式报警阀组

干式报警阀组外观结构如图 4-42 所示。

图 4-42　干式报警阀组外观结构

干式报警阀上面是气体、下面是水,为了让阀瓣充分闭合,阀瓣上面的接触面积大、下面的接触面积小,可以保障正常情况下阀瓣被牢牢压住。需要注意的是,阀瓣上面也有一定的水,这里的水主要是为了液封,防止气体泄漏。火灾发生后,阀瓣开启,开始充水。报警阀工作状态如图 4-43 所示。

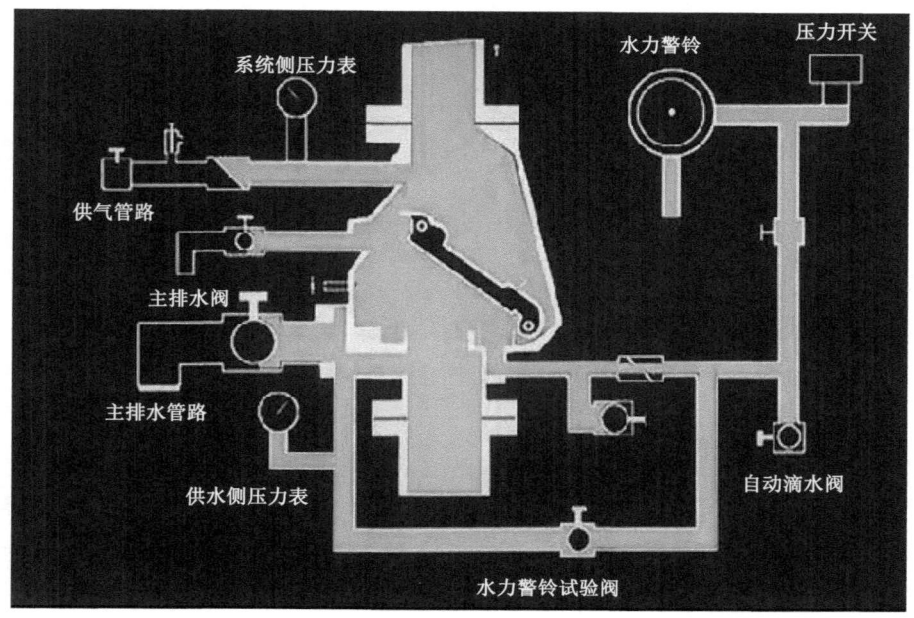

图 4-43　干式报警阀工作状态

 点睛

湿式严寒困难多,干式充气来解决。

干式湿式有区别,排气充水用时多。

若想工作不犯错,诸位下去多思索。

四、雨淋系统

自动喷水灭火系统中,湿式系统和干式系统都是火灾发生后探头爆裂直接出水或排气充水,洒水范围受喷头的限制,如果一个场所火灾发展很快、危险程度很高,比如易燃易爆厂房、仓库、剧院、演播室等,仅依靠一个个喷头感温后炸裂来喷水速度往往太慢,这个时候就需要借助另外一个系统——雨淋系统。

微课资源

1. 系统简介

雨淋系统是一个开式系统,喷淋范围大,与我们前面讲的系统差别较大。整个管网是开式的,喷头连接的管网和大气直接相通,只要雨淋阀开启,整个系统内的洒水喷头就像下雨一样大面积喷水,雨淋系统开启现场如图 4-44 所示。这种系统主要应用于火灾水平蔓延较快、闭式喷头的开放不能及时喷水、有效覆盖着火区域或净空高度高、危险大的场所。

2. 系统结构及工作原理

（1）系统结构

整个系统组成如图 4-33 所示。

图 4-44　雨淋系统

从图 4-33 中可以看出,雨淋系统结构和闭式系统区别较大,雨淋报警阀系统侧也是没充水而供水侧是充满水的,这和干式系统也有本质区别。雨淋系统是开式喷头、外界和系统侧是相通的,水一旦上来,有多少喷头就有多少地方会喷水。那么这种情况下,喷头就没办法探测火灾了,这时需要借助火灾自动报警系统,探测器使用感温探测器。

 学中思、思中学

雨淋系统为什么使用感温探测器?

雨淋阀是雨淋系统最核心的构件。雨淋阀不是依靠上下压差来控制水流的,那它是如何控制水流的呢?

如图 4-45 所示,中间阀瓣将空间区域分为上部、左部、下部。上面是系统侧,无水流;左边部分和下部依靠阀瓣隔断,供水侧左边引入的一条旁侧管路进入阀瓣左侧腔室,依靠左侧腔室隔离部分受力面积大于右侧受力面积实现管道的封闭。

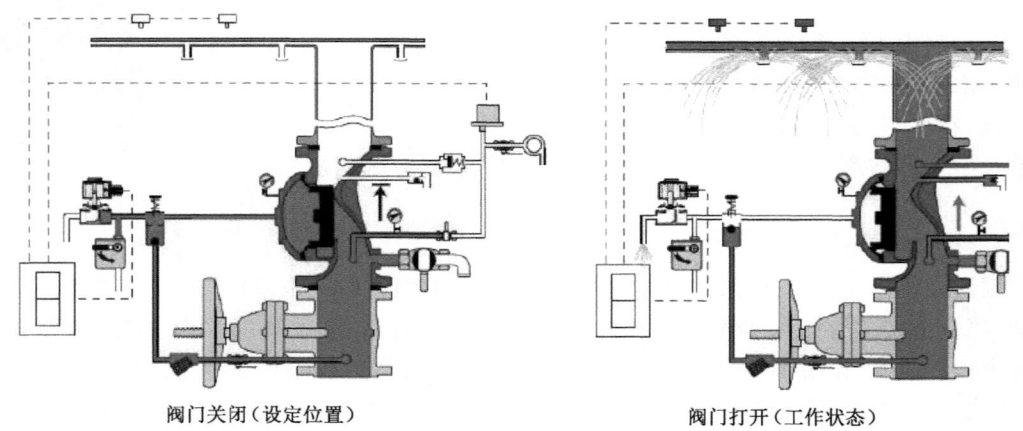

阀门关闭（设定位置）　　　　　　　阀门打开（工作状态）

图 4-45　雨淋阀结构和工作示意图

当火灾发生后,消防联动控制器打开电磁阀,左侧腔室卸压,中间阀瓣就会被推到左边,上下管路就会连通,持续供水灭火。

（2）工作原理

火灾发生后,感温探测器感知到火灾信号,将信号传递到消防联动控制器,当两个感温探测器都动作后,消防联动控制器会将控制信号发送到雨淋阀管路上的电磁阀,电磁阀开启后,第三腔室就会卸压,在供水侧压力作用下,阀瓣就会向左移动,上下管路实现连通,管道充水,喷头开始喷水灭火。与此同时,报警管路充水,压力开关直接启动消防水泵。

 点睛

> 危险场所莫害怕,雨淋系统能耐大。
> 一喷俱喷把水洒,关键部件报警阀。
> 旁侧支路来增压,电磁卸压自动化。
> 工作过程多复杂,全面了解在课下。

五、预作用系统

1. 系统简介

预作用系统是闭式系统,其核心部件是预作用报警阀,从内部构造来看,上部和湿式报警阀相似,下部和雨淋阀相似,但并不是两种阀的简单叠加,如图 4-46 所示。

微课资源

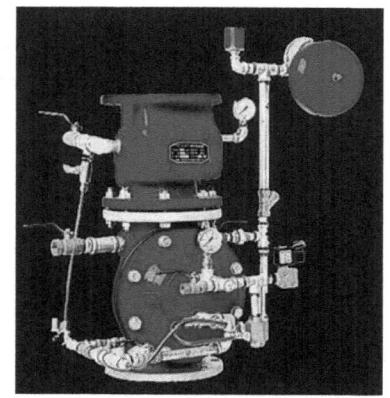

图 4-46　预作用系统报警阀

2. 系统结构及功能

（1）单联锁

预作用系统里面,单联锁系统最为常见,如图 4-47 所示。

单联锁系统中间是预作用装置,供水侧和其他自动喷水灭火系统一样充满水,系统侧则是充满了有压气体。系统与干式系统有些类似,但有一个明显区别是上面多了两个探测器。

这两个探测器是感烟探测器,感烟探测器比喷头探测更灵敏。一旦火灾发生,首先能感

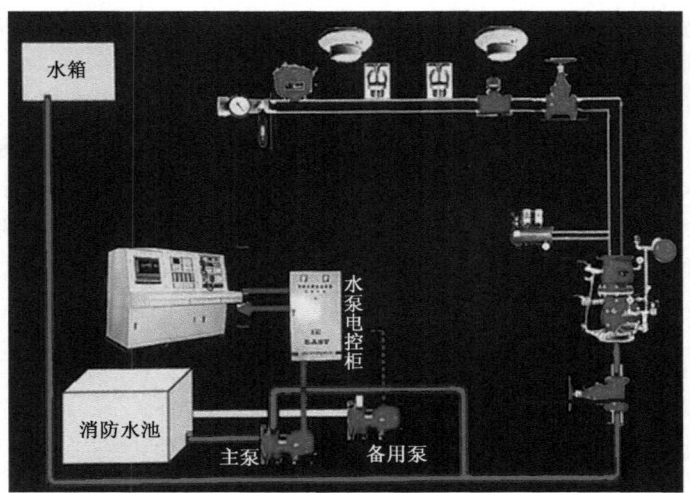

图 4-47　单联锁系统

受到火灾的是感烟探测器,它的速度很快,探测器动作后,很快就把信号传递给了消防联动控制器,当接收到两个探测器信号,证明确实火灾发生了,消防联动控制器才开启预作用阀上的电磁阀,这个阀类似于雨淋系统的电磁阀。这个时候系统还不会喷水,因为喷头还没有破,水还在管道内。系统侧充水后,压力开关动作,将通过水泵控制柜来启动消防水泵。同时,压力开关将信号传送给消防联动控制柜,消防联动控制柜会启动系统中的快速排气阀进行排气。火势继续发展,等到喷头爆裂,系统就可以直接喷水灭火。这个时候就达到了湿式自动喷水灭火系统的灭火效果。

这个系统一方面具备干式自动喷水灭火系统的特点,另一方面利用火灾发展的时间阶段,提前将系统由干式系统转换为湿式系统,克服了湿式系统喷水延迟的问题。

单联锁系统工作流程如图 4-48 所示。

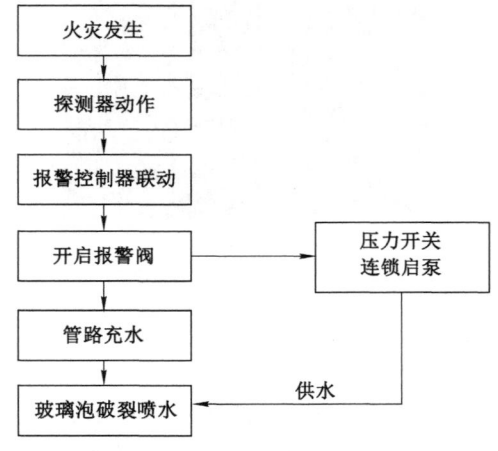

图 4-48　单联锁系统工作流程图

（2）双联锁

单联锁系统如果发生探测器误报，比如人员抽烟触发了两个感烟探测器，系统就会充水，如果最终没发生火灾，这些水将存在于系统中，遇到低温将会结冰，进而影响系统的使用。要解决这个问题，需要借助双联锁预作用系统，如图 4-49 所示。

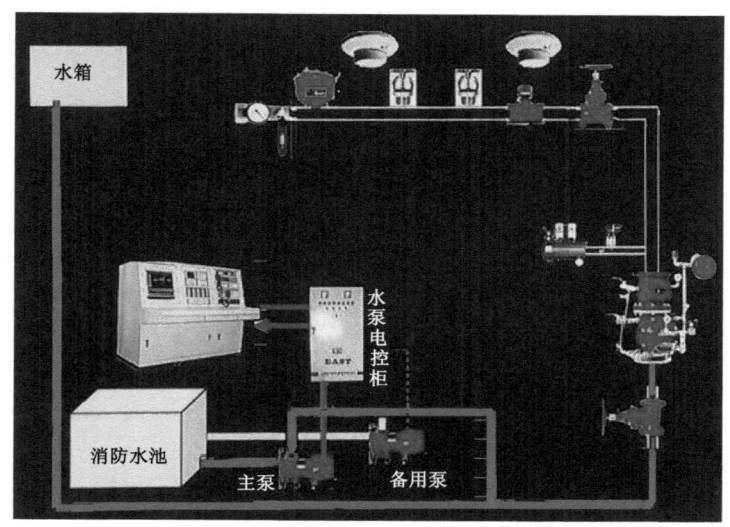

图 4-49 双联锁系统

双联锁系统和单联锁系统看起来一样，但是原理是不一样的，双联锁系统需要两路信号到达消防联动控制器，此时预作用装置的电磁阀才启动，才进行充水。这两路信号和单联锁不同，一路是感烟探测器（只需要一个感烟探测器的信号），另一路是系统侧充气装置上面的压力开关。这个压力开关是探测充气管路连接的喷头开启状态的。只有喷头裂开，系统压力骤降后，压力开关才会将信号传递给消防联动控制器。一个感烟探测器信号加一个压力开关信号，系统才会启动进行充水灭火。这就解决了前面提到的误充水问题。

双联锁系统工作流程如图 4-50 所示。

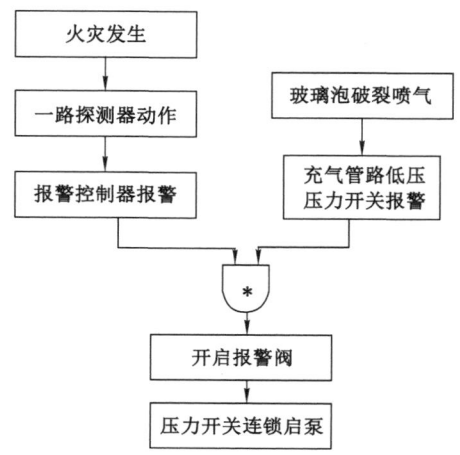

图 4-50 双联锁系统工作流程图

（3）使用场所

单联锁系统适用于准工作状态下严禁误喷的场所，比如有人抽烟触发了感烟探测器，系统不会喷水，有人不小心打破了喷头玻璃泡，也不会喷水。双联锁适用于准工作状态下系统严禁管道充水的场所和替代干式的场所。由于双联锁需要一路感烟信号和一路喷头排气后压力开关信号同时出现才充水，因此误充水概率很低。干式系统具有的功能，它都具备，所以可以替代干式系统。

边学边用

结合案例 2 中的问题，完成学生活动表中的活动内容，完成后可以拍照上传至网络平台。

学生活动表

活动描述	案例 2 问题密钥	备注
请针对案例 2 中提到的问题完成相关内容		字数不超过 100

学生姓名： 　　　　　　　　　　　　　完成时间：

点睛

湿式干式有短缺，预先作用来解决。

双烟带水喷头裂，由干转湿单联锁。

单烟感压信号合，替代干式双联锁。

单双联锁用途多，工作过程多琢磨。

任务 4　灭火器应用

任务分析

灭火器是一种可由人力移动的轻便灭火器具，它能在其内部压力作用下将所充装的灭火剂喷出，用来扑灭火灾。由于其结构简单、操作方便、使用面广、对扑灭初期火灾效果明显，因此在企业、机关、商场、公共楼宇、住宅和汽车、轮船、飞机等交通工具上随处可见，已成为群众性的常规灭火器具。

微课资源

具备灭火基本知识和技能，在火灾发生初期，能够使用灭火器扑灭初火意义重大。本任务重点是灭火器的使用，难点是能够识别灭火器存在的问题。

 任务目标

案例引入

案例 1 一起火灾正确扑救的案例

某日,一辆小轿车行驶至某医院门口时发生自燃,司机惊慌的求救声引起了医院保安刘某的注意。刘某立即带领其他两名同事上前进行处置,此时小轿车的车头已经冒出大量浓烟,刘某冷静分析后判断引擎盖下有管线燃烧,不能直接掀起引擎盖,否则空气进入会助长火势。拿来灭火器后,刘某一边叮嘱同事疏散路人,一边将引擎盖打开一条缝隙进行扑救,成功将火扑灭,排除了险情。据统计,担任医院保安以来刘某已先后参与处置大小火灾 10 余起。

引入问题:常见的灭火器有哪些? 主要操作方法是什么?

案例 2 一起因灭火器失效而导致事故的案例

某企业专职消防员沈某对员工进行现场消防教育。当沈某手持一把干粉灭火器向员工示范操作,突然灭火器发生爆炸,碎片击中沈某颧骨和下颚,并造成颅骨重伤,经医院抢救无效死亡。经查,该干粉灭火器已经 6 年没有换粉和检修。

引入问题:灭火器检查主要注意哪些问题? 该干粉灭火器已经 6 年没有换粉是否符合要求?

 知识探索

名句赏析:"秤砣虽小,能压千斤。"小小灭火器,关键大用处。

一、火灾分类

《火灾分类》(GB/T 4968)根据不同物质燃烧的特点,将火灾分为 A、B、C、D、E、F 六大类:

A 类火灾:指固体物质火灾。这种物质通常具有有机物质的性质,一般在燃烧时能产生灼热的余烬。如木材、干草、煤炭、棉、毛、麻、纸张、塑料等火灾。

B 类火灾:指液体或可熔化的固体物质火灾。如煤油、柴油、原油、甲醇、乙醇、沥青、石蜡等火灾。

C 类火灾:指气体火灾。如煤气、天然气、甲烷、乙烷、丙烷、氢气等火灾。

D 类火灾:指金属火灾。如钾、钠、镁、钛、锆、锂、铝镁合金等火灾。

E 类火灾:指带电火灾。如物体带电燃烧的火灾。

F 类火灾:指烹饪器具内的烹饪物燃烧导致的火灾。如动植物油脂火灾。

二、灭火器的分类

按充装的灭火剂类型不同,灭火器可分为:水基型灭火器、干粉灭火器、二氧化碳灭火器和洁净气体灭火器,如图 4-51 所示。

水基型灭火器　　　　干粉灭火器　　　　二氧化碳灭火器　　　　洁净气体灭火器

图 4-51　各种灭火器

按驱动灭火器的压力形式不同,灭火器可分为:

① 储气瓶式灭火器:灭火剂由灭火器的储气瓶释放的压缩气体或液化气体的压力驱动的灭火器。

② 储压式灭火器:灭火剂由储于灭火器同一容器内的压缩气体或灭火剂蒸汽压力驱动的灭火器。

 学中思、思中学

思考灭火器的种类和火灾种类的对应关系。

---

1. 水基型灭火器

水基型灭火器充装的物质以清洁水为主,可添加湿润剂、增稠剂、阻燃剂或发泡剂等。水基型灭火器包括清水灭火器和泡沫灭火器。采用细水雾喷头的为细水雾清水灭火器。手

提式水基型灭火器的规格有 2 L、3 L、6 L、9 L;推车式水基型灭火器的规格有 20 L、45 L、60 L、125 L。

清水灭火器通过冷却作用灭火,主要用于扑救固体火灾(即 A 类火灾),如木材、纸张、棉麻、织物等的初期火灾。

泡沫灭火器充装的物质是水和泡沫灭火剂,可分为化学泡沫灭火器和空气泡沫(机械泡沫)灭火器,主要用于扑救 B 类火灾,也可用于扑救 A 类火灾。此外,抗溶泡沫灭火器还可以扑救水溶性易燃、可燃液体火灾。但泡沫灭火器不适用于 E 类、C 类和 D 类火灾。

2. 干粉灭火器

干粉灭火器是一种在消防中得到广泛应用的灭火器材,其内充装的物质是干粉灭火剂。干粉灭火剂是一种干燥且易于流动的微细粉末,由具有灭火效能的无机盐和少量的添加剂经干燥、粉碎、混合而成。

除扑救金属火灾的专用干粉化学灭火剂外,干粉灭火剂一般分为 BC 干粉灭火剂(碳酸氢钠等)和 ABC 干粉灭火剂(磷酸铵盐等)两大类。

微课资源

按操作方式不同分为手提式干粉灭火器和推车式干粉灭火器。

手提储压式干粉灭火器的规格有 1 kg、2 kg、3 kg、4 kg、5 kg、6 kg、8 kg。推车式灭火器的规格有 20 kg、35 kg、50 kg。

3. 二氧化碳灭火器

二氧化碳灭火器充装的物质是二氧化碳灭火剂。二氧化碳灭火剂平时以液态形式储存于灭火器中,其主要依靠窒息作用和部分冷却作用灭火。

二氧化碳灭火器灭火机理:二氧化碳具有较高的密度,约为空气的 1.5 倍。在常压下,液态的二氧化碳会立即汽化,一般 1 kg 的液态二氧化碳可

微课资源

产生约 0.5 m³ 的气体。因而,灭火时二氧化碳气体可以排除空气而包围在燃烧物体的表面或分布于较密闭的空间中,降低可燃物周围或防护空间内的氧浓度,产生窒息作用而灭火。另外,二氧化碳从储存容器中喷出时,会由液体迅速汽化成气体,而从周围吸收部分热量,起到冷却的作用。

二氧化碳灭火器也有手提式和推车式两种。手提式二氧化碳灭火器的规格有 2 kg、3 kg、5 kg、7 kg;推车式二氧化碳灭火器的规格有 10 kg、20 kg、30 kg、50 kg。

4. 洁净气体灭火器

洁净气体灭火器主要指充装六氟丙烷或七氟丙烷等惰性气体的灭火器,具有物理和化学两种灭火功能。可用于扑救可燃固体的表面火灾、可熔固体火灾、可燃液体以及灭火前能切断气源的可燃气体火灾,还可扑救带电设备火灾,是卤代烷 1211 灭火器最理想的替代品。

 学中思、思中学

思考七氟丙烷灭火器的具体成分是什么?卤代烷灭火器因为什么原因要被淘汰?

边学边用

针对不同种类的火灾,在学生活动表中写出能够使用的灭火器类型,完成后可以拍照上传至网络平台。

学生活动表

火灾种类	应用的灭火器类型	备注
A 类火灾		
B 类火灾		
C 类火灾		
D 类火灾		
E 类火灾		

学生姓名: 　　　　　　　　　　　　　　　　完成时间:

三、常用灭火器的使用方法

1. 手提式清水灭火器的使用方法

将灭火器提至火场,在距着火物 3～6 m 处,拔出保险销,一只手紧握喷射软管前的喷嘴对准燃烧物,另一手握住提把并用力压下压把,水即可从喷嘴中喷出。灭火时,随着有效喷射距离的缩短,使用者应逐步向燃烧区靠近,使水流始终喷射在燃烧物处,直至将火扑灭。

清水灭火器在使用过程中切忌将灭火器颠倒或横卧,否则不能喷射。

2. 手提式机械泡沫灭火器的使用方法

其使用方法与手提式清水灭火器一样。在室外使用时,应选择在上风方向喷射。

在扑救可燃液体火灾时,如燃烧物已呈流淌状燃烧,则将泡沫由近而远喷射,使泡沫完全覆盖在燃烧液面上。如在容器内燃烧,应将泡沫射向容器的内壁,使泡沫沿着内壁流淌,逐步覆盖着火液面,切忌直接对准液面喷射;在扑救固体火灾时,应将射流对准燃烧最猛烈处。灭火时,随着有效喷射距离的缩短,使用者应逐步向燃烧区靠近,并始终将泡沫喷射在燃烧物上,直至将火扑灭。

使用时,灭火器应当是直立状态的,不可颠倒或横卧使用,否则会中断喷射,也不能松开开启压把,否则也会中断喷射。

3. 手提式干粉灭火器的使用方法

使用手提式干粉灭火器时,应手提灭火器的提把,迅速赶到火场,在距离起火点 5 m 左右处放下灭火器。使用前先把灭火器上下颠倒几次,使筒内干粉松动。使用时应先拔下保险销,如有喷射软管的,需要一只手握住其喷嘴(没有软管的,可扶住灭火器的底圈),另一只手提起灭火器并用力按下压把,对准火焰根部喷射。

仿真资源

在室外使用时,要注意占据上风方向。干粉灭火器在喷射过程中应始终保持直立状态,不能横卧或颠倒使用,否则不能有效喷粉。

4. 手提式二氧化碳灭火器的使用方法

使用二氧化碳灭火器时,在距离燃烧物 5 m 左右的位置放下灭火器,拔出保险销,一只手握住喇叭筒根部的手柄,另一只手紧握启闭阀的压把。对没有喷射软管的二氧化碳灭火器,应把喇叭筒往上扳 70°～90°。使用时,不能直接用手抓住喇叭筒外壁或金属连线管,防止手被冻伤。灭火时,当可燃液体呈流淌状燃烧时,应将二氧化碳灭火剂的喷流由近而远向火焰喷射。如果可燃液体在容器内燃烧时,使用者应将喇叭筒提起,从容器的一侧上部向燃烧的容器中喷射,不能将二氧化碳灭火剂射流直接冲击可燃液面,以防止将可燃液体冲出容器而扩大火势。

在室外使用时,应选择在上风方向喷射。在室内窄小空间使用时,灭火后操作者应迅速离开,以防窒息。

5. 推车式干粉灭火器和推车式水成膜灭火器的使用方法

推车式干粉灭火器和推车式水成膜灭火器一般由两人操作。使用时应将灭火器迅速拉到或推到火场,在离起火点 10 m 处停下,将灭火器放稳,然后一人迅速取下喷枪并展开喷射软管,一只手握住喷枪枪管,另一只手打开喷枪并将喷嘴对准燃烧物;另一人迅速拔出保险销,并向上扳起手柄,灭火剂即可喷出。

边学边用

结合案例 1 中的问题,完成学生活动表中的活动内容,完成后可以拍照上传至网络平台。

学生活动表

活动描述	案例 1 问题密钥	备注
请针对案例 1 中提到的问题完成相关内容		字数不超过 100
学生姓名:	完成时间:	

四、灭火器使用年限

手提式洁净气体灭火器、手提式和推车式干粉灭火器以及手提式和推车式二氧化碳灭火器期满 5 年,以后每隔 2 年,必须进行水压试验等检查。

手提式清水灭火器、手提式细水雾灭火器、手提式和推车式机械泡沫灭火器满 3 年,以后每隔 2 年,必须进行水压试验等检查。

灭火器应每年至少检查一次,超过规定泄漏量的应检修。

灭火器的报废年限见表 4-1。

表 4-1　灭火器的报废年限

手提式水成膜灭火器	手提式清水灭火器	推车式水成膜灭火器	手提式六氟丙烷灭火器	手提式干粉灭火器	手提式二氧化碳灭火器	推车式干粉灭火器	推车式二氧化碳灭火器
5 年	6 年	8 年	10 年	10 年	12 年	12 年	12 年

五、灭火器的检查注意事项

（1）无法清楚识别生产厂名称和出厂日期（包括贴花脱落或虽有贴花但已看不清）的灭火器必须报废。

（2）维修后的灭火器筒体应贴有永久性的维修和合格标识，维修标识上维修单位的名称、筒体的试验压力值、维修日期等内容应清晰，每次的维修铭牌不得相互覆盖。

（3）灭火器压力表的外表面不得有变形、损伤等缺陷，否则应予更换。

（4）灭火器压力表的指针是否在绿色区域，不在绿色区域的需要送专门机构检测维修。

（5）灭火器的喷嘴不能有变形、开裂、损伤等缺陷，否则应予更换。

（6）喷射软管应畅通、不得有变形和损伤，否则应予更换。

（7）灭火器的压把、阀体等金属件不得有严重损伤、变形、锈蚀等影响使用的缺陷，否则必须更换。

（8）保险销和铅封是否完好，是否被开启喷射过。

（9）筒体严重变形、筒体严重锈蚀（漆皮大面积脱落，锈蚀面积大于等于筒体总面积的1/3者）或连接部位、筒底严重锈蚀的灭火器必须报废。

（10）灭火器的橡胶、塑料件不得变形、变色、老化或断裂，否则必须更换。

 **边学边用**

结合案例2中的问题，完成学生活动表中的活动内容，完成后可以拍照上传至网络平台。

学生活动表

活动描述	案例2问题密钥	备注
请针对案例2中提到的问题完成相关内容		字数不超过100

学生姓名：　　　　　　　　　　　　完成时间：

 **点睛**

灭火器具种类多，气瓶介质有区别。
小火手提轻便捷，烈烈大火用推车。
水基清水与泡沫，干粉两种有重叠。
二氧化碳喷冷液，外壁温低不可摸。
小小设备不可缺，初期火灾用得着。

项目 5　现场搜救设备应用

搜救工作是事故发生后搜寻人员、挽救生命、及时掌握现场情况以及辅助决策的一项重要工作,随着科技的进步,先进的搜救设备不断出现,比如生命探测仪、救援无人机、救援机器人等不断出现,极大地提高了救援效率。

泉州某酒店倒塌事故中,救援人员携带的雷达生命探测仪发挥了重要的协助作用。宜宾长宁县震区勘察、凉山甘洛县泥石流抢险、崇州市鸡冠山暴雨救灾等抢险救灾工作中,救援无人机发挥了关键性的作用。在汶川地震的救援过程中,由于灾难现场情况复杂,救援人员自身安全得不到保证,废墟中形成的狭小空间使救援人员甚至救援犬也无法进入,因为缺少救援机器人,很多危险的救援工作需要救援人员进入高危的环境徒手完成,由此导致了很多无谓的牺牲。这些事例都证明了抢险救援搜救设备的重要性。

本项目主要介绍三种最先进、最实用同时具备较高科技含量的搜救设备——生命探测仪、救援无人机和救援机器人。通过本项目的学习,学生可以熟悉这些搜救设备,理解它们的重要性、类型和特点,培养科技创新的意识。

任务 1　生命探测仪应用

 任务分析

地震、海啸、台风等自然灾害过后,身着明黄色救护服的救援人员总是第一时间出现在堆满砖块瓦砾的废墟之上,为被困者带去生的希望。救援工作的第一步是搜索,需要尽可能快速地解救埋藏在碎石、倒塌建筑物下面的被困者。遗憾的是,人类没有千里眼,看不见混凝土和碎石下面的"真

微课资源

相",也没有顺风耳,听不到幸存者微弱的呼救声。这时,救援工作者手持的生命探测仪就派上了大用场。

光学生命探测仪可以实现远距离狭小空间实时监测,音频生命探测仪可以通过声波放大的方式及时捕捉到遇险人员微弱的呼喊声或敲击声,红外生命探测仪可以探测出遇险者身体的热量并锁定其位置,雷达生命探测仪通过电磁波的反射检测人体生命活动所引起的各种微动。

本任务主要介绍各种生命探测仪的种类、特点和工作原理,重点是生命探测仪的使用,难点是生命探测仪的工作原理。

 任务目标

知识目标
1. 理解生命探测仪使用的重要性。
2. 正确阐述各种类型生命探测仪的特点和工作原理。

能力目标
1. 能够依据现场特点正确选择生命探测仪。
2. 正确操作使用光学生命探测仪。

素质目标
1. 培养学生团结协作、关爱生命的精神和劳动意识。
2. 增强学生技术创新、精技强能的行为意识。

案例引入

案例 1　一起使用音频生命探测仪成功救援的案例

某救援现场,1 名三岁男童被垮塌的山石埋压,肉眼无法找到男童具体被困位置,现场不时传出男童哭声,男童家长情绪激动。消防官兵立即展开救援行动。

现场消防官兵利用音频生命探测仪探测出男童具体被困位置,随即消防官兵联合现场村民小组救援力量使用液压破拆工具、凿岩机等器材进行破拆,打开生命通道。

引入问题:音频生命探测仪在该次救援中起到的主要作用是什么? 它有什么特点?

案例 2　一起使用雷达生命探测仪成功救援的案例

福州消防支队赴川抗震救灾官兵在一家主建筑已全部坍塌的大型汽车维修厂用雷达生命探测仪成功解救出一名被困女工。当时,在接群众求助后,救援队立即赶赴现场,搜索分队首先用雷达生命探测仪确定了女工被困的大概方位,救援分队迅速启动救生气垫,并用铁锹和双手为被困女工打开了一条生命通道,半个小时后,被困女工被成功救出。

引入问题:雷达生命探测仪有什么特点和作用?

知识探索

名句赏析："哪怕只有百分之一的希望,也要尽百分之百的努力,绝不轻言放弃。"灾害面前,生命搜救至关重要,生命探测仪为生命搜救打开了一扇门。

只要是生命,身体之中就会有着许多特别的生命信息,这些生命信息会通过各种能量方式表现在身体外部,如声波、超声波、电波、光波等,这些波的频率不同,自然就会发出完全不同的能量。生命探测仪主要通过探测这些不同的生命信息而判断出现在屏幕上的不同生命形式。一般而言,生命探测仪可以分为光学生命探测仪、音频生命探测仪、红外生命探测仪和雷达生命探测仪。

一、光学生命探测仪

光学生命探测仪又称为蛇眼生命探测仪或视频生命探测仪,如图 5-1 所示。探测仪摄像头上面一周设置探照灯,采用高亮度白光补光可用于暗处或夜间使用,可以通过安装在仪器前方可弯曲探头上面的高清摄像头进行视频搜索。探头部分可实现 360°弯曲。探索过程中摄像头可将信息实时传到显示屏上面,同时也可启用录像功能,把检查过的重要画面记录下来,以便将来查看。由于使用的是摄像头探测,因此对于没有生命特征的人员也可以进行寻找和识别。

图 5-1　光学生命探测仪

二、音频生命探测仪

音频生命探测仪(图 5-2)应用了声波及震动波的原理,采用先进的微电子处理器和声音/振动传感器,进行全方位的振动信息收集,可探测以空气为载体的各种声波和以其他媒体为载体的振动,并将非目标的噪声波和其他生命探测仪背景干扰波过滤,进而迅速确定被困者的位置。高灵敏度的音频生命探测仪采用两级放大技术,探头内置频率放大器,接收频率范围为 1～4 000 Hz,主机收到目标信号后再次升级放大。这样,它通过探测地下微弱的诸如被困者呻吟、呼喊、爬动、敲打等产生的音频声波和振动波,就可以判断是否存在生命等待救援。

图 5-2　音频生命探测仪

音频生命探测仪是一套以人机交互为基础的探测系统,包括信号的检测、监听、选取、储存和处理等几个方面。由于音频生命探测仪是一种被动接收音频信号和振动信号的仪器,因此救援时需要在废墟中寻找空隙伸入探头,容易受到现场噪声的影响,探测速度较慢。

边学边用

结合案例 1 中的问题,完成学生活动表中的活动内容,完成后可以拍照上传至网络平台。

学生活动表

活动描述	案例 1 问题密钥	备注
请针对案例 1 中提到的问题完成相关内容		字数不超过 100
学生姓名:	完成时间:	

三、红外生命探测仪

红外探测设备最早应用于军事,并随着科学技术的发展而不断改进。1988 年,瑞典 AGA 公司推出的全功能热像仪能将温度的测量、修改、分析及图像采集、储存集合于一体,并利用这一技术研制出便携式全功能热像仪,主要用于军事侦察。随着社会的发展,各国都开始重视研制用于减少各种灾害造成的人员伤亡的技术设备,红外探测技术也由军用转变为救援仪器——红外生命探测仪。

任何物体只要温度在绝对零度以上,都会产生红外辐射,人体也是天然的红外辐射源。但人体的红外辐射特性与周围环境的红外辐射特性不同,红外生命探测仪就是利用它们之间的差别,以成像的方式把要搜索的目标与背景分开。人体皮肤的红外辐射范围为 $3\sim50\ \mu m$,其中 $8\sim14\ \mu m$ 占全部人体辐射能量的 46%,这个波长是设计人体红外探测仪重要的技术参数。

红外生命探测仪(图 5-3)能经受救援现场的恶劣条件,可在震后的浓烟、大火和黑暗的环境中搜寻生命。红外生命探测仪探测出遇险者身体的热量,光学系统将接收到的人体热辐射能量聚焦在红外传感器上,然后转变成电信号,处理后经监视器显示红外热像图,从而帮助救援人员确定遇险者的位置。

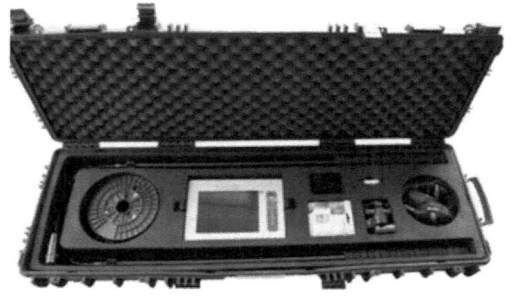

图 5-3　红外生命探测仪

四、雷达生命探测仪

雷达生命探测仪是融合雷达技术、生物医学工程技术于一体的生命探测设备,如图 5-4 所示。它主要利用电磁波的反射原理制成,通过检测人体生命活动所引起的各种微动,从这些微动中得到呼吸、心跳的有关信息,从而辨识有无生命。雷达生命探测仪是目前世界上最先进的生命探测仪,它主动探测的方式使其不易受到温度、湿度、噪声、现场地形等因素的影响,电磁信号连续发射机制更增加了其区域性侦测的功能。

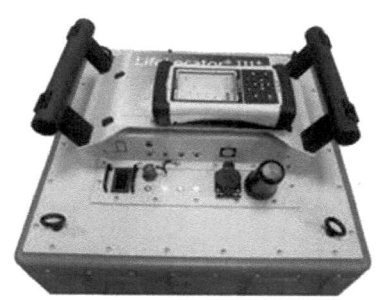

图 5-4　雷达生命探测仪

超宽谱雷达生命探测仪是该类型中最先进的一种。它的穿透能力强,能探测到被埋生命体的呼吸、体动等生命特征,并能精确测量被埋生命体的距离深度,具有较强的抗干扰能力,不受环境温度、热物体和声音干扰的影响,具有广泛的应用前景。超宽谱雷达生命探测仪具有很大的相对带宽(信号的带宽与中心频率之比),一般大于 25%,检验人体生命参数是以脉冲形式的微波束照射人体,由于人体生命活动(呼吸、心跳、肠蠕动等)的存在,使得被人体反射后的回波脉冲序列的重复周期发生变化。如果对经人体反射后的回波脉冲序列进行解调、积分、放大、滤波等处理并输入计算机进行数据处理和分析,就可以得到与被测人体生命特征相关的参数。

超宽谱雷达生命探测仪用于震区生命探测,具有穿透力强、作用距离精确、抗干扰能力强、多目标探测能力强、探测灵敏度高等优点,探测距离可达 $30\sim50$ m,穿透实体砖墙厚度可达 2 m 以上,可隔着几间房探测到人,并具有人体自动识别功能,在生命探测领域拥有广泛的应用前景。与红外生命探测仪、音频生命探测仪相比更实用,因此成为研究的热点。

 **边学边用**

结合案例 2 中的问题,完成学生活动表中的活动内容,完成后可以拍照上传至网络平台。

学生活动表

活动描述	案例 2 问题密钥	备注
请针对案例 2 中提到的问题完成相关内容		字数不超过 100
学生姓名:	完成时间:	

 **点睛**

> 地震坍塌易出现,生命探测助救援。
>
> 光学探测千里眼,音频搜索砖瓦间。
>
> 红外探测不惧烟,雷达穿墙两米远。
>
> 生命至上救灾难,崇尚科学不畏险。

任务 2 救援无人机应用

任务分析

自然灾害发生后,电路、公共网络瘫痪,救援人员进入灾区后,使用无人机携带中继站,对灾区进行信号覆盖,现场画面实时回传,辅助后方指挥决策,也可挂载探照灯,可在夜间对救援现场进行照明,对灾害全局进行二维、三维建模,辅助研判灾情。

微课资源

在国内已有不少消防机构使用无人机成功进行过火场侦察监测、抛投救援物资等尝试,效果非常明显。在汶川泥石流救援中,各部门也曾利用无人机对事故现场进行高空侦察,为救援决策提供了部分参考依据。救援无人机逐渐应用到各个领域当中,发挥着自己的作用,尤其以消防为主的高危领域,运用无人机来代替部分人力行动,其重要性更是不言而喻。

本任务详细介绍了目前无人机的种类、工作特点,让学生了解无人机在应急救援中的重要作用,激发学生学习救援无人机的兴趣,为将来从事事故抢险救援奠定基础,重点是无人机的特点和应用,难点是无人机的操作。

 任务目标

知识目标
　1. 理解救援无人机的重要性。
　2. 正确阐述各种类型无人机的特点和应用。
能力目标
　1. 能够依据现场不同情况正确选择救援无人机。
　2. 能够按照使用说明执行简单的无人机救援任务。
素质目标
　1. 培养学生勇敢救灾、科技报国的精神和劳动意识。
　2. 增强学生技术创新、精技强能的行为意识。

 案例引入

案例 1　一起山体滑坡无人机救援的案例

　　某日,四川省茂县某村突发大型山体滑坡,造成重大生命财产损失,应相关部门要求,某公司技术人员携 F1000 型无人机第一时间奔赴救灾现场,并于当天下午冒雨飞行一个架次,获取滑坡成灾区域的高分辨影像数据,快速生成第一张受灾区域正射影像图提交救灾指挥部。次日上午,F1000 型无人机再次起飞,飞行两个架次分别完成了此次滑坡的流通区及崩塌发生区的高分辨率影像数据获取。

　　引入问题:本案例体现了救援无人机的哪些救援优势? 无人机有哪些种类?

案例 2　一起油罐车爆炸无人机辅助救援的案例

　　某日,一辆满载液化石油气的罐车在高速公路出口发生爆炸,波及周边民房及厂房,造成人员伤亡和财产损失。夜间天黑,现场照明设备难以覆盖核心灾区。现场有毒易燃易爆物品多,威胁救援人员安全,搜寻受灾被困群众困难重重。

　　一台 M300RTK 无人机搭载 H20T 进行快速搜救,搭载照明设备现场照明,辅助救援,通过图传设备将现场画面实时回传给指挥中心,为救援决策提供了极大的帮助。

　　引入问题:本案例体现了无人机在救援中有哪些作用? 除此之外还有哪些重要作用?

知识探索

　　名句赏析:"工欲善其事,必先利其器。"无人机就是救援的利器,必将大兴于世。

　　早在 20 世纪 90 年代末,美国就开始将无人机应用于灾害监测救援,但在我国,无人机一直未被投入地震灾害等应急领域。直到 2008 年,汶川大地震发生,中科院研究队伍最先

尝试将遥感无人机应用于震中灾情航拍,随后在玉树地震、芦山地震等灾后应急救援中,遥感无人机均在第一时间投入使用,并发挥着越来越重要的作用。多次应急救援实践证明,无人机在震后可迅速进入灾区航拍,还可以远程实时指挥,实时传回清晰的图像;无人机成本低、易操纵、反应快,对大面积区灾害救援更有效。有了无人机,专家可在后方集中精力快速评估灾情,因此具有独特优势。

除航拍灾情以外,目前无人机技术还可实现挂载多种载荷模块,"变身"移动的通信基站,同时具备灾后运输、投放物资、传声等救援功能。因此,无人机将是应急救援中不可缺少甚至不可替代的航空力量。

一、无人机分类

无人机按照外形构造可以分为旋翼无人机、固定翼无人机、无人飞艇、伞翼机、扑翼无人机,如图 5-5 所示。

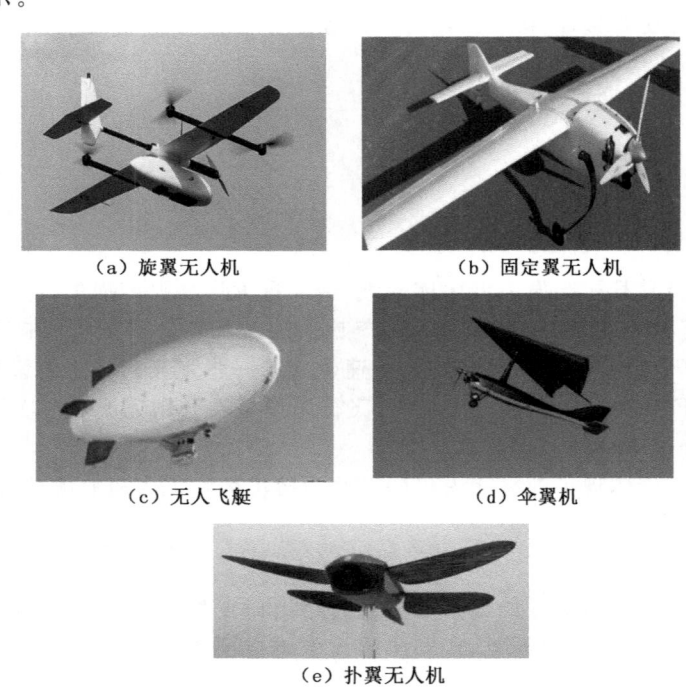

（a）旋翼无人机　　　　　（b）固定翼无人机

（c）无人飞艇　　　　　（d）伞翼机

（e）扑翼无人机

图 5-5　无人机分类

1. 旋翼无人机

旋翼无人机是一种利用前飞时的相对气流吹动旋翼自转以产生升力的旋翼航空器。它的前进力由发动机带动螺旋桨直接提供。旋翼无人机实际上是一种介于直升机和飞机之间的飞行器,它除去旋翼外,还带有一副垂直放置的螺旋桨以提供前进的动力,一般也装有较小的机翼在飞行中提供部分升力,一般常见的有四旋翼、六旋翼、八旋翼甚至更多旋翼。旋翼机械结构非常简单,动力系统只需要电机直接连桨就行。优点是机械简单,能垂直起降;缺点是续航时间短,载荷小。

2. 固定翼无人机

固定翼,顾名思义就是机翼固定不变,靠流过机翼的风提供升力。跟我们平时坐的飞机一样,固定翼无人机起飞的时候需要助跑,降落的时候要进行滑行,但这类无人机续航时间长、飞行效率高、载荷大。

3. 无人飞艇

飞艇是一种轻于空气的航空器,它与热气球最大的区别在于具有推进和控制飞行状态的装置。这类飞行器是一种理想的空中平台,无论是用来空中监视、巡逻、中继通信,还是空中广告飞行、任务搭载试验、电力架线,都具有较好的应用效果。

4. 伞翼机

伞翼机是一种用柔性伞翼代替刚性机翼的飞机,伞翼大部分为三角形,也有长方形的。伞翼可收叠存放,张开后利用迎面气流产生升力而升空,起飞和着陆滑跑距离短,只需百米左右的跑道即可,常用于运输、通信、侦察、勘探和科学考察等。

5. 扑翼无人机

这类飞行器是受鸟类或者昆虫启发而来的,具有可变形的小型翼翅。它可以利用不稳定气流以及利用肌肉一样的驱动器代替电机。在战场上,微型无人机特别是昆虫式无人机不易引起敌人的注意。即使在和平时期,微型无人机也是探测核生化污染、搜寻灾难幸存者、监视犯罪团伙的得力工具。

边学边用

结合案例 1 中的问题,完成学生活动表中的活动内容,完成后可以拍照上传至网络平台。

学生活动表

活动描述	案例 1 问题密钥	备注
请针对案例 1 中提到的问题完成相关内容		字数不超过 100
学生姓名:	完成时间:	

二、无人机的系统组成

无人机系统主要由飞行器、控制站、通信链路组成,如图 5-6 所示。

三、无人机主要救援功能

无人机具备很多救援功能,如侦察/搜救、应急照明、消防灭火、运输物资、应急通信等。

1. 侦察/搜救

由于大多数突发事故现场的环境复杂多变,大型侦察设备难以进入,再如某些特殊事故现场如火灾现场,环境不确定性大,搜救人员的人身安全难以保障。针对这样的场景,使用无人机进行现场侦察,通过实时图传的影像来对灾害现场进行预判,辅助指挥部门决策,利

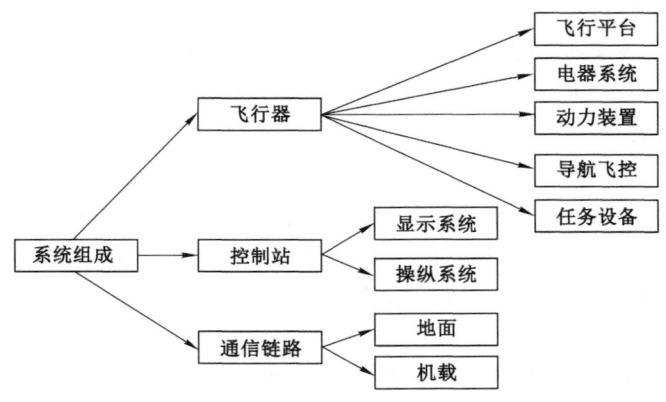

图 5-6　无人机系统图

于更高效准确地展开施救任务,减少不必要的损失。

另外如地震等自然灾害发生时,受灾人员分布较散,大范围进行精准搜救需要耗费大量人力、物力,并且搜救效率不高。而无人机凭借其机动灵活的特点,可以在灾难发生后或者事故时第一时间进行部署,形成空中搜救网络体系。另外,通过搭载红外夜视仪和生命探测仪等特殊设备,可以实现在极端和黑夜条件下进行的搜救任务。

无人机现场侦察如图 5-7 所示。

图 5-7　无人机现场侦察

2. 应急照明

在应急照明领域,空中照明无人机解决了夜间复杂地形、危险水域等大范围移动照明这一难题,并以其安全可靠、携带方便、操作简单、实用高效深受用户好评,广泛为消防、林业、环保、电力水利、石油石化、海事搜救等多个行业提供可靠的照明保障。无人机照明如图 5-8 所示。

图 5-8　无人机照明

3. 消防灭火

无人机可以搭载灭火剂，飞抵火源，实现第一时间灭火，如图 5-9 所示。

图 5-9　无人机消防灭火

4. 运输物资

在地上交通陷于瘫痪的情况下，救援队伍只能步行背着物资赶往灾区。因此当地上运送工具无法实施救援，救援队伍无法抵达灾区现场时，无人机就发挥着至关重要的作用。我们能够运用无人机快速运送紧迫物品，如药品、血液和逃生物资等，在中心灾区进行大规模集群调度，可以最快的速度完成救援物资的运送，如图 5-10 所示。

5. 应急通信

应急通信系统指突发紧急情况、通信需求骤增时的通信保障。一旦发生突发事件，可以及时传递灾情、保障救灾指挥调度、满足灾区民众的联络需求。无人机可以对周边一定范围进行无线信号覆盖，实现应急通信功能。

图 5-10　无人机运输物资

四、无人机在灾害中的应用

无人机已广泛应用于防灾减灾、搜索营救、核辐射探测、资源勘探、国土资源监测、森林防火、气象探测、管道巡检等领域。小型无人机的航空特性和大面积巡查的特点,使其在洪水、旱情、地震、森林大火等自然灾害实时监测和评估方面具备特别优势。

1. 无人机在地震救援中的应用

地震等灾害救援最首要的就是掌握灾情和解决交通问题,无人机能快速到达灾区上空,获取灾区和通往灾区道路的遥感影像,直观地观察灾情,帮助救援人员和物资在黄金 72 h 内到达灾区,挽救生命。在汶川地震中,无人机团队利用灾后残存路面、桥面进行高难度起降。其良好的机动性和快速反应能力保证了第一时间把拍摄到的受灾清晰图片和遥感测绘数据传回抗震救灾指挥部,为现场救灾、灾情评估和灾后重建发挥了重要作用,如图 5-11 所示。

图 5-11　无人机在地震救援中的应用

2. 无人机在洪灾救援中的应用

近年来,受特殊的自然地理环境、极端灾害性天气以及经济社会活动等多种因素的共同影响,各地洪水、泥石流、滑坡灾害频发,造成的人员伤亡、财产损失和基础设施损毁、生态环境破坏十分严重。随着信息技术的不断发展,以"3S"、LIDAR、三维仿真等为主的现代化无人机技术不断用于山洪灾害的防治和研究,为相关部门开展防灾减灾工作提供了科学的决策依据。如图 5-12 所示。

图 5-12　无人机在洪灾救援中的应用

3. 无人机在火灾救援中的应用

火灾具有非常大的破坏性,当大规模火灾发生时,使用无人机协同消防员救火会事半功倍。火灾发生时,如果在空中没有一只"眼睛"纵览全局,那么很容易错过最佳的灭火时机。而无人机这只"眼睛"可以帮助消防员确定火灾朝哪个方向发展,哪里可能出现危险,哪里最先需要扑救,如图 5-13 所示。

图 5-13　无人机在火灾救援中的应用

4. 无人机在台风中的应用

无人机对台风的探测主要是通过机载探空仪探测大气的温度、气压、相对湿度、风向和风速等基本气象要素,预测台风的走势,以及给所覆盖区域所带来的影响,如图 5-14 所示。

图 5-14　无人机在台风中的应用

边学边用

结合案例 2 中的问题，完成学生活动表中的活动内容，完成后可以拍照上传至网络平台。

学生活动表

活动描述	案例 2 问题密钥	备注
请针对案例 2 中提到的问题完成相关内容		字数不超过 100
学生姓名：	完成时间：	

五、救援无人机发展前景

在不远的将来，救援无人机专用功能将更加丰富，综合能力将不断增强。其可以搭载各种救援装备，集成多种功能，飞行平台从小到大，飞行方式从固定翼、螺旋翼到涵道风扇等。各地区、各救援队、各医疗单位、各部队也将广泛配备。

点睛

> 无人飞机用途广，救援功能本领强。
> 侦察照明空中放，通信运输亦用上。
> 地震洪灾救人忙，发展前景不可量。
> 相信政府相信党，科技创新有保障。

任务 3　救援机器人应用

 任务分析

微课资源

随着科技的进步和社会的发展,机器人产业迎来了繁盛时期。机器人技术是一种综合了计算机技术、传感技术、人工智能、仿生学等多种内容而形成的高新科技,是一种可以全面模拟人类的机器系统,它可以代替人类在各领域中大显身手,将人类从日常琐碎事务中解脱出来,目前机器人已在全球得到广泛的应用。

救援机器人是一种为了救援而采用先进科学技术研制的机器人,其可以根据复杂的救灾环境及实际工作要求采取不同的应对措施,因此更需要我们紧跟发展的步伐,逐步落实救援机器人的应用。

本任务主要介绍救援机器人的种类、特性和用途,让学生充分了解救援机器人的重要作用,建立科技救援的思想,重点是救援机器人的应用,难点是救援机器人的操作。

任务目标

知识目标

　　1. 理解救援机器人的重要性。

　　2. 熟悉救援机器人的应用及优势。

能力目标

　　1. 能够在不同的救援环境下合理选择机器人进行救援。

　　2. 能够操作简单机器人进行救援工作。

素质目标

　　1. 培养学生团队意识、精益求精的精神。

　　2. 培养学生科技意识和创新精神。

案例引入

案例 1　一起消防演习中救援机器人应用的案例

某地区进行综合性消防应急救援演习,模拟一在建工地突发火情。消防官兵迅速展开抢险救援工作。

救援过程中"突发情况"出现,一名消防队员"因体力不支晕倒",另一名消防队员迅速将战友抱上担架,并将救援绳索牢牢拴在其身上。危急时刻,早已等候在一旁待命的消防救援机器人上场了。消防队员将高空绳索的另一端扣在消防救援机器人机身上,消防救援机器人将晕倒的消防员安全地拖至起火建筑的西南侧楼梯口,医务人员立即围上前实施现场急救。

消防救援机器人并没有闲着,它们一直在火场外默默监视着火情的进展。通过预判,消防救援机器人觉察到火场内会有危及消防队员生命安全的事件发生,清晰响亮地发出撤离信号,警告消防队员尽快离开火场。火场内的消防队员听到后立即全部撤离了现场。

引入问题:救援机器人在消防救援中有什么作用?

案例 2　一起利用机器人进行水上救援的案例

某地发生洪涝灾害,有个 11 岁大的小男孩独自在家睡觉,被家长打来的紧急电话吵醒后发现水已经浸没到床和地面间的 2/3 了,而且水还不断地从门缝中涌进。小男孩立马走出去打开门,由于水还不断地往上涨,很快就淹没到了他脖子的位置。幸运的是,当地的民间救援组织在巡逻的时候发现了他,救援人员及时遥控机器人以最快的速度开往小男孩淹溺的地方实施救援,仅花了 1 min 左右的时间就到达了小男孩所在的地方,小男孩见状马上趴在能让自己浮起来的机器人上(机器人拥有 75 kg 的浮力,相当于 4 个传统救生圈),之后救援人员开启一键自动返航,把小男孩带回到救援队的船上。整个救援过程用了不到 3 min 的时间。

引入问题:分析机器人水上救援的重要性?

知识探索

名句赏析:"科学技术是第一生产力,科技进步与创新是推动经济和社会发展的决定性因素。"机器人作为科技进步的重要体现已经逐渐应用在了事故应急救援之中。

一、救援机器人的种类及特点

救援机器人主要用来代替营救人员进入地形复杂的灾害现场完成环境监测、生命搜救等任务。根据不同的运动形式及功能,又可分为履带式搜救机器人、轮式搜救机器人、仿生搜救机器人等。

1. 履带式搜救机器人

履带式机器人具有支撑面积大、崎岖路面运动性能好等优点,是救援机器人中应用最为广泛的一类。在救援过程中,其通过智能的环境感知与路径规划,主要完成生命搜寻、物品搜索等功能。为了提高机器人的环境适应性,在传统履带结构的基础上又研发了可变形履带式机器人等新型的救援机器人。

美国桑迪亚实验室研制的 Gemini-Scout 救援履带车就是早期最具有代表性的履带式搜救机器人,如图 5-15 所示。该履带车的行走机构采用分节式履带,机动性能较好,有较强的跨越台阶、沟槽的能力。

在国内,履带式搜救机器人的研发起步较晚,但仍然取得了大量的研究成果,而且在很多性能方面已经超出国外。例如,中科院沈阳自动化研究所研发的一款可重构模块化的履带式搜救机器人,如图 5-16 所示。其能根据路面状况进行构形重构,具有 9 种运动构形和 3 种对称构形,能根据地形进行变换,以适应复杂的环境。

图 5-15　Gemini-Scout 救援履带车

图 5-16　可重构模块化履带式搜救机器人

此外,中科院沈阳自动化研究所还研发了一种可变形履带式机器人 AMOEBA-I,如图 5-17所示。它具有快速转弯、克服障碍物、穿越沟槽等能力。在常规模式下,其可以翻越高达 29.63 cm 的障碍物;在前后履带臂的协助下,能够翻越最大高度为 58 cm 的障碍物,机器人整体搜救性能较为出色。

再如,中国矿业大学设计了一款可用于矿难搜救的履带式机器人,如图 5-18 所示。该机器人使用了双电机驱动履带单元,动态性能较高。在控制算法方面,其可在"速度驱动模式"和"扭矩驱动模式"之间自由切换。实际应用表明,该机器人具有良好的爬坡性能,且移动效率较高。

图 5-17　AMOEBA-I 机器人

图 5-18　用于矿难搜救的履带式机器人

履带式机器人的通过能力强,可在崎岖的路面上快速前进。改进后的可变形履带式机器人的越障能力有了进一步的提高。但其在前进过程中摩擦力大,能量损失大。此外,履带式机器人的尺寸一般都很大,只能在废墟表面工作,无法进入狭小的废墟内部空间进行搜救。

学中思、思中学

如果在矿井中使用履带式机器人,应主要解决哪些技术问题?

_____

_____

2. 轮式搜救机器人

轮式搜救机器人具有结构简单、可靠性高、移动速度快的特点。例如,以色列研发的一款轮式搜救机器人(图 5-19)就搭载有摄像机、夜视设备及相关传感器,负重可达 300 kg,能够按照预先设定的路线自动行驶,可替代救援人员执行危险任务,以减少伤亡人数。

图 5-19　以色列轮式搜救机器人

　　国内对应用于救援的轮式搜救机器人的相关研究也取得了一定的成果。例如,哈尔滨工业大学研发的一款用于灾难搜救的小型遥控轮式机器人(图 5-20),该机器人由移动平台、多传感器、任务规划器、嵌入式控制器和无线通信模块组成,整体尺寸为 30 cm×26 cm×18 cm,质量为 1.5 kg。由于该机器人体积较小,在搜救过程中可依靠人工无线控制移动到废墟内部,因此应用范围较广。

　　再如,西南大学研发的一种基于多连杆结构的轮式机器人(图 5-21)也可用于灾难环境的探测搜救,该机器人的长度为 30 cm,连杆长度为 51.5 cm,底盘高度为 7 cm,能很好地解决连杆轮式机器人中经常出现的奇异性,从而越障性能及运动稳定性较好。

图 5-20　小型遥控轮式机器人　　　　　　　　图 5-21　多连杆结构的轮式机器人

　　轮式搜救机器人的设计方法相对成熟,但在复杂崎岖的灾难搜救现场的越障能力较弱,在一定程度上影响了其实际的救援效果。

　　3. 仿生搜救机器人

　　为了进一步提高搜救机器人的复杂环境适应性,科研人员受到自然界生物的启发,研制出多种可用于灾害复杂环境的仿生搜救机器人,主要以蛇形搜救机器人为主。该研究目前还处于实验室研究阶段。

　　国外较早开展了蛇形搜救机器人的研究工作,并取得了丰硕的成果。例如,日本某公司研制的一款蛇形搜救机器人 ACM-R7(图 5-22),其长 1.6 m,质量 11.7 kg,具有 18 个自由度,且具有防水的能力。但由于 ACM-R7 的每个关节独立驱动,因此控制系统较为复杂,且在运动中能耗较大。

图 5-22　ACM-R7 机器人

在国内,西安科技大学针对矿井下事故现场局部未知环境下的环境参数探测、姿态控制以及路径规划等问题研究了一种煤矿蛇形救援机器人(图 5-23),通过提出局部未知障碍物几何特征地图匹配的方法、基于优化人工势场栅格蚁群算法、具有参数自适应调整的多目标点牵引的人工势场算法等,使得该蛇形机器人具有良好的环境适应性。再如,北京化工大学研制的一种新型蛇形救援机器人(图 5-24),该机器人的长度为 1.25 m,直径为 42 mm,质量为 3.2 kg,偏航角为 ±45°,可在有限空间下开展有效的三维搜救运动。

图 5-23　煤矿蛇形救援机器人

图 5-24　蛇形救援机器人

蛇形救援机器人的体积相对较小,能够进入相对狭窄的缝隙。但是蛇形救援机器人大多采用被动轮式运动,只适合在较为平坦的地面或者水中运动,且控制复杂、可靠性不高,在一定程度上限制了其在实际搜救行动中的应用。除了蛇形机器人以外,日本东京工业大学、上海交通大学等还对腿式机器人进行了相关研究,但由于腿式机器人移动速度慢、效率低,因此限制了其在应急救援领域的应用。

4. 具有复合运动功能的救援机器人

灾害救援现场的应用效果表明,当废墟环境过于复杂时,现有的履带式救援机器人、轮式救援机器人以及仿生救援机器人均无法完全满足救援需要。为此,基于上述运动形式,研究人员也对具有复合运动功能的救援机器人进行了研究,以使得救援机器人能够具有不同运动形式的优点,提高机器人在崎岖地形下的运动效率。具有复合运动功能的救援机器人比较有代表性的有轮腿复合救援机器人、轮履复合救援机器人等。但就目前而言,上述救援机器人多数还处于实验室研究阶段,和实际应用存在一定的差距。

二、救援机器人的应用及优势

1. 火灾救援

消防机器人应用于火灾救援领域，可以根据现场情况进行侦察，其侦察方面包括火灾场景中的温湿度、风速风向、有毒有害气体、伤员情况等，消防员可根据提供的信息对灾情进行判断和实施救援。此外，消防机器人还可以深入火场搬运遇险人员。因此，消防救援机器人可有效地降低消防人员工作的危险性，可以用较低的成本得到高效率的救援活动。

2. 水上救援

水上救援机器人能实现水面快速救援，通过抛投遥控操作的方式，救援机器人可快速抵达落水者身边并及时将其送回岸边，提高了救援的效率，保证了落水者的安全。

边学边用

结合案例 1 和案例 2 中的问题，完成学生活动表中的活动内容，完成后可以拍照上传至网络平台。

学生活动表

活动描述	案例 1 问题密钥	案例 2 问题密钥	备注
请针对案例 1 和案例 2 中提到的问题完成相关内容			每个问题字数不超过 100

学生姓名： 　　　　　　　　　　完成时间：

3. 地震救援

地震发生后的废墟结构存在不稳定性，对救援人员容易造成危险，因此地震救援机器人就得到了运用。废墟搜救可变形机器人可以利用自身携带的红外摄像机、声音传感器将废墟内部的图像、语音信息实时传回后方控制台，帮助救援人员快速确定幸存者的位置及周围环境。同时，还能为实施救援提供救援通道的信息，有效地节省了救援时间及成本。

三、救援机器人发展前景

伴随着人工智能、5G、北斗导航等技术的不断发展，我国救援机器人也是逐渐从概念走向了落地。截至目前，国内各类救援机器人研发工作已经取得一定的成果，水下机器人、地震救援机器人等已经获得实际应用，未来发展的前景十分广阔。

现阶段，我国由北京理工大学、中科院沈阳自动化研究所、西安科技大学等单位研制的矿用机器人成功问世；由中国广核集团有限公司牵头研制的核电救援机器人也成功验收；水下机器人也随着"潜龙号"系列的应用取得了不断发展。总而言之，在政策、需求等的不断支持下，我国各类救援机器人都获得了长足的发展。

虽然救援机器人相关的技术、需求和政策进展神速，市场空间也越来越广阔，但实际真正落地应用的并不是很多。其中，大部分应用都还处于测试阶段，大规模的商用并未开始。

这也从另一方面透露出我国救援机器人的发展需要经历的难关还有很多，但也表明了未来发展前景巨大。

机器救援好方向，危险搜救用途广。

履带轮式占市场，实战应用难理想。

救人监测用消防，战斗人员少伤亡。

不畏艰难树理想，科技报国好儿郎。

模块3
事故现场急救

项目6 心肺复苏与止血包扎技术应用

在我国,工矿商贸企业事故、交通事故、淹溺事故等每年死亡人数都超过万人以上,发生事故后,现场急救能够最大限度维持伤员的基础生命,为医疗专业救援创造条件。因为伤情的变化是短暂且瞬息万变的,一条生命往往就在数分钟甚至更短时间内消失,只有在现场及途中及时有效地救治,才能为医疗专业人员进一步救治争取时间,因此现场急救的意义和重要性不言而喻。

事故现场最紧急的急救技术就是心肺复苏和止血包扎,事故发生初期,如果不迅速实施,等待专业人员到来往往为时已晚。及时的心肺复苏和止血包扎可以降低致残率或死亡率,安全技术与管理人员、应急救援人员以及社会中的每个成员都应该掌握这些基本技术。

通过本项目的学习,学生可以在紧急情况下实施心肺复苏和止血包扎技术,能够将学到的技术进行推广宣传,培养学生珍爱生命、关爱他人的思想观念和勇于救死扶伤的价值追求。

任务1 心肺复苏技术应用

 任务分析

据卫生部门统计,我国每年约有 54 万人因心搏骤停而死,并且呈逐年递增的趋势。在心脏停止的 4 min 内,如果实施正确的心肺复苏,有 50% 的患者可以成功复苏,随时间增加复苏概率相应降低,10 min 后抢救患者基本无希望。急救普及是衡量一个社会综合实力的标准,也是个人综合素质的体现。在发达国家,有三分之二的成人掌握心肺复苏技能,在我国却不足 10%。因此,在我国推广心肺复苏急救、普及全民急救,是一项艰巨、刻不容缓的任务。

微课资源

本任务以心肺复苏技术为主要学习对象,主要介绍心肺复苏的重要性、基本操作流程、操作要点,重点是心肺复苏流程和操作要领,难点是心肺复苏的原理和伤病员的状态判断。

 任务目标

知识目标
1. 理解心肺复苏的重要作用。
2. 正确阐述心肺复苏操作流程和要点。
3. 正确阐述心肺复苏禁忌证。
能力目标
1. 能够正确完成心肺复苏前的准备工作。
2. 能够正确完成心肺复苏操作流程。
素质目标
1. 培养学生奉献精神和时间观念。
2. 培养学生团队意识和规范意识。

案例引入

案例 1 一起心肺复苏引起纠纷的案例

辽宁沈阳一家药店的店主孙某在为一名昏倒在自家店内的戚老太(化名)做心肺复苏时,压断了对方的 12 根肋骨。当年 10 月末,孙某接到了法院的一纸诉状,戚老太将他告上法庭,表示需要由他赔偿自己的住院费用近万元,同时待伤残等级评定后,另需赔偿伤残赔偿金。在事发两年多后,法院决定驳回原告戚老太的诉讼请求。孙某表示,等到这一纸判决内心还是很欣慰的。

引入问题:什么是心肺复苏? 心肺复苏有哪些禁忌证?

案例 2 一起心肺复苏成功施救的案例

某公路交叉路口,一辆电动自行车突然发生侧滑,骑车女子安全头盔飞出,头部着地出现昏迷。

现场围观的群众越来越多,但没有人敢上前施救。陈师傅听说发生车祸,有人昏迷了,因为曾接受过专业的急救知识和技能培训,本能地跑了过去,想看看自己是不是能帮上忙。

陈师傅跑过去,只见受伤的女子躺在地上已经昏迷,无法自主呼吸,旁边的人紧张得手足无措,不知道该怎么进行抢救。

见状,陈师傅马上跪地,判断颈动脉搏动,确认已经有人拨打了 120 急救电话后,他立即进行了心肺复苏。

施救时,在持续胸部按压近 5 min 后,受伤女子还是没有意识,陈师傅没有放弃,跪地继续抢救,再次按压了几分钟后,伤者突然感觉到痛了,陈师傅知道她恢复意识了,才放心地将伤者交给赶到现场的交警。120 急救车到现场后,陈师傅默默转身离开了现场。

引入问题:现场心肺复苏为何如此重要? 心肺复苏的基本流程是什么?

知识探索

名句赏析:"原来即使你不是医生也能挽救生命。"救死扶伤是医生的天职,现场急救也是救死扶伤的一部分,但它更需要我们普通人的参与。

一、引起心搏骤停的原因

心肺复苏(CPR)定义:心跳、呼吸骤停的急救,简称心肺复苏,主要包括胸外按压和人工呼吸。引起心搏骤停的原因很多,可发生在任何环境下的突发事件中,甚至可能发生在医疗单位检查和治疗中。主要表现在以下方面:

(1)突然的意外事件:如触电、淹溺、自缢、严重创伤、烧伤、急性中毒等。

(2)心血管疾病:如急性心肌梗死、心绞痛、严重的心律失常、各种心肌疾病等。

(3)严重代谢紊乱:如酸中毒、高血钾症、低血钾症、脱水等。

(4)严重感染和休克:如败血症、过敏性休克、出血性休克等。

二、心搏骤停的严重后果

(1)10 s:意识丧失,突然倒地。

(2)30 s:全身抽搐。

(3)60 s:自主呼吸逐渐停止。

(4)4 min:开始出现脑水肿。

(5)6 min:开始出现脑细胞死亡。

(6)8 min:脑死亡、"植物状态"。

三、心肺复苏基本程序

1.现场评估

对于现场救助者,首要的问题是评估现场是否有潜在的危险。如有危险,应尽可能解除。例如,在交通事故现场设置路障,在火灾现场需防止房屋倒塌砸伤。还要注意到意外事故的成因,防止继发意外事故,主要通过看、听、闻、思考的方式进行。

2.靠近伤病员判断意识

判断伤病员有无意识可以轻拍伤病员肩部(图6-1),并高声呼叫:"喂! 你怎么啦?"

伤病员如无反应,应立即拨打急救电话120、及时启动 EMS 系统(院前急救医疗服务系统),如现场只有一名抢救者,应同时高声呼救、寻求旁人帮助。《国际心肺复苏及心血管急救指南》建议,如发现伤病员无反应,应立即打电话,启动 EMS;但对于淹溺、创伤、药物中毒及 8 岁以下儿童,先进行徒手 CPR(心肺复苏)1 min 后,再打急救电话求救。

3.将伤病员放置适当体位

将伤病员摆放成仰卧位。注意搬动时整体转动,保护颈部,身体平直,无扭曲,放置在平地面或硬板床(坚硬、绝缘、安全)上。

4.判断颈动脉和呼吸

靠近施救侧,单侧触摸,时间不少于 5 s 但不大于 10 s,判断时用余光观察胸廓起伏。

颈动脉的定位一般在颈部正中线的侧方两横指处,如果是男性在喉结向侧方移动两横指的凹陷处就是颈动脉搏动的地方,如果触及不到,一般就是心脏骤停,如图 6-2 所示。如无颈动脉搏动和呼吸,则立即开始胸部按压和人工呼吸。

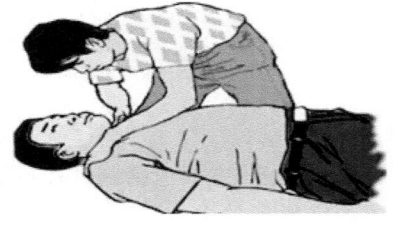
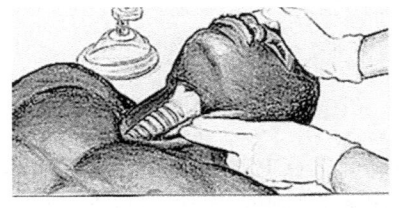

图 6-1　判断伤员有无意识　　　　　　　　　　图 6-2　检查颈动脉

5. 复原体位

若呼吸心跳存在,仅为昏迷,则摆成恢复体位,这个姿势可防止伤者舌头后坠而阻塞呼吸道,同时方便口腔内的分泌物或呕吐物从口腔流出,从而降低气道阻塞或吸入异物的危险。

复原体位可采取以下操作方法,如图 6-3 所示。

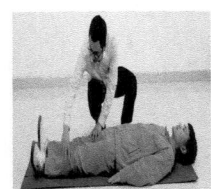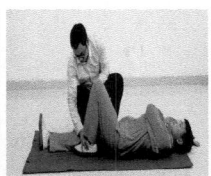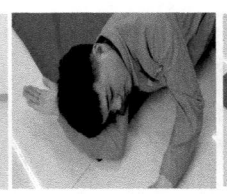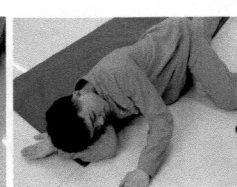

第一步　　　　　　第二步　　　　　　　第三步　　　　　　第四步　　　　　　第五步

图 6-3　复原体位操作示意图

（1）施救者跪于伤病员身体一侧,平放其双腿,将伤病员同侧的上肢外展,肘部弯曲成直角,掌面向上,置于头外侧。

（2）将对侧上肢屈曲放在其胸前,手置于同侧肩部。将对侧下肢屈曲、立起,脚掌平放于地面。如无法固定,可将脚压在另一下肢下。

（3）一手扶对侧肩或肘部,一手扶对侧弯曲的膝部,向施救者方向拉动,使其翻转成侧卧。

（4）调整伤病员的头部,使其稍微后仰,并使面部枕于手臂上,保持气道通畅。

（5）调整伤病员的下肢,使髋关节和膝关节弯曲成直角置于伸直腿的前方,保持复原体位的稳定。

注意事项:

① 若伤病员戴眼镜或衣袋内有尖硬物品,在翻转前应摘下眼镜,取出尖硬物品。

② 注意上面的手臂不可压住下面手臂的动脉,以免影响血液循环。必要时 30 min 调整一下姿势。

③ 操作完毕复查一下呼吸和脉搏。

④ 若伤病员为孕妇,则尽量取左侧卧的复原体位。

⑤ 如复原体位的伤病员发生呼吸、心搏骤停,应立刻摆成复苏体位(平卧位)。

如果是复原体位,需要心肺复苏时,如何将伤病员摆成复苏体位?

6. 胸外按压

(1)按压平面:硬质平面,如平板或地面。

(2)按压者位置:患者右侧。

(3)按压部位:两乳头连线和胸骨交界处。

(4)按压姿势:双臂伸直,垂直下压。

(5)按压幅度:5～6 cm。

(6)按压频率:100～120 次/min。

(7)按压间隔:压松相等,间隔比为 1:1,间隙期不加压。

(8)按压连贯:按压中尽量减少中断。

(9)按压周期:30 次为一循环,时间 15～18 s,保持双手位置固定。

(10)按压比例:压:吹＝30:2。

按压时如图 6-4 所示。

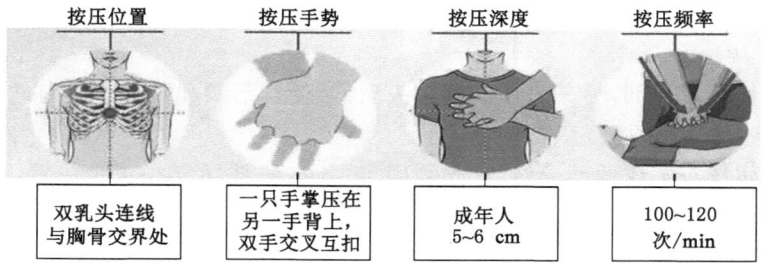

图 6-4　按压示意图

7. 清理口腔

清理口腔异物时,首先将伤病员的头轻轻偏向一侧,然后用纱布将伤病员口腔内的异物、分泌物等及时清理掉,如图 6-5 所示。

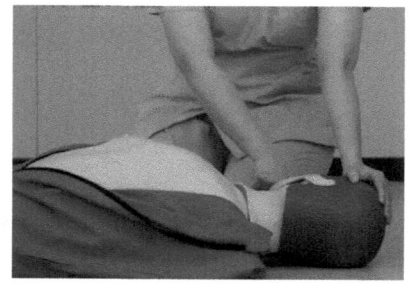

图 6-5　清除口腔异物

8．开放气道

（1）准备工作

如伤病员意识不清，喉部肌肉就会松弛，舌肌就会后坠，阻塞喉咙及气道，使呼吸时发出响声（如打鼾声），甚至不能呼吸。因舌肌连接下颌，如将下颌托起，可将舌头拉前上提，防止气道阻塞。解开伤病员上衣、腰带，暴露胸部。

（2）开放气道方法

开放气道的方法主要有三种：仰额抬颏法、托颈压额法和创伤推颏法，如图 6-6 所示。

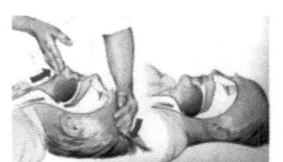 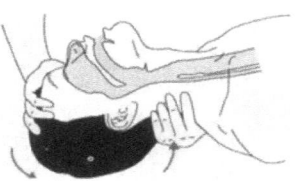 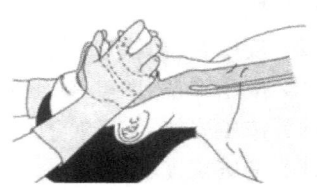

仰额抬颏法　　　　　　　　托颈压额法　　　　　　　　创伤推颏法

图 6-6　开放气道方法

① 仰额抬颏

用一只手按压伤病者的前额，使头部后仰；同时用另一只手的食指及中指将下颏托起，使其下颏和耳垂连线与地面垂直。

注意：手不可放在伤病员的颏下软组织上。

② 托颈压额法

一手抬起伤病员颈部，另一只按前额使头后仰，使其下颏和耳垂连线与地面垂直。

③ 创伤推颌法（托颌法）

如怀疑伤病员头部或颈部受伤，首先须固定颈椎，颈部固定在正常位置，同时用双手手指托起下颌角。

9．人工呼吸

人工呼吸分为口对口人工呼吸和口对鼻人工呼吸，如图 6-7 所示。

口对口人工呼吸　　　　　　　　口对鼻人工呼吸

图 6-7　人工呼吸示意图

（1）口对口人工呼吸法

① 在保证呼吸道通畅后让伤病员口部张开。

② 抢救者跪伏在伤病员的一侧，用一只手的掌根部轻按伤病员前额保持头后仰，同时用拇指和食指捏住伤病员鼻孔。

③ 抢救者深吸一口气后，张开口紧紧包绕伤病员的口部，使口、鼻均不漏气。

④ 用力快速向伤病员吹气(1 s 以上),使胸廓隆起看到伤病员胸部上升,停止吹气,让伤员被动呼出气体。

⑤ 一次吹气完毕后,口应立即与伤病员口部脱离,同时捏鼻翼的手松开(掌根部仍按压伤病员前额部),以便伤病员呼气时可同时从口和鼻孔出气,确保呼吸道通畅。

⑥ 抢救者轻轻抬起头,眼视伤病员胸部,此时伤病员胸廓应向下塌陷。然后抢救者再吸入新鲜空气,做下一次吹气。成人吹气量:800~1 000 mL。

(2)口对鼻人工呼吸法

如伤病员面部受伤妨碍进行口对口人工呼吸,此时必须将伤病员仰卧,迅速清理口腔和气道异物。将伤病员头部置于后仰位,口对鼻人工呼吸(同口对口人工呼吸)。

(3)人工呼吸的注意事项

① 每次吹气量不要过大。

② 吹气时间占呼吸周期的1/3。

③ 吹气的同时不要按压胸部。

④ 口对鼻人工呼吸时,应保证伤病员口部闭紧,抢救者的口唇包住伤员的鼻部。

⑤ 为防止交叉感染,可在伤病员口、鼻部覆盖纱布。

10．按压吹气循环

完成按压吹气 5 个循环,完成后对伤病员做进一步评估。

四、心肺复苏法的选择

(1)有心跳,无呼吸:用口对口人工呼吸法。

(2)有呼吸,无心跳:用胸外心脏按压法。

(3)呼吸、心跳全无:用胸外心脏按压与口对口人工呼吸法配合。

五、心肺复苏禁忌证

在有些条件下不适合做心肺复苏,主要如下:

(1)患者心跳、呼吸存在,因此不能进行心肺复苏。

(2)肋骨骨折、开放性胸部外伤、胸廓畸形。由于胸廓不稳定,此时做心肺复苏术会加重病情,因此属于禁忌证。

(3)血气胸、心包积液、心包填塞。若做心肺复苏术会加重病情,因此也属于心肺复苏术的禁忌证。

(4)经过心肺复苏后,患者已恢复心跳和呼吸,此时就不能再进行心肺复苏了。

(5)对于已经明确心、肺、脑等重要器官功能衰竭无法逆转者,或恶性肿瘤经判断不能存活的患者,此时已经没有意义再做心肺复苏。

边学边用

结合案例 1 和案例 2 中的问题,完成学生活动表中的活动内容,完成后可以拍照上传至网络平台。

活动描述	案例 1 问题密钥	案例 2 问题密钥	备注
请针对案例 1 和案例 2 中提到的问题完成相关内容			每个问题字数不超过 100

学生姓名： 　　　　　　　　　　　　 完成时间：

心肺骤停常发生,急救技术是保证。
评估判断要先行,复原体位记心中。
频率幅度需适当,开放气道清口腔。
人工呼吸足气量,禁忌症状莫逞强。

任务 2　止血包扎技术应用

 任务分析

创伤是当今世界各国普遍面临的一个重大安全问题。我国每年发生各类伤害约 2 亿人次,创伤致死人数占伤害死亡总人数的 9% 左右,是继恶性肿瘤、脑血管疾病、呼吸系统疾病和心血管疾病之后的第五位死亡原因。创伤发生后首要工作就是止血包扎,止血包扎可以最大限度地为院内急救赢得时间和条件,减少创伤患者的致残率和死亡率。

本任务主要介绍止血包扎的作用、重要性和操作技术,重点是能够针对不同出血部位完成止血包扎操作,难点是人体主要的血脉分布及止血的基本原理。

任务目标

知识目标

1. 理解止血包扎的重要性。

2. 熟悉人体血脉分布及止血原理。

能力目标

1. 能够正确依据伤病员不同的受伤情况和部位选择正确的止血包扎急救方法。

2. 能够针对具体伤情正确进行止血包扎操作。

素质目标

1. 培养学生爱心奉献精神和时间观念。

2. 培养学生团队意识和规范意识。

 **案例引入**

案例 1　一起无人实施创伤急救险些造成死亡的案例

某地发生一起摩托车与汽车相撞的事故。摩托车司机腿部受伤严重、血流不止,周围热心群众及时拨打了 120 急救电话,但因现场无人会止血,等 120 急救车到来时,伤者因流血过多已处于休克状态。经过医生抢救,总算保住了性命。据医生介绍,如果再晚来几分钟,就非常危险了,如果刚出事故时就能够有人采取止血措施,就不会出现这么危险的情况。

引入问题:为什么要及时止血? 小腿止血方法有哪些?

知识探索

名句赏析:"善良的行为有一种好处,就是使人的灵魂变得高尚了,并且使它可以做出更美好的行为。"在事故面前,生命脆弱,用仁爱之心帮扶他人,善莫过于此。

一、止血

微课资源

1. 止血目的和方法

在事故现场,一旦发生出血损伤,如能进行迅速而正确的急救处理,不仅对救护伤者生命、减轻痛苦和预防并发症等具有重要意义,而且可以为下一步治疗创造良好条件。

止血是现场急救者首先要掌握的一项基本技术。止血的方法有:指压止血、加压包扎止血、止血带止血、填塞止血、加垫屈肢止血。止血的要领可以概括为:压住、包住、塞住、捆住。

2. 出血量的判断

(1) 失血低于 5%(200~400 mL)时,能自行代偿,无异常表现。

(2) 失血 20%(约 800 mL)以上时,面色苍白、肢凉,脉搏增快达 100 次/min,出现轻度休克。

(3) 失血 20%~40%(800~1 600 mL)时,脉搏达 100~120 次/min 以上,出现中度休克。

(4) 失血 40%(1 600 mL)以上时,心慌、呼吸加快,脉搏血压测不到,会造成重度休克,重则可导致死亡。

3. 出血的特点

(1) 动脉出血:血液鲜红、量多,呈喷射状,短时间内大出血,可危及生命。

(2) 静脉出血:血液暗红色、量中等,呈涌出状或缓缓外流,速度稍缓慢。

(3) 毛细血管出血:血液鲜红、量少,呈水珠样流出或渗出,多能自行凝固。

出血示意图如图 6-8 所示。

4. 指压止血法

指压止血法具有简单、快速、有效的特点,适用于头颈、四肢动脉出血。人体动脉分布如图 6-9 所示。操作时要求用手指或手掌压住出血血管(动脉)的近心端,使血管被压在附近的骨块上,从而中断血流,可以达到快速止血的目的。本法只能在短时间内达到控制出血的目的,不宜久用。止血主要位置包括:颞浅动脉、面动脉、颈动脉、肱动脉、桡动脉、股动脉、足背动脉等。具体按压示意图如图 6-10 所示。

图 6-8　出血示意图

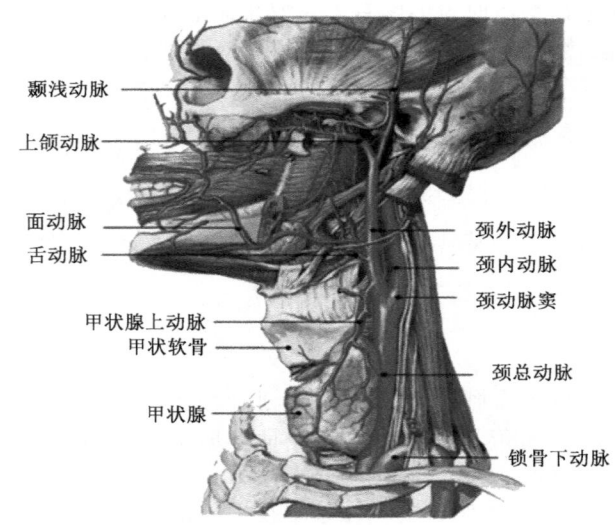

（a）头颈部动脉分布

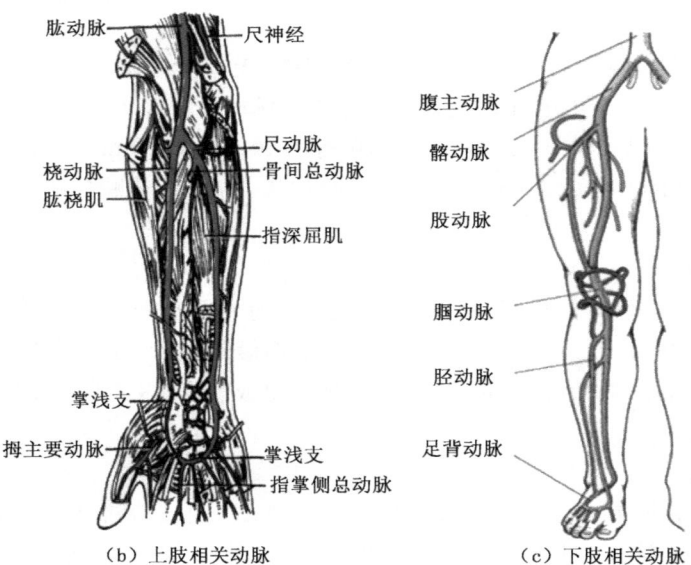

（b）上肢相关动脉　　　　　　（c）下肢相关动脉

图 6-9　人体基本动脉分布

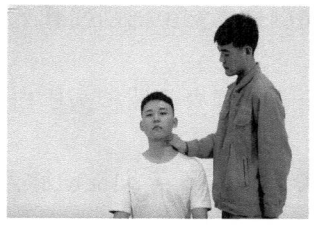

（a）颈总动脉指压止血法

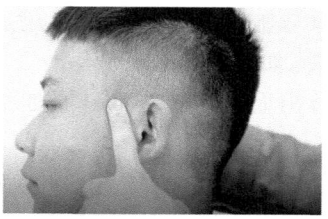

（b）颞浅动脉指压止血法

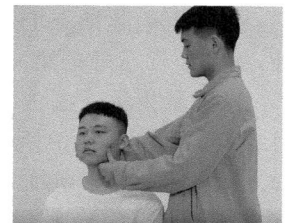

（c）面动脉指压止血法

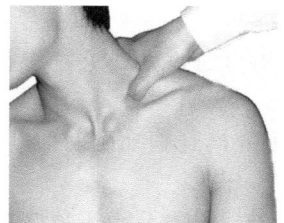

（d）锁骨下动脉指压止血法

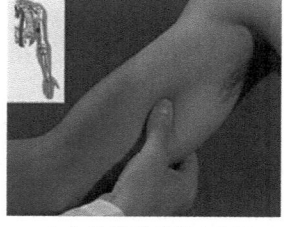

（e）肱动脉指压止血法

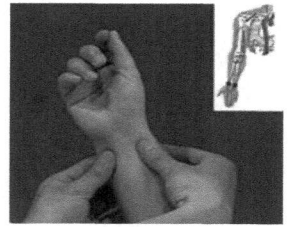

（f）尺桡动脉指压止血法

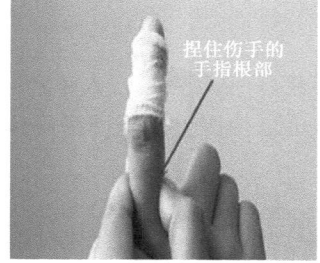

（g）指动脉指压止血法

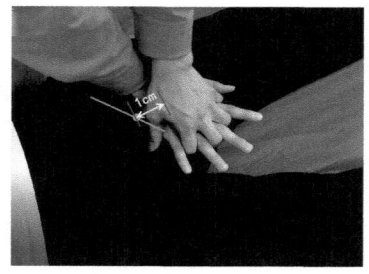

（h）股动脉指压止血法

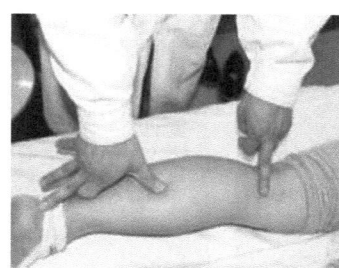

（i）腘动脉指压止血法

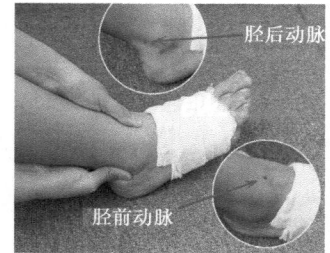

（j）胫前动脉和胫后动脉指压止血法

图 6-10　各种指压止血法

（1）颈总动脉指压止血法（头面部出血）：一侧头面部出血，可用拇指或其他四指在颈总动脉搏动处压向颈椎方向，如图 6-10（a）所示。具体位置在喉结处往一侧下滑大约 2 cm 的凹陷处。

（2）颞浅动脉指压止血法（头部出血）：一侧头顶部出血，用食指或拇指压迫同侧耳前方颞浅动脉搏动点，如图 6-10（b）所示。

（3）面动脉指压止血法（面部出血）：一侧面部出血，用食指或拇指压迫同侧面动脉搏动

处,如图 6-10(c)所示。在下颌角的前上方 1.5 cm 处

（4）锁骨下动脉指压止血法（肩腋部出血）：用食指压迫同侧锁骨窝中部的锁骨下动脉搏动处，将其压向深处的第一肋骨，如图 6-10(d)所示。

（5）肱动脉指压止血法（小臂出血）：用拇指或其余四指压迫上臂内侧肱二头肌内侧沟处的搏动点，如图 6-10(e)所示。

（6）尺桡动脉指压止血法（手部出血）：在腕部，以两手拇指同时压于尺桡动脉上，如图 6-10(f)所示。

（7）指动脉指压止血法（手指出血）：由于指动脉走行于手指的两侧，故手指出血时，应捏住指根的两侧来止血，如图 6-10(g)所示。

（8）股动脉指压止血法（大腿以下出血）：用双手拇指重叠用力压迫大腿上端腹股沟中点稍下方股动脉搏动处，如图 6-10(h)所示。

（9）腘动脉指压止血法（小腿或足部出血）：先在腘窝偏内侧处摸到腘动脉的搏动，然后用大拇指向后压向股骨头方向，如图 6-10(i)所示。

（10）胫前动脉和胫后动脉指压止血法（足部出血）：用两手指或拇指分别压迫胫前动脉和胫后动脉，如图 6-10(j)所示。

请结合指压止血要点和方法，同学之间两两一组，一人观察、一人采用模拟法进行指压止血操作。完成后将操作中存在的问题写在下面，可以拍照上传至网络平台。

---

5. 加压包扎止血法

用干净的纱布、棉垫等敷料覆盖住伤口，再用绷带加压包扎起来，其松紧程度以伤口不出血为宜，如图 6-11 所示。

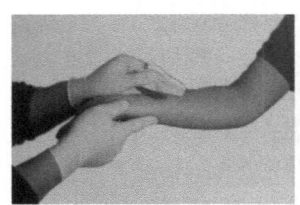 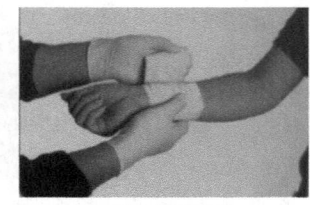 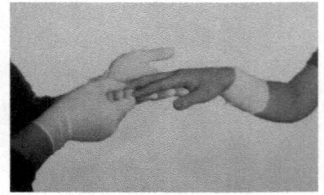

（a）辅料盖住伤口　　　　（b）绷带包扎　　　　（c）检查血液循环

图 6-11　绷带加压包扎止血

加压包扎止血法注意事项：

（1）用于静脉、小动脉及毛细血管出血时。

（2）用无菌敷料覆盖伤口，然后用纱布、绵垫放在无菌敷料上，再用绷带或三角巾加压包扎。

（3）包扎时松紧要适宜。

（4）以既能止血又不阻断肢体的血流为准。

6. 止血带法

止血带法常用于其他止血方法暂时不能控制的四肢动脉出血。常用的止血带有橡胶止血带、布条止血带等。橡胶止血带止血方法主要适用于四肢出血。小臂出血的橡胶止血带止血方法如图 6-12 所示。

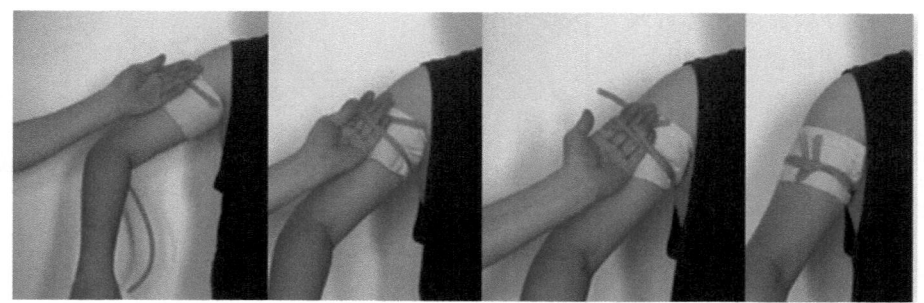

图 6-12　橡胶止血带止血

操作时掌心向上,用左手的拇指、食指、中指持止血带的头端,将长的尾端绕肢体两圈后用左手食指、中指夹住尾端后拉紧,顺着肢体用力拉下并压住"余头",以免滑脱。

止血带法注意事项:

(1)结扎止血带的时间:应越短越好,一般不应超过 1 h,最长不宜超过 3 h;若必须延长,则应每隔 1 h 左右放松 1~2 min,放松期间在伤口近心端局部加压止血。

(2)标记:使用止血带必须在伤者的体表做出明显的标记,注明止血带使用时间和部位,并严格交接班。

(3)衬垫:为避免损伤皮肤,止血带不能直接与皮肤接触,必须用纱布等物做衬垫,需平整,避免有皱褶。

(4)松紧度:上止血带的松紧要合适,以出血停止、远端摸不到动脉搏动为原则。既要达到止血的目的,又要避免造成软组织的损伤。

(5)部位:扎止血带应在伤口的近心端,并尽可能靠近伤口。上肢为上臂上 1/3,切忌扎在中部,以免损伤桡神经。下肢为大腿中下 1/3。前臂和小腿不可扎止血带,因动脉从两骨间通过,会使血流阻断不全。

(6)解除止血带:要在输液、输血和准备好有效的止血手段后缓慢松开止血带,切忌突然完全松开,并应观察是否还有出血。

现实生活中哪些物品可以充当临时止血带?

7. 填塞止血法

填塞止血法:适用于较深、较大,出血多,组织损伤严重的伤口。将消毒的纱布、棉垫、急救包填塞、压迫在创口内,外用绷带、三角巾包扎,松紧度以达到止血为宜。填塞止血法如图 6-13 所示。

8. 加垫屈肢法

（1）用于前臂和小腿的出血。

（2）在肘窝、腘窝处加垫（如一卷绷带），然后强力屈曲肘关节、膝关节,再用三角巾或绷带等缚紧固定。

（3）对已有或怀疑有骨折或关节损伤者禁用。

加垫屈肢法如图 6-14 所示。

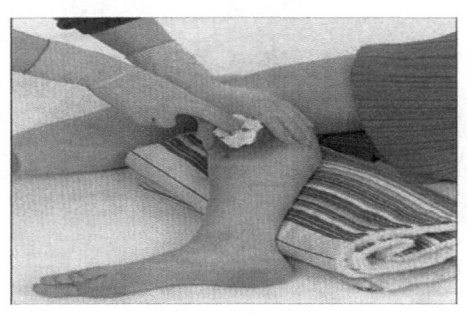

图 6-13　填塞止血法

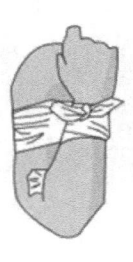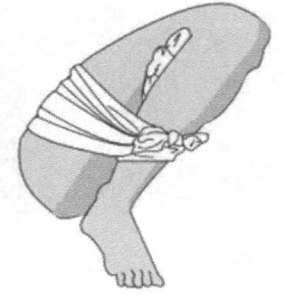

图 6-14　加垫屈肢止血法

边学边用

结合案例 1 中的问题,完成学生活动表中的活动内容,完成后可以拍照上传至网络平台。

学生活动表

活动描述	案例 1 问题密钥	备注
请针对案例 1 中提到的问题完成相关内容		字数不超过 100

学生姓名：　　　　　　　　　　　　　完成时间：

二、包扎

1. 包扎的目的

包扎可以帮助止血、保护伤口、固定敷料、防止污染、减轻疼痛、利于转运。

微课资源

2. 常用的包扎用品

常用的包扎用品有创可贴、尼龙网套、绷带、三角巾及多头带等,也可就地取材,如衣服、毛巾等。

3. 包扎具体要求

（1）迅速暴露伤口,判断伤情,采取紧急措施。

（2）妥善处理伤口,应注意消毒,防止再次污染。

（3）所用包扎材料应保持无菌,包扎伤口要全部覆盖且包全。

（4）包扎的松紧度要适当，过紧影响血液循环，过松敷料易松脱或移动。

（5）包扎打结或用别针固定的位置，应在肢体的外侧或前面，避免在伤口处或坐卧受压的地方。

（6）包扎伤口时，动作要迅速、敏捷、谨慎，不要碰撞和污染伤口，以免引起疼痛、出血或污染。

（7）根据包扎部位，选用宽度适宜的绷带和大小合适的三角巾。

（8）包扎方向为自下而上、由左向右、从远心端向近心端，以助静脉血液回流。绷带固定时的结应放在肢体的外侧面，忌在伤口上、骨隆凸处或易于受压的部位。

（9）解除绷带时，先解开固定或取下胶布，然后以两手互相传递松解。紧急时或绷带已被伤口分泌物浸透干涸时，可用剪刀剪开。

4. 绷带包扎法

常见的绷带包扎法包括环形包扎法、螺旋形包扎法、螺旋反折包扎法、"8"字形包扎法、回返包扎法等。绷带包扎法如图 6-15 所示。

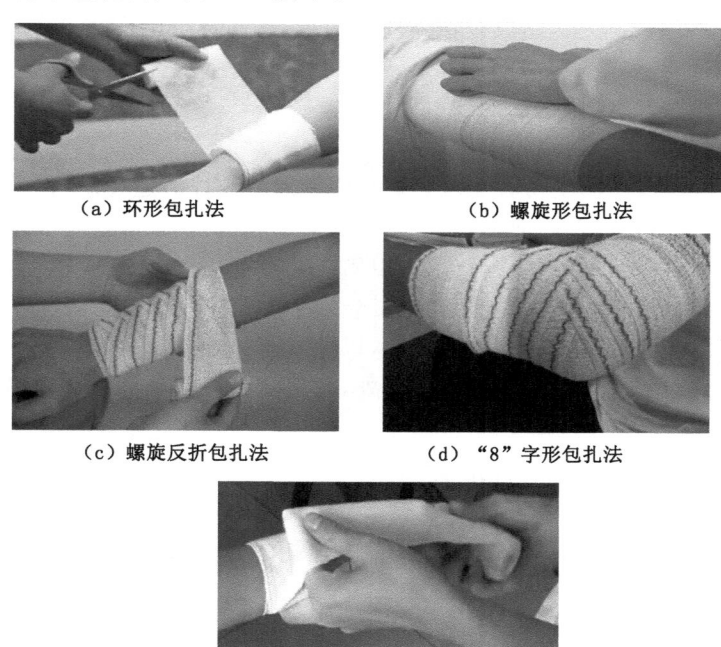

（a）环形包扎法　　　　（b）螺旋形包扎法

（c）螺旋反折包扎法　　　（d）"8"字形包扎法

（e）回返包扎法

图 6-15　绷带包扎法

（1）环形包扎法

该法是绷带包扎中最基本、最常用的方法，适用于绷带包扎开始与结束时，以及包扎颈部、腕关节、胸部、额部、手掌、脚掌、踝关节和腹部等粗细相差不大部位的伤口。将绷带做环形重叠缠绕，下圈将上圈绷带完全遮盖，最后用胶布将带尾固定或将带尾中间剪开分成两头打结固定。

（2）螺旋形包扎法

该法用于周径近似均等的部位，如上臂、手指等。从远端开始先环形包扎两周，再向近端呈 30°角螺旋形缠绕,每圈重叠前一圈 2/3,末端胶布固定。在急救缺乏绷带或暂时固定夹板时每周绷带不互相掩盖,称蛇形包扎法。

（3）螺旋反折包扎法

该法用于周径不等部位,如前臂、小腿、大腿等。开始先做两周环形包扎,再做螺旋包扎,然后以一手拇指按住卷带上面正中处,另一手将卷带自该点反折向下,盖过前圈 2/3,露出 1/3。反折完成后,形成的两条折缝排列成直线,但每次反折不应在伤口与骨隆凸处。

（4）"8"字形包扎法

该法用于肩、肘、腕、踝等关节部位的包扎和固定锁骨骨折。以肘关节为例,先在关节中部环形包扎两周,绷带先绕至关节上方,再经屈侧绕到关节下方,过肢体背侧绕至肢体屈后再绕到关节上方,如此反复,呈"8"字形连续在关节上下包扎,每圈与前一圈重叠 2/3,最后在关节上方环形包扎两圈,用胶布固定。

（5）回返包扎法

该法多用于头和断肢端。以手部包扎为例,先环形包扎两周,右手将绷带向上反折与环形包扎垂直,先覆盖残端中央,再交替覆盖左右两边,每圈覆盖上圈 1/3 到 1/2,再将绷带反折环形包扎两周固定。

（2）绷带包扎注意事项

① 伤者体位要适当。

② 伤肢搁置适当位置,使伤者在包扎过程中能保持肢体舒适,减少伤者痛苦。

③ 操作者通常站在伤者前面,以便观察伤者面部表情。

④ 包扎开始时,一般做两圈环形包扎,以固定绷带。

⑤ 包扎时要握好绷带卷,避免落下,绷带卷须平贴于包扎部位。

⑥ 包扎时每周的压力要均等,不可太轻,以免脱落;亦不可太紧,以免发生循环障碍。

⑦ 除急性出血、开放性创伤或骨折伤员外,包扎前必须使局部清洁干燥,使用纱布垫敷受伤部位。

⑧ 戒指、手表、项链等应于包扎前除去。

5．三角巾包扎法

三角巾包扎主要包括头顶帽式包扎法、单眼包扎法、双眼包扎法、单肩包扎法、双肩包扎法等。

（1）头顶帽式包扎法

将三角巾的底边叠成约两横指宽,边缘置于伤员前额齐眉,顶角向后位于脑后,三角巾的两底角经两耳上方拉向头后部交叉并压住顶角,再绕回前额相遇时打结,顶角拉紧,插入头后部交叉处内,如图 6-16 所示。

（2）单眼包扎法

将三角巾折成三指宽的带形,以上 1/3 盖住伤眼,以下 2/3 从耳下端反折绕向脑至健侧,在健侧眼上方前额处反折,转向伤侧耳上打结固定,如图 6-17 所示。

（3）双眼包扎法

将三角巾折成三指宽带形,从枕后部拉向双眼并在鼻梁上交叉,绕向枕下部打结固定,如图 6-18 所示。

（4）单肩包扎法

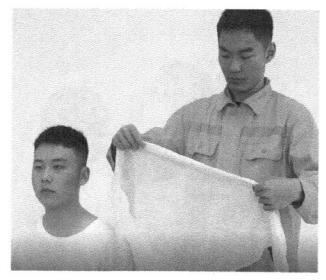
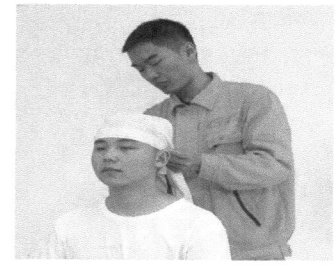

图 6-16　头顶帽式包扎法

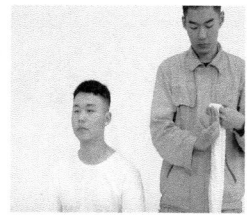
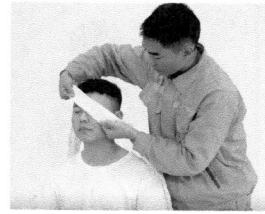
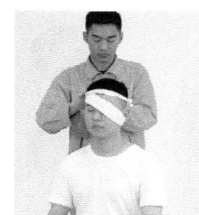

图 6-17　单眼包扎法

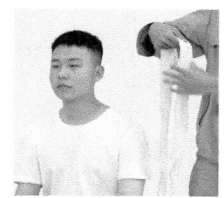
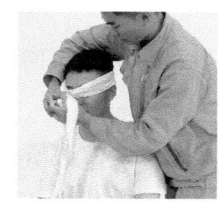
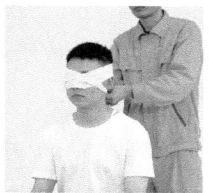

图 6-18　双眼包扎法

将三角巾折叠成燕尾式,燕尾夹角约 90°,大片在后压小片,放于肩上,燕尾夹角对准侧颈部,折角和顶角包绕上臂并打结,拉紧两燕尾角,分别经胸、背部至对侧腋后方打结,如图 6-19 所示。

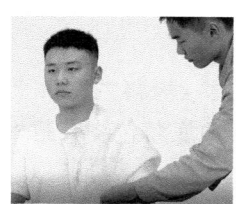
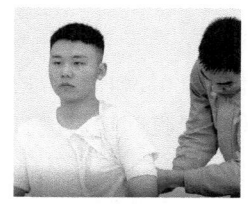
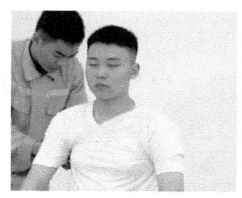

图 6-19　单肩包扎法

（5）双肩包扎法

将三角巾折叠成燕尾式,燕尾夹角约 120°,燕尾披在双肩上,燕尾夹角对准颈后正中部,燕尾角过肩,由前往后包肩于腋下,与燕尾底边打结,如图 6-20 所示。

（6）单胸包扎法

将三角巾展开,顶角放在伤侧肩上,底边向上反折置于胸部下方,并绕胸至背的侧面打结,将顶角拉紧,顶角系带穿过打结处上提,如图 6-21 所示。

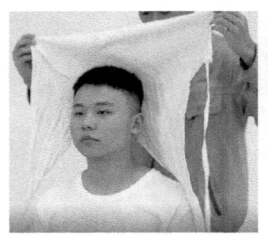
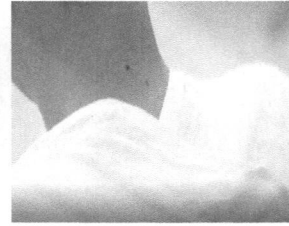
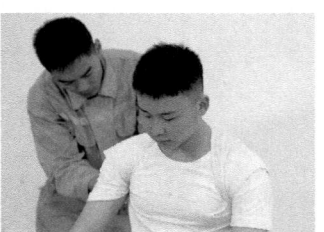

图 6-20　双肩包扎法

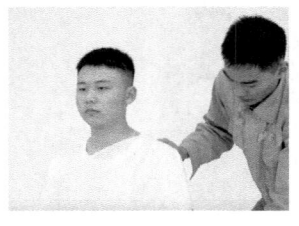
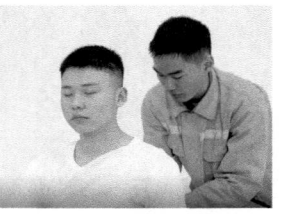
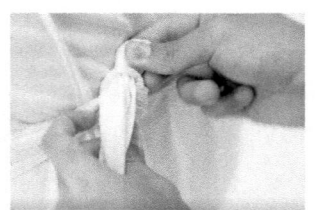

图 6-21　单胸包扎法

（7）双胸包扎法

将三角巾打成燕尾状，平放于胸部固定，两燕尾向上，在颈后打结，将顶角带子拉向对侧腋下打结固定，如图 6-22 所示。

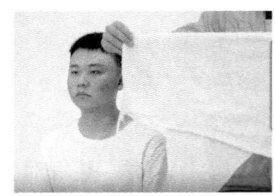
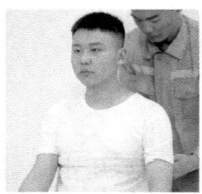
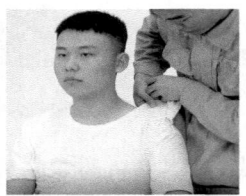
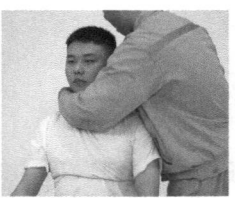

图 6-22　双胸包扎法

（8）腹部单侧包扎法

将三角巾叠成燕尾状，燕尾夹角约 60°，朝向对准外侧裤线，将三角巾大片置于伤侧腹部压住后面的小片，顶角与底边中央绕腰腹部至对侧打结，两底角包绕大腿根部并在大腿外侧打结，如图 6-23 所示。

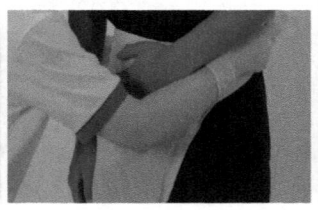
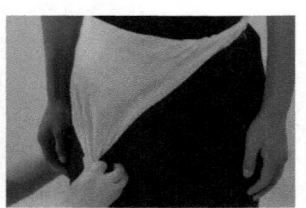

图 6-23　腹部单侧包扎法

（9）全腹部包扎法

取一块干净的敷料压在伤口上,将三角巾底边向上,顶角向下横放在腹部,顶角对准两腿之间,三角巾一侧底角穿过腰部,与另一侧底角在侧面打结,三角巾顶角由两腿间拉向臀部,于两底角连接处打活结,如图 6-24 所示。

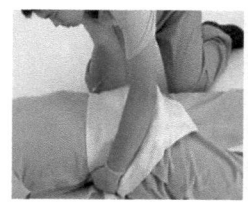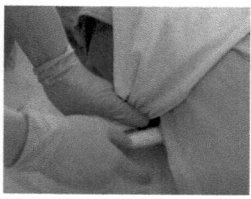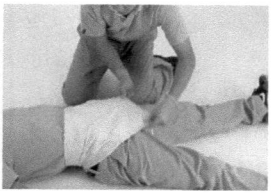

图 6-24　全腹部包扎法

（10）手部包扎法

将三角巾展开,手放在中间,中指对准顶角,把顶角上翻盖住手背,折出手形,两角在手背处交叉,围绕腕关节在手背上打结,如图 6-25 所示。

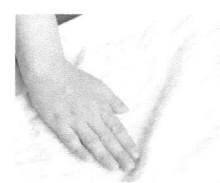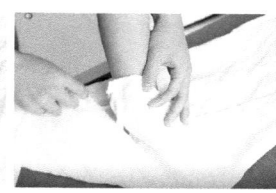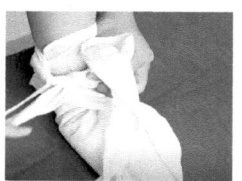

图 6-25　手部包扎法

边学边用

完成学生活动表中的活动内容,完成后可以拍照上传至网络平台。

学生活动表

活动描述	出血部位	可用的包扎方法	备注
依据所学内容,按照受伤部位,填写不同部位出血的包扎方法	手指出血		
	肘部出血		
	额头出血		
	面部出血		
	小臂出血		
	上臂出血		
	小腿出血		
	大腿出血		
	肩部出血		
	胸部出血		

学生姓名:　　　　　　　　　　　　　　　完成时间:

 点睛

事故现场多创伤，止血包扎是良方。
指压止血初期用，动脉指法记心中。
绷带包扎多类型，环形螺旋最实用。
止血包扎莫惊慌，沉着冷静效用广。

项目7　骨折固定与伤员搬运技术应用

　　骨折在生产生活中比较常见。据统计,我国每年骨折人数不少于500万次,汶川地震受伤人员中,骨折占到了一半以上。骨折发生后,如果没有采取正确的现场处置措施,轻则增加伤员痛苦,重则造成伤害加剧、耽误宝贵的救援时间。另外在事故应急救援中,受伤人员特别是骨折人员,难以正常行走,甚至出现昏迷休克情况,如何采取措施,让伤员快速摆脱险境,同时不造成二次伤害,正确的伤员搬运技术必不可缺。

　　正确的骨折固定和伤员搬运能够减轻伤员的痛苦,使伤员摆脱险境,得到及时救治。本项目主要介绍骨折固定和伤员搬运方法,通过学习使学生具备必要的骨折固定和伤员搬运技能,能够依据事故场景迅速准确地完成骨折固定和伤员搬运操作,培养学生在危险环境下沉着冷静、关爱生命、规范施救的精神品质。

任务1　骨折固定技术应用

 任务分析

　　骨折发生后做好固定是进行后续伤员搬运的基础,如果事故发生造成骨折后不进行固定而直接进行伤员搬运,轻则造成骨折加重,重则伤及内脏和神经,造成瘫痪等不可逆转的严重后果。

微课资源

　　骨折固定最常见的部位就是四肢。本任务针对各种部位特别是四肢骨折,详解介绍了骨折固定方法,具有简单适用、操作性强的特点,重点是不同部位的骨折固定方法,难点是人体的骨骼分布。

任务目标

知识目标
1. 理解骨折固定的重要性。
2. 熟悉人体的骨骼分布和骨折固定注意事项。
能力目标
1. 能够依据伤员不同的骨折情况和部位采取正确的骨折固定方法。
2. 能够协调和指挥他人协助骨折固定急救。
素质目标
1. 培养学生关爱生命、善于救死扶伤的工作作风。
2. 增强学生团队意识和时间观念。

案例引入

案例1　一起骨折后正确施救的案例

　　某企业组织人员在野外考察过程中,一名员工不小心从一处湿滑的地方摔倒,导致手背着地,小臂骨折。当时受伤员工倒在地上,无法行动,现场道路崎岖,距离大路还有一段距离,现场两名同事束手无策,立即拨打120急救电话,然后在现场等待,一名路过的人员看到后,赶紧跑了过来,马上到附近一家农民家里找了几块木板作为夹板,撕出几块布条作为绷带,到现场对伤员进行小臂骨折固定,固定完成后将伤员送至大路口待救,这时120急救车才开过来,接起伤员送到医院。

　　后来医院人员说,这次骨折固定比较及时,而且固定得当,如果等待120急救人员到现场再进行处理,通过崎岖的道路送到下面,至少还要多花20 min以上。

　　引入问题:案例中的骨折固定要领和方法是什么?

知识探索

　　名句赏析:"救死扶伤争分秒,扶危济困献爱心。"骨头支撑起了人体,如果没有它们,我们就成了一摊软肉,只能趴在地上,成了软体动物。骨折常常在事故后出现,要迅速转移伤员,必须首先进行骨折固定。

一、人体骨骼分布

　　骨头分为颅骨、上肢骨、躯干骨和下肢骨,如图7-1所示。要掌握骨折固定方法,必须首先熟悉人体的骨骼分布。

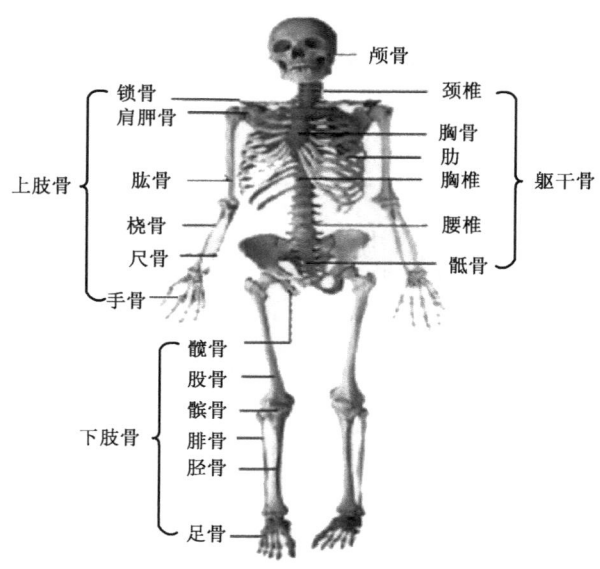

图 7-1　人体骨骼分布图

二、骨折判断

1. 骨折的特有体征

(1) 畸形:骨折段移位可使患肢外形发生改变,主要表现为缩短、成角或旋转畸形。

(2) 反常活动:正常情况下肢体不能活动的部位,骨折后出现不正常的活动。

(3) 骨擦音或骨擦感:骨折后,两骨折端相互摩擦时,可产生骨擦音或骨擦感。

2. 骨折的其他体征

(1) 疼痛与压痛:骨折处均感疼痛,在移动肢体时疼痛加剧,骨折处有直接压痛及间接叩击痛。

(2) 肿胀及瘀斑:因骨折发生后局部有出血、创伤性炎症和水肿,受伤 1～2 天后出现更为明显的肿胀,皮肤可发亮,产生张力性水泡。浅表的骨折及骨盆骨折,皮下可见淤血。

(3) 功能障碍:由于骨折失去了骨骼的支撑和杠杆作用,活动时会引起骨折部位的疼痛,使肢体活动受限。

三、骨折固定材料

骨折固定材料有木质夹板、充气夹板、钢丝夹板、负压夹板、塑料夹板。紧急情况下可就地取竹棒、木棍、树枝等进行使用。

四、骨折急救固定法

骨折固定方法很多,这里重点介绍常见的上臂骨折固定法、小臂骨折固定法、大腿骨折固定法和小腿骨折固定法。

1. 上臂骨折固定法

用两块长短、宽窄合适的有垫夹板分别放在伤臂的内外侧,屈肘 90°,用两条绑带将骨折上下部缚好,再用小悬带把前臂挂在胸前,最后用绑带或三角巾将伤臂固定于体侧,如图 7-2 所示。

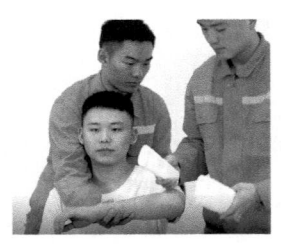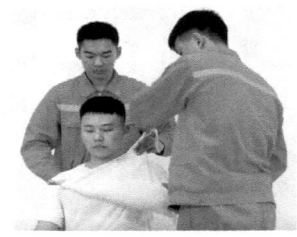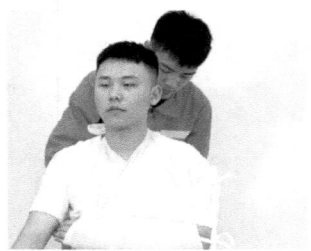

图 7-2 上臂骨折固定法

2. 小臂骨折固定法

用两块有垫夹板分别放在前臂的掌侧和背侧,在夹板和伤肢之间垫上毛巾等松软物品,用三角巾或纱布等缠绕夹板将其固定,再用大悬臂带把前臂挂在胸前,如图 7-3 所示。

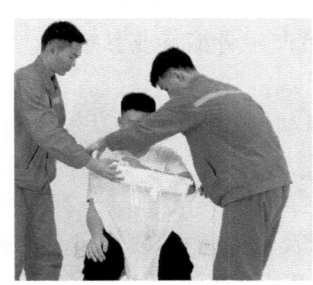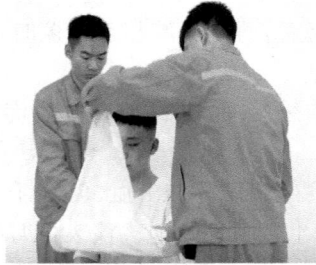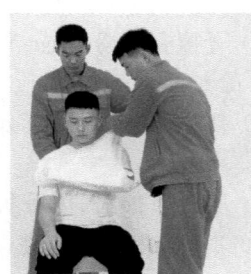

图 7-3 小臂骨折固定法

3. 大腿骨折固定法

准备 7 条绑带,分别放置在伤员腋下、腰部、髋部、骨折上端、骨折下端、膝部、踝部,准备一根长度从伤员腋下到足跟的夹板,用棉垫保护腋下,将夹板放在患肢的外侧,分别在髋关节、膝关节、踝关节骨隆凸部位放置棉垫加以保护,再将一根做好保护的夹板放置在患肢内侧,夹板长度为大腿根部到足底的距离,先固定骨折上端,再固定骨折下端,然后从上往下依次固定,绑带交叉绕过足背,推平脚底呈 90°,绑带交叉绕回到脚背打结,最后检查末梢血液循环、运动和感觉,如图 7-4 所示。

图 7-4　大腿骨折固定法

4. 小腿骨折固定法

用两块有垫夹板放在小腿的内外侧,夹板上至大腿中部、下至足部。用 5 条绑带分别固定小腿骨折的上下两端、大腿中部、膝关节、踝关节,踝关节要求"8"字形固定,如图 7-5 所示。

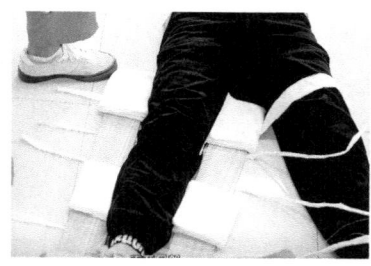 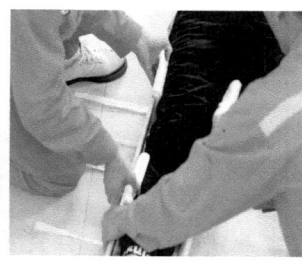 

图 7-5　小腿骨折固定法

学中思、思中学

请思考胸腰椎和颈椎骨折的固定方法? 完成学生活动表中的活动内容,完成后可以拍照上传至网络平台。

学生活动表

活动描述	胸腰椎骨折固定方法	颈椎骨折固定方法	备注
针对上面的问题完成			每个问题字数不超过 100

学生姓名:　　　　　　　　　　　　　完成时间:

五、骨折固定注意事项

(1) 防止骨折移位而损伤血管神经。

(2) 动作要轻,固定要牢,松紧适宜,要有衬垫。

(3) 开放性骨折时,不可牵拉患肢,应先进行有效止血和伤口包扎,然后固定。

(4) 固定时,应先固定骨折上端,再固定骨折下端。在夹板与骨凸处及关节处放些软垫，以免压迫过久导致皮肤坏死。

（5）伤肢固定应超过骨折上下两个关节。

（6）缠绕不要过紧。四肢固定要露出手指或足趾，以便观察血液循环情况。

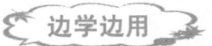

结合案例 1 中的问题，完成学生活动表中的活动内容，完成后可以拍照上传至网络平台。

学生活动表

活动描述	案例 1 问题密钥	备注
请针对案例 1 中提到的问题完成相关内容		字数不超过 100

学生姓名：　　　　　　　　　　　　　　完成时间：

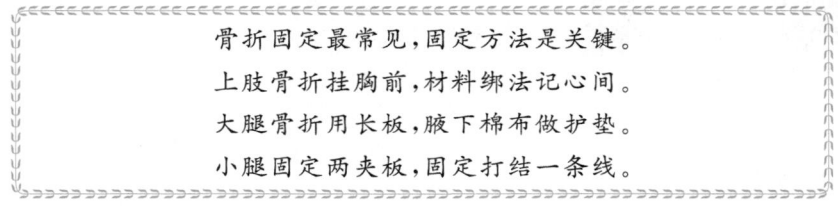

骨折固定最常见，固定方法是关键。

上肢骨折挂胸前，材料绑法记心间。

大腿骨折用长板，腋下棉布做护垫。

小腿固定两夹板，固定打结一条线。

任务 2　伤员搬运技术应用

任务分析

伤员搬运是帮助受伤人员及时脱离危险场所、减少院前等待时间、减轻伤员疼痛的重要方法。伤员搬运适用对象广泛，对于不能独立行走的人员均可采用搬运的方法进行转移。依据周围环境和具体伤情，不同的伤员搬运方法不尽相同，如果采取错误的搬运方法，将会导致二次伤害，甚至危及生命。

微课资源

本任务重点介绍各种伤员搬运方法，主要包括单人搬运法、双人搬运法、三人搬运法和担架搬运法，重点是各种搬运方法的适用条件和搬运要领，难点是各种搬运方法技术动作的准确性。

 **任务目标**

知识目标

　　1. 理解伤员搬运的重要性。

　　2. 正确阐述伤员搬运的目的、原则和注意事项。

能力目标

　　1. 能够依据伤员不同的情况和受伤部位采取正确的搬运方法。

　　2. 能够协调和指挥他人完成伤员搬运急救。

素质目标

　　1. 培养学生关爱生命、善于救死扶伤的工作作风。

　　2. 增强学生团队意识和时间观念。

案例引入

案例 1　一起搬运不当造成二次伤害的案例

　　在一起车祸中,受伤人员被甩出车外,目击者为了快速施救,立马背起伤员朝着大路跑去,一面跑一面拨通了急救电话。等到急救人员赶到后,发现伤员身体多处骨折,由于搬运方法不当导致身体内部受伤严重,最后经过抢救未能挽回伤员生命。

　　引入问题:伤员搬运要注意什么问题? 该案例中应该如何正确进行伤员搬运?

 **知识探索**

名句赏析:"巧干能捕雄狮,蛮干难捉蟋蟀。"伤员搬运讲究方式,决不能野蛮实施。

一、搬运的目的

(1) 使伤员脱离危险区,实施现场救护。

(2) 尽快使伤员获得专业医疗。

(3) 防止损伤加重。

(4) 最大限度地挽救生命,减轻伤残。

二、搬运护送原则

(1) 迅速观察受伤现场和判断伤情。

(2) 做好伤员现场救护,先救命、后治伤。

(3) 应先止血、包扎、固定后再搬运。

(4) 伤员体位要适宜。

(5) 不要无目的地移动伤员。

（6）保持脊柱及肢体在一条轴线上，防止损伤加重。

（7）动作要轻巧、迅速，避免不必要的振动。

三、搬运方法

搬运方法包括徒手搬运和器械搬运。徒手搬运又分为单人徒手搬运法、双人徒手搬运法和三人徒手搬运法。器械搬运主要指担架搬运。

1. 单人徒手搬运法

单人徒手搬运法主要包括背负法、扶行法、抱持法、拖行法、爬行法、肩扛法等。

（1）背负法

该法适用于老幼、体轻、清醒的伤员，更适用于搬运淹溺伤员。如有胸部损伤及四肢、脊柱骨折的伤员不能用此法。救护者背朝向伤员蹲下，让伤员将双臂从自己肩上伸到胸前，两手紧握；救护者抱其腿，慢慢站起。若伤员卧于地，不能站立，救护员可躺在伤员一侧，一手紧握伤员手，一手抱其腿，慢慢站起，如图 7-6 所示。

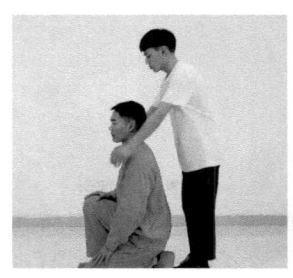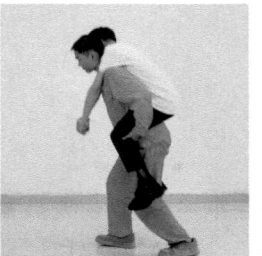

图 7-6　背负法搬运

（2）扶行法

该法适用于病情较轻、清醒、无骨折、能够站立行走的伤员。救护者站在伤者一侧，使伤员一侧上肢绕过自己的颈部，用手抓住伤员的手，另一只手绕到伤员背后，搀扶行走，如图 7-7 所示。

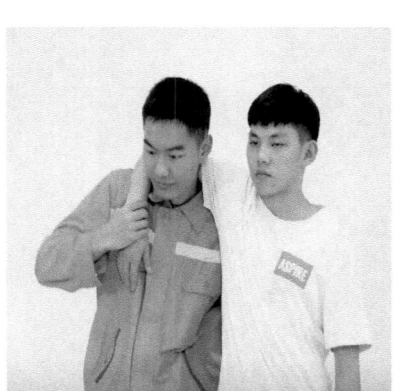

图 7-7　扶行法搬运

（3）抱持法

该法适用于年幼、体轻、无骨折、伤势不重者，是短距离搬运的最佳方法。如有脊柱或大腿骨折的伤员，则禁用此法。救护者蹲在伤员的一侧，面向伤员，一只手放在伤员的大腿下，另一只手绕到伤员的背后，然后将其轻轻抱起，如图 7-8 所示。

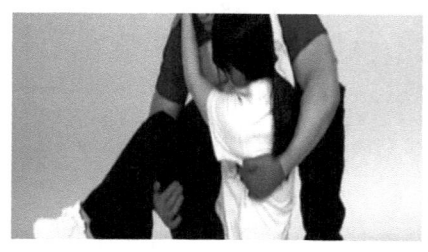

图 7-8　抱持法搬运

（4）拖行法

腋下拖行法：首先要将伤员的手臂横放在自己胸前，然后将自己双臂放在伤员的腋下，用双手抓紧伤员的对侧手臂，将伤员缓慢向后拖行，如图 7-9 所示。

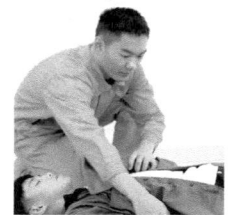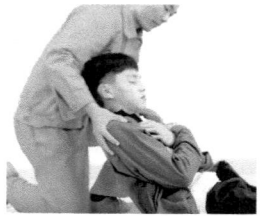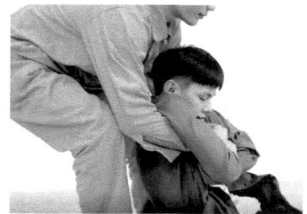

图 7-9　腋下拖行法搬运

衣服拖行法：将伤员外衣解开，衣服从背后反折，中间段拖住伤员的颈部和头后部，然后抓住垫于伤员头后部的衣服，缓慢向后拖行，如图 7-10 所示。

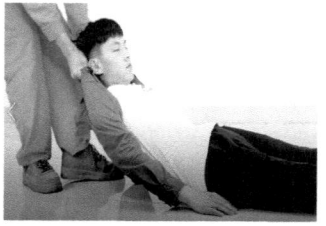

图 7-10　衣服拖行法搬运

（5）爬行法

该法适应用于伤员丧失意识、空间狭小或有浓烟且伤员两侧上肢没有受伤的情况下搬运伤员。首先要用三角巾或宽布条等将伤员两只手的手腕部绑起来，绑扎完毕后，救护人员跨于伤员的两侧，将伤员手部绑扎部位套住救护人员的颈部，接下来将伤员抬起，救护人员的手要扶着伤员的颈部，用爬行的方法搬运伤员，如图 7-11 所示。

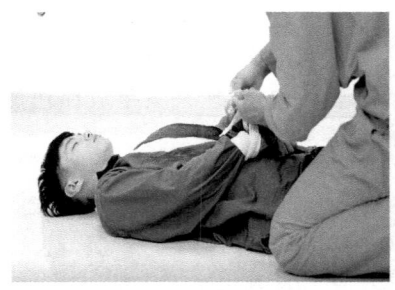

图 7-11　爬行法搬运

（6）肩扛法

该法适用于意识不清、需要快速搬运的伤员。施救者背朝上，在伤员头部处左膝跪地，将双手伸入伤员两腋下，双手抚其背部，挺身起立使其上身靠于左肩并骑坐在施救者的左大腿上。施救者上体前倾，右手握住伤员左手腕向前拉紧，左手从其两腿之间穿过，并抱住左大腿，两腿同时用力，直体起立，如图 7-12 所示。

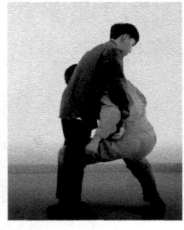

图 7-12　肩扛法搬运

边学边用

两人一组，一人扮演伤员，一人扮演急救人员，任选一种单人搬运法进行搬运操作，完成后互换，最后把搬运的感受写在下面，可以拍照上传至网络平台。

2．双人徒手搬运

（1）杠桥式

该法需要两名救护人员，适用于意识清醒、活动不方便的伤员。两名救护人员面对面站立于伤员后方，单膝跪立于地面，救护人员右手要扶着自己的左手腕，用自己的左手再扶着对方的右手腕，这样就构成了一个杠桥，这个时候伤员就可坐于杠桥的上方，两手扶着救护人员的颈部，然后救护人员将伤员抬起进行搬运，如图 7-13 所示。

（2）座椅式

该法适用于体弱而清醒的一般伤员。两名救护人员面对面站立，各自伸出相对的一只手，互相握紧对方的手腕，然后蹲下，让伤员坐到相互握紧的两手上，其余的手在伤员背后交叉，抓住伤员的腰带，同时站立，行走时同时迈出外侧的腿，步调一致，具体如图 7-14 所示。

（3）拉车式

 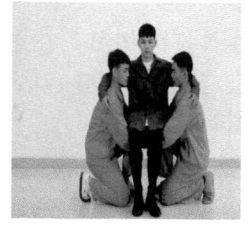 

图 7-13　杠桥式搬运

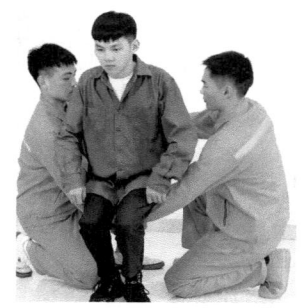 

图 7-14　座椅式搬运

　　该法适用于意识不清的一般伤员。两名救护人员，一人站在伤员的头部，两手从伤员腋下插入，把伤员两前臂交叉于胸前，再抓住伤员的前臂，把伤员抱在怀里；另一人在伤员的一侧蹲下，将伤员的两足交叉，用双手握紧伤员的踝部。然后两人同时站起，一前一后行走，或者另一名救护人员蹲在伤员两腿中间，双手握紧伤员的膝关节下方，两名救护人员同时站起，一前一后步调一致行走，如图 7-15 所示。

 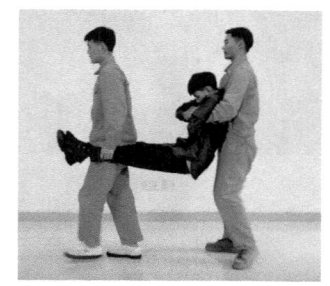

图 7-15　拉车式搬运

　　还有哪些双人徒手搬运的方法？进行简单分享，完成后可以拍照上传至网络平台。

3．三人搬运法

该法适用于各种伤员，特别是脊柱骨折的伤员。三名救护人员站在伤员未受伤的一侧，同时单膝跪地，分别抱住伤员的头、颈、肩、背、臀、膝、踝部，同时站立，抬起伤员，齐步前进，以保持伤员躯干不被扭转或弯曲，如图7-16所示。

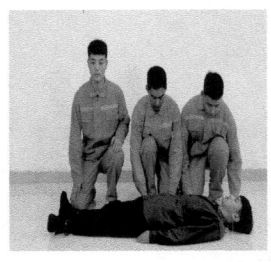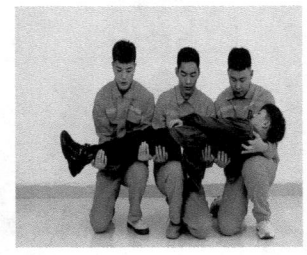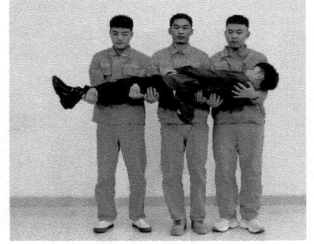

图7-16　三人徒手搬运法

4．担架搬运

脊柱骨折、下肢骨折、危重的伤员在有条件的情况下应采用担架、脊椎板、木板等进行搬运，可以减少伤员的痛苦，防止再次损伤。

采用三人徒手搬运法将伤员抬起后放到担架上，伤员的脚在前、头在后，以便于观察。抬起时先抬头、后抬脚，放下时先放脚、后放头，步调一致，平稳前进。向高处（如上台阶、上桥）抬时，伤员头朝前、足朝后，或前面的人放低、后面的要抬高，以使伤员保持水平状态；下台阶时则相反，如图7-17所示。

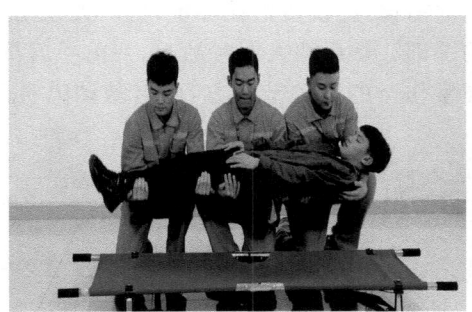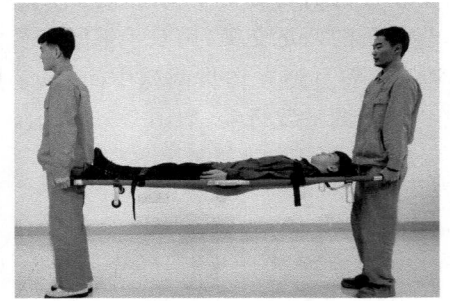

图7-17　担架搬运

四、伤员搬运注意事项

（1）昏迷伤员要注意保持呼吸道通畅，防止窒息。

（2）颈椎伤应有人协助牵引、固定伤员头部。

（3）脊髓伤要避免伤员身体弯曲、扭转。

（4）担架搬运时应平抬平放，并宜用平板担架和仰卧姿势。

（5）搬运过程中要时刻注意伤员伤情的变化，并随时调整止血带和固定物的松紧度，防止皮肤压伤和缺血坏死。如发现伤员出现面色苍白、头昏、眼花、血压脉搏减弱、恶心、呕吐、烦躁不安等症状，应暂停转送，就地实施抢救。

边学边用

结合案例 1 中的问题,完成学生活动表中的活动内容,完成后可以拍照上传至网络平台。

学生活动表

活动描述	案例 1 问题密钥	备注
请针对案例 1 中提到的问题完成相关内容		字数不超过 100

学生姓名:　　　　　　　　　　完成时间:

点睛

> 伤员搬运用途广,背负抱拖把肩扛。
>
> 杠桥座椅伤者醒,拉车用在意识丧。
>
> 三人搬运协调忙,如有器械优先上。
>
> 搬运细节细思量,救死扶伤本领强。

模块4
事故初期处置与避险

项目 8　简单事故初期处置

　　生产和生活过程中经常会出现一些小事故,这些事故成因和处置相对简单,不易形成群死群伤现象,但却比较常见,总体伤亡人数总量仍然较大,并且很容易造成二次事故,如触电、淹溺、灼烫等事故。这些事故重点是以抢救人员生命为主,核心内容属于现场急救。事故发生后,如果能够妥善处理、妥善施救,能很大限度地挽救生命,这些事故现场处置技术值得全民普及。

　　通过本项目学习,学生在遇到这些常见事故时,能够沉着应对、争分夺秒、科学施救,最大限度地降低事故伤害和挽救生命,做好排险解患工作。

任务 1　触电事故初期处置

 任务分析

　　电能是国民经济各部门和人民生活中应用最普遍的能源之一,在当今社会中,人类已经无法离开电能,在电能给人类带来方便、带来财富的同时,由于用电不当导致的触电事故触目惊心。在每年的安全生产事故统计中可以发现,触电事故造成的死亡人数占据非常大的比例。

微课资源

　　触电事故发生后,现场处置尤其重要,很多人的生命由于处置得当而被挽回,因处置不当而导致的二次触电事故也时有发生。触电事故发生后,如何正确施救,成为应急救援工作亟须解决的问题。

　　本任务主要介绍触电急救的基本知识和处理技能,重点是触电事故发生后的现场处置程序和措施,难点是触电事故发生后正确引导现场人员施救。

 任务目标

知识目标
　　1. 了解触电事故特点和类别。
　　2. 熟悉触电事故发生后的现场急救程序和措施。
能力目标
　　1. 能够依据不同场景,选择正确的触电处理方法。
　　2. 具备触电事故发生后正确引导现场人员施救的能力。
素质目标
　　1. 培养学生遇到事故勇敢应对、尊重科学的品质。
　　2. 培养学生团队意识和争分夺秒的时间观念。

 案例引入

案例 1　一起触电事故现场急救得当的案例

　　某建筑工地,工人们正在进行水泥圈梁的浇筑。突然,搅拌机附近有人大喊:"有人触电了。"只见在搅拌机进料斗旁边的一辆铁制手推车上趴着一个人,地上还躺着一个人,当人们把搅拌机附近的电源开关断开后,看到趴在手推车上的那个人的手心和脚心穿孔出血,并已经死亡,年仅 17 岁。与此同时,人们对躺在地上的那个人进行心肺复苏,他的神志开始慢慢恢复。

　　引入问题:如果你遇到这种场景,如何判断事故现场情况? 如何实施现场处置?

案例 2　一起因施救不当而造成触电事故扩大的案例

　　某市郊电杆上的照明电线被风刮断掉在水田中,一小学生把一群鸭子赶进水田,当鸭子游到落水的断线附近时,鸭子一只只死去,小学生便下田去拾死鸭子,未跨几步便被电击倒。爷爷赶到田边急忙跳入水田中拉孙子,也被击倒。小学生的父亲闻讯赶到,见鸭死人倒,又下田抢救也被电击倒,一家三代均死在水田中。

　　引入问题:如果你是现场目击者,如何正确判断这种情况的危险? 如何实施现场处置?

知识探索

　　名句赏析:"知者不惑,仁者不忧,勇者不惧。"遇到触电事故,要勇敢面对,懂得方式方法,方能妥善处理。

　　触电是人体触及带电体、带电体与人体之间电弧放电时,电流经过人体流入大地或是进入其他导体构成回路的现象。

一、触电事故分类

触电事故具体分类如图 8-1 所示。

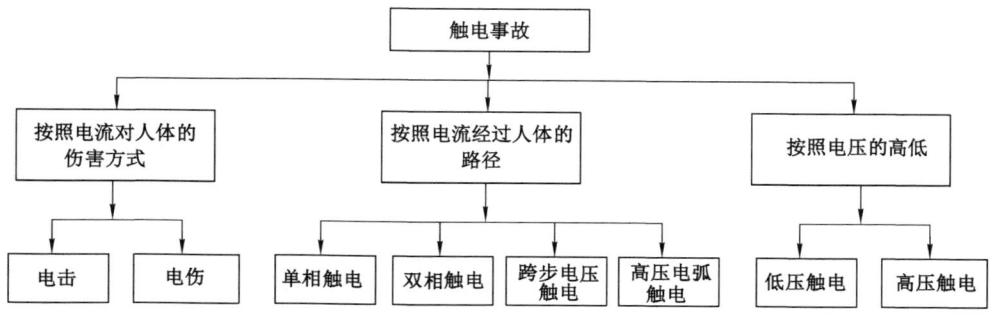

图 8-1　触电事故分类图

1. 电击

电击是指电流通过人体时,使内部组织受到较为严重的损伤。电击伤会使人感觉全身发热、发麻,肌肉发生不由自主抽搐,逐渐失去知觉,如果电流继续通过人体,将会使得触电者心脏、呼吸机能和神经系统受伤,直到呼吸、心跳停止。

2. 电伤

电伤是指电流对人体外部造成的局部损伤。电伤从外观看一般有电弧烧伤、电的烙印和融化的金属渗入皮肤(称皮肤金属化)等伤害。总之,当人触电后,由于电流通过人体产生电弧,往往使人体烧伤,严重时甚至会造成死亡。

3. 单相触电

单相触电是指当人体接触带电设备或线路中的某一相导体时,一相电流通过人体经大地回到中性点的触电现象,如图 8-2 所示。

4. 双相触电

双相触电是指人体不同部位分别接触到同一电源的两根不同相位的相线,电流从一根相线经人体流到另一根相线的触电现象,如图 8-3 所示。

图 8-2　单相触电

图 8-3　双相触电

5. 跨步电压触电

跨步电压触电是指当有较强对地短路电流流入大地时,在接地点附近人体两脚间形成的跨步电压导致的触电,如图 8-4 所示。

6. 高压电弧触电

高压电弧触电是指人靠近高压线(高压带电体)造成弧光放电而导致的触电,如图 8-5 所示。

图 8-4　跨步电压触电　　　　　　　　图 8-5　高压电弧触电

二、电压等级的划分

电压等级一般划分为:

(1) 安全电压:通常 36 V 以下。

(2) 低压:用于配电的交流电力系统中 1 kV 及以下的电压等级。

(3) 高压:电力系统中高于 1 kV、低于 330 kV 的交流电压等级。

(4) 超高压:电力系统中 330 kV 以上,但低于 1 000 kV 的交流电压等级。

(5) 特高压:电力系统中交流 1 000 kV 及以上、直流 ±800 kV 以上的电压等级。

我国常用的电压等级:220 V、380 V、6 kV、10 kV、35 kV、110 kV、220 kV、330 kV、500 kV、1 000 kV。电力系统一般是由发电厂、输电线路、变电所、配电线路及用电设备构成。

 学中思、思中学

请分别列举 5 个以上使用 220 V 电压的设备和 380 V 电压的设备。

三、低压触电急救处理

如果是低压电源触电,实施"五字"脱离电源法,如图 8-6 所示。

(1) 拉:立即拉下附近电源开关或拔掉电源插头。

(2) 断:迅速用绝缘完好的钢丝钳或断线钳剪断电线。

(3) 挑:可用绝缘工具(如干燥的木棒等)将电线挑开。

(4) 拽:可戴上手套或手上包缠干燥的衣服等绝缘物品拖拽触电者,或用一只手将触电

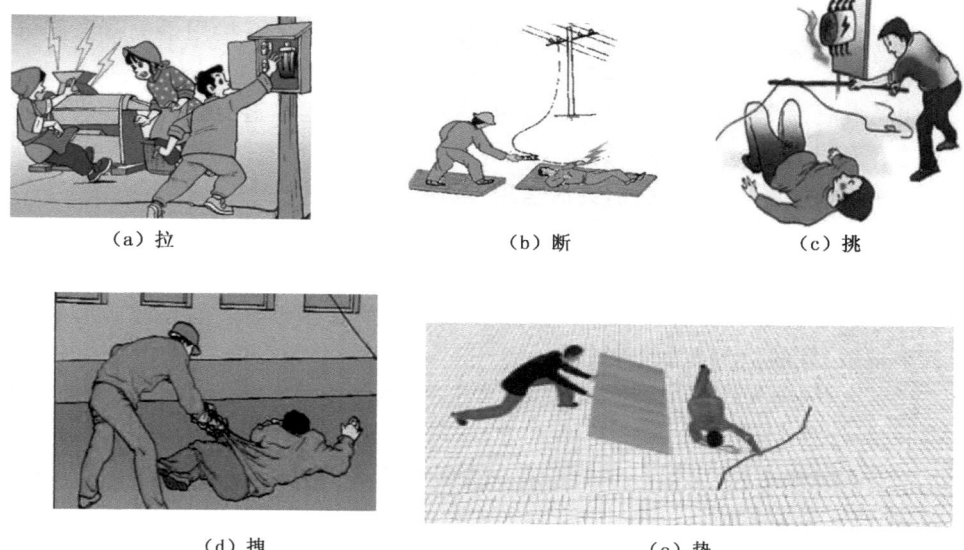

（a）拉　　　　　　　　　　（b）断　　　　　　　　　　（c）挑

（d）拽　　　　　　　　　　　　　　　　（e）垫

图 8-6　低压触电急救处理

者拖拽开来，切不可触及其身体。

（5）垫：如触电者紧握导线，可设法用干木板塞到触电者身下，使其与地面隔绝。

四、高压触电急救处置

（1）一旦不小心已步入断线落地区且感觉到有跨步电压时，应赶快把双脚并在一起或用一条腿跳着离开断线落地区；当必须进入断线落地区救人或排除故障时，应穿绝缘靴。

（2）发现高压触电事故时，应立即通知有关部门停电。

（3）救护人员可戴绝缘手套，穿绝缘靴，使用相应电压等级的绝缘工具，按顺序拉开电源开关或熔断器。

（4）如不能迅速切断电源开关，可抛掷裸金属线使线路相间短路接地，迫使断路器跳闸。抛掷之前，先将金属线的一端可靠接地，再抛掷另一端。此方法危险性高，万不得已才能使用，操作不当可导致严重触电事故。

（5）在抢救过程中，应注意安全距离。如触电者触及坠落地面的高压导线，在未确认线路无电及未采取安全措施（如穿绝缘靴等）前，不能靠近断线点 8～10 m 范围内，以防跨步电压伤人。

（6）触电者脱离带电导线后，应迅速将其带至断线点 8～10 m 外，并立即进行触电急救。

五、触电急救注意事项

（1）救护以"保护自己、救护他人"为原则，一定要有清醒的头脑，不要忙中失误，伤及救护者本人。

（2）即使触电者在平地，也要注意触电者倒下的方向，注意防摔。救护者也应注意自身在救护中的防坠落和防摔伤问题。

（3）救护者要避免碰到金属物体和触电者裸露的身躯，不要直接用手去接触触电者，应采取措施保护自己，可以站在绝缘垫或干木板上，再进行救护。

（4）如果事故发生在夜间，应设置临时照明灯，以便于抢救，避免意外事故，但不能因此延误切除电源和进行急救的时间。

（5）各种救护措施应因地制宜，灵活运用，以快为原则。

六、脱离电源后处理

当伤员脱离电源后，应立即检查全身情况，特别是呼吸和心跳。发现呼吸心跳停止时，应立即就地抢救，同时拨打急救电话求救。

（1）轻症患者，即神志清醒、呼吸心跳均存在者，将伤员摆成稳定侧卧位，防止继发休克或心衰，同时给予严密观察。

（2）呼吸心跳停止者，立即对其进行心肺复苏。有条件的尽早在现场使用 AED（自动体外除颤仪）进行心脏除颤。

（3）处理电击伤时，应注意有无其他损伤。如触电后弹离电源或自高空跌下，常并发颅脑外伤、血气胸、内脏破裂、四肢和骨盆骨折等。如有外伤、灼伤，均需同时处理。

（4）现场抢救中，不要随意移动伤员。

边学边用

结合案例 1 和案例 2 中的问题，完成学生活动表中的活动内容，完成后可以拍照上传至网络平台。

学生活动表

活动描述	案例 1 问题密钥	案例 2 问题密钥	备注
请针对案例 1 和案例 2 中提到的问题完成相关内容			每个问题字数不超过 100
学生姓名：		完成时间：	

 **点睛**

> 触电最常见，防护保安全。
>
> 低压莫慌乱，拉断挑拽垫。
>
> 高压救援难，绝缘最关键。
>
> 急救重如山，处理不能断。

任务 2　淹溺事故初期处置

任务分析

据我国卫生部门统计，全国每年有几万人死于淹溺，每年儿童淹溺死亡人数占总淹溺死亡人数的 50％以上，而且淹溺死亡的男性高于女性、农村高于城市。淹溺的进程很快，若抢救不及时，一般 4～6 min 即可呼吸心跳停止死亡。研究指出，淹溺者淹溺 6～9 min 死亡率达到 65％，超过 25 min 则达 100％死亡。但是，若在 1～2 min 内得到正确救护，挽救成功率可以达到 100％。因此，淹溺急救必须分秒必争！如何正确自救、互救成了非常紧迫的话题。

微课资源

企业生产经营活动中同样存在淹溺事故的威胁。淹溺后，现场急救处置不当常常会导致事故扩大，处理得当则能很大限度地挽救生命。淹溺发生后，淹溺者如何自救，现场目击者如何实施有效救援，成了生产和生活过程中安全技术人员、救援人员以及普通大众都应该具备的一项技能。

本任务主要介绍淹溺事故的自救、互救等初期处置方法，重点是淹溺事故初期处置的操作方法和技术，难点是引导他人正确参与淹溺事故初期处置。

任务目标

> 知识目标
> 　1. 熟悉淹溺事故种类。
> 　2. 熟悉淹溺事故自救、互救方法。
>
> 能力目标
> 　1. 能够依据不同环境条件采取不同的淹溺处置措施。
> 　2. 能够引导他人正确参与淹溺事故救援。
>
> 素质目标
> 　1. 培养学生遇到事故勇敢应对、尊重科学的品质。
> 　2. 培养学生团队意识和争分夺秒的时间观念。

案例引入

案例 1　一起因施救不当而造成严重后果的事故案例

在某工厂上班的两父子放假后到一处河边游玩，20 多岁的儿子到河堤斜坡处嬉水，不小心滑落水中，父亲见状，出于本能跳入水中施救，施救过程中儿子抓住了父亲的双臂，导致父亲无法开展救援，结果二人都沉入河底，双双遇难。

引入问题：如果你遇到上述情景，如何开展急救工作？

案例 2　一起未有效施救而导致溺亡的事故案例

两名学生河边钓鱼，一名学生不小心失足落水，另一名同伴发现后观察许久，然后才将鱼竿扔下，并做出教淹溺者游泳等动作，没想到落水男子越游越远，这个时候附近有人发现情况迅速聚集过来帮忙，人群中一名男子跳进河里搜寻，可是落水者已经不见踪影，最后经过专业人员搜救，当天下午找到了落水男子，但已无生命特征。

引入问题：淹溺现场，淹溺者应该如何做？案例中的现场施救有何不妥之处？如果你是淹溺者的同伴，遇到同伴落水应该如何施救？

 知识探索

名句赏析："善游者溺，善骑者堕。"淹溺事故发生后，总是有很多施救者以为游泳水平高，盲目下水，造成事故扩大。

一、淹溺概念与分类

1. 淹溺事故概念

淹溺是指人淹没于水中或者其他液体中，水、泥沙、杂草等堵塞呼吸道或因反射性喉、气管、支气管痉挛引起通气障碍而窒息，导致机体缺氧和二氧化碳潴留危机状况。

2. 淹溺事故分类

淹溺事故分类如图 8-7 所示。

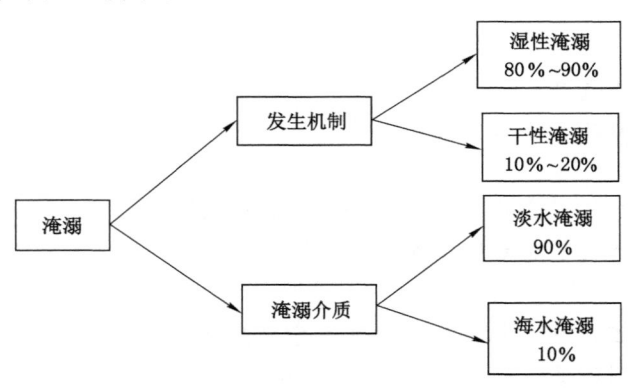

图 8-7　淹溺事故分类

（1）湿性淹溺

发生淹溺后，因惊慌、恐惧或骤然寒冷等强烈刺激，人体会本能地屏气，以避免水进入呼吸道。不久，因缺氧不能继续屏气，水随着吸气而大量进入呼吸道和肺泡，阻滞了气体交换，引起严重缺氧、二氧化碳潴留及代谢性酸中毒。

（2）干性淹溺

人入水后，因受强烈的刺激（惊慌、恐惧、骤然寒冷等）引起喉、气管、支气管痉挛，以致呼吸道完全梗阻，导致窒息死亡，呼吸道和肺泡很少或者无水吸入，当喉头水肿时，心脏可反射

性地停搏。

（3）淡水淹溺

当淡水进入呼吸道和肺泡后影响通气和气体交换，损伤气管、支气管、肺泡壁的上皮细胞，并使肺泡表面的活性物质减少，引起肺泡塌陷，进一步阻滞气体交换，造成严重缺氧。淡水渗入肺毛细血管后进入血液循环，血容量剧增，可引起肺水肿和心力衰竭，并使红细胞肿胀、破裂，发生溶血，随红细胞破裂大量钾离子和血红蛋白释出进入血浆，造成高钾血症和血红蛋白症。过量的血红蛋白会堵塞肾小管，引起急性肾衰竭，而高钾血症可使心脏骤停。淡水进入血液循环稀释血液，还可出现低钠血症、低氯血症和低蛋白血症。

（4）海水淹溺

海水对呼吸道和肺泡有化学刺激作用，肺泡上皮细胞和肺毛细血管内皮细胞受海水损伤后，大量蛋白质及水分向肺间质和肺泡腔内渗出，引起非心源性肺水肿。出现不同程度的低氧血症，而致心力衰竭并死亡。由于体液从血管内进入肺泡，可出现血液浓缩、血容量下降、低蛋白血症、高钠血症、高钙血症、高镁血症。高镁血症可使心率缓慢、心律失常、传导阻滞，甚至心脏停搏，还可抑制中枢和周围神经、扩张血管和降低血压。

二、淹溺自救

1. 一般自救方法

淹溺后本能反应是直立挣扎、上下扑腾，这种姿势会消耗大量体力，更容易使人下沉。淹溺后一定要屏住呼吸，放松全身，去除身上的重物，同时要睁开眼睛观察周围情况。如果身体沉入水中一定深度，多数情况下，没有负重的人体就会停止下沉并自然向上浮起。下面介绍三种主要的淹溺自救方法。

（1）抱膝式自救

人沉入水中后，保持冷静，双手抱于膝盖，人体会慢慢上浮，当浮于水面时，用力向下推水，采取一次换气，然后又下沉，如此循环往复，这种方式可以大大延长自救时间，如图 8-8 所示。

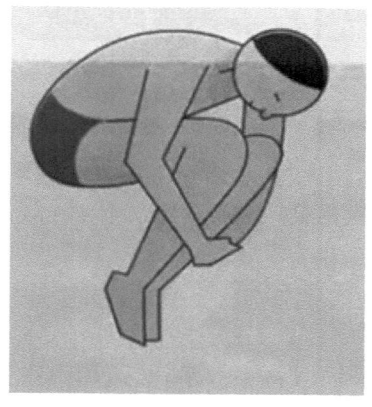

图 8-8　抱膝式自救

（2）仰漂式自救

实践证明，淹溺后保持直立需要的支撑力是保持仰漂的 3 倍以上，说明仰漂需要更小的力,为救援赢得更长时间。具体方法是:一旦身体停止下沉并上浮时,落水者应立即双臂掌心向下,从身体两边像鸟飞一样顺势向下划水。注意划水节奏,向下划要快,抬上臂要慢;同时双脚像爬楼梯那样用力交替向下蹬水,或膝盖回弯,用脚背反复交替向下踢水,这样就会加速自身上浮。当身体上浮时采取头向后仰、面向上方的姿势,只将口、鼻露出水面,一经露面,立即进行呼吸,同时大声呼救。当再次下沉时闭上嘴巴,鼻子出气,微微推水,等待上浮。

注意:浮起来后全身放松,头部慢慢后仰,调整呼吸节奏,吸入的气体进入胸腔,胸腔充满空气,可以带动身体上浮,如图 8-9 所示。

图 8-9　仰漂式自救

（3）触底法自救

如果在水深 2～3 m 的游泳池或在底部坚硬的水域或河床发生淹溺,由于底部坚硬,落水者可在触底时用脚蹬地加速上浮,浮出水面立即呼救,注意当口、鼻露出水面时,马上吸气,不要害怕再次下沉,如此反复,坚持到救援人员到来,如图 8-10 所示。

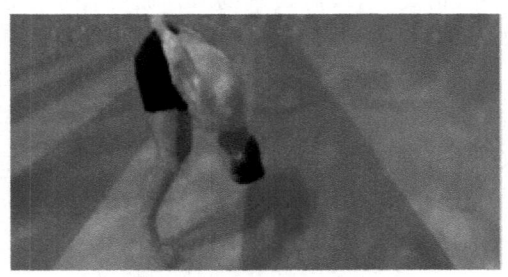

图 8-10　触底法自救

你认为哪种淹溺自救方法应用最广、最好用,为什么?

2. 淹溺后的抽筋处理

（1）手指抽筋:可按摩患处,同时将手握拳,然后用力张开,迅速反复多做几次,直到抽筋停止。

（2）脚趾抽筋:先深呼吸后屏气,不要在乎身体下沉,抓住抽筋的脚趾,用手将脚趾向抽筋的反方向伸展,即可缓解症状。

（3）小腿肚抽筋:先深呼吸后屏气,用抽筋肢体对侧的手握住抽筋肢体的脚趾,并用力向身体方向拉,同时用同侧的手掌压在抽筋肢体的膝盖上,帮助抽筋腿伸直。大腿抽筋可同样采用拉长抽筋肌肉的办法处理,然后迅速划水、上浮、呼吸。

（4）腹部抽筋:应反复鼓肚子,同时用手用力按摩局部。

（5）反复抽筋:一次发作缓解之后,同一部位可能再次抽筋,故应再次采用相同方法处理,同时对疼痛处要充分按摩并慢慢向岸上游去,上岸后最好再次按摩和热敷患处,也可喝热饮料缓解。

边学边用

结合上述抽筋处理方法,完成学生活动表中的活动内容,完成后可以拍照上传至网络平台。

学生活动表

活动描述	完成情况自评	备注
请依据所学抽筋处理方法进行练习		字数不超过 100

学生姓名:　　　　　　　　　　完成时间:

3. 呛水自救方法

呛水是指吸气时不慎将水吸入气管内。发生呛水时应保持冷静,应时刻知道自己的口、鼻是否在水面之上,以避免在呛咳时再次吸入水。此时应克制咳嗽感,先在水面上闭气静卧片刻,再把头抬出水面咳嗽,调整呼吸动作,待气管内的水分被排除后呼吸就会恢复正常。

4. 水草缠绕自救法

被水草或水下杂物缠住时最重要的就是冷静,应深吸气后屏气钻入水中,睁眼观察被缠绕处,同时用双手帮助慢慢解脱缠绕,切勿挣扎,否则越挣越紧。此时还要特别注意全身放松,放松后身体需氧量减少,能延长水下耐受时间。

5. 遇到漩涡自救方法

由于漩涡多是障碍物造成,故接近障碍物(如水坝、河道突然变窄等)时应非常小心。如果已经接近漩涡,应立刻放平身体俯卧于水面上,沿着漩涡边用爬泳的方法借力顺势快速摆脱漩涡。由于漩涡边缘处吸引力较弱,不容易卷入面积较大的物体,所以身体必须平卧在水面上,切不可直立踩水或潜入水中。如果不慎已经进入漩涡并被拽入水下,则应立即屏气,然后尽量蜷缩身体,双手抱头,尽可能避免要害部位撞在障碍物上。当旋涡解除后,立即在水下睁眼观察周围情况,并迅速划水使自己上浮。

三、淹溺互救

互救是指遇到有人淹溺,现场人员进行的救助。互救首先要强调施救者的自我保护意识,否则非但救不了人,还有可能把自己的生命葬送。遇到有人淹溺,首先要尽快呼叫他人帮助,呼唤多人参与,提高救援的安全性。除非万不得已,应尽量避免单人施救,尤其应避免单人独自下水施救，以免发生不测时无人帮助。不要盲目下水，因为水情不同，水下可能有很多未知因素，故即使是会游泳者甚至是游泳健将也不要盲目下水。具体救援方法如下。

1. 伸手救援

如图 8-11 所示，其操作方法及注意要点为：救援者首先侧身站在较稳固的平面坚固物体上，并且确认自己站稳后方可救援，特别要避免正向面对落水者，同时要防止脚下可能发生的打滑现象，以免被落水者拽入水中。当牢固抓住落水者后，救援者要缓缓回拽，千万不要动作生猛，以免造成伤害。提拉落水者时，救援者务必尽量降低自己的体位，重心向后、向下，最好趴在地上或能用另一只手抓住稳固的物体（如坚固的石头、树枝等），确认自己站稳后方可伸出手让落水者握住，然后将其拉出。如果距离稍远，伸手达不到时，可用脚去施救，如此可增加施救的距离。一旦确认落水者牢牢抓住救援者脚部时，立刻将其拖回岸边。

图 8-11　伸手救援

2. 借物救援

该法是借助某些物品（如木棍等）把落水者拉出水面的方法，适用于救援者距落水者的距离较近（数米之内）且落水者还清醒的情况。其操作方法及注意要点为：救援者应尽量站在远离水面同时又能够到落水者的地方，将可延长距离的营救物（如树枝、木棍、竹竿等）送至落水者前方。在确认落水者已经牢牢握住延长物时，救援者方可拽拉落水者。其姿势与伸手救援法一样，如图 8-12 所示。

图 8-12　借物救援

3. 抛物救援

该法指向落水者抛投绳索及漂浮物（如救生圈、救生衣、救生浮标、木板、圆木、汽车内胎等)的营救方法,适用于落水者与营救者距离较远且无法接近落水者,同时落水者还处在清醒状态的情况。其操作方法及注意要点为:抛投绳索前要在绳索前端系有重物,如可将绳索前端打结或将衣服浸湿叠成团状捆于绳索前端,这样利于投掷。抛投物应抛至落水者前方,所有的抛投物均最好有绳索与救援者相连,这样有利于尽快把落水者救出。此时救援者也应注意降低体位,重心向后,站稳脚跟,以免被落水者拽入水中,如图 8-13 所示。

图 8-13　抛物救援

4. 划船救援

该法指运用救生船划到落水者身边的救援,适用于宽阔水域的淹溺并且有船,而且最好由受过专业训练的救援者参与营救。此时要注意营救船只必须具有一定的规模,如是小舢板或小型橡皮艇等极小型船只,救援者必须受过专业训练,否则在拖拉落水者时容易导致翻船,酿成更大的事故。如果营救船只小且水温不低时,可让落水者不必上船而抓住船帮,然后救援者划船回岸即可,如图 8-14 所示。

图 8-14　划船救援

5. 游泳救援

游泳救援也称为下水救援,这是最危险的救援方法。如图 8-15 所示,其操作方法及注意要点为:救援者要评估自己的体力及身体情况,千万不要勉强下水救人,否则会造成双重的不幸。最好有两人或三人同时下水营救,这样既可以在水中相互帮助,又能降低救援危险。下水救援者必须具备熟练的游泳技术,并应尽可能脱去衣、裤、鞋、袜,最好携带漂浮物(如救生衣、救生圈、粗木棍等)并将其给落水者使用,这样可以增加救援的安全性,也使救援的难度降低。救援者尽量从背面接近落水者,用一只手从落水者腋下插入并握住其对侧的手,也可托住其头部,用仰泳方式将其拖向岸边。如果落水者已经下沉至水底,救援者应潜入水底接近,然后由背后拖其腋部将其带出水面。往回拖带落水者过程中的关键是尽量使其头、面部露出水面,使其尽快得到氧气供应。落水者为了求生,会拼命挣扎,见到附近的人与物会出于本能去抓抱,以达到使自己上浮呼吸的目的,而且一旦抓住任何人或物时决不放手。因此,救援者必须防止被落水者抓住,当接近落水者时,可采用阻挡防卫法,即当落水者欲抓抱时,救援者身体侧转,用单手接触落水者胸部,将其推开。如果距离岸边很近,可以抓住落水者的手腕,用侧泳的方式将其带回岸边。应在现场创造足够的后续支持条件,如增加人力以及寻找救生圈、绳索、小船、专业救援人员等。以前经常有这种情况,有人下水去救落水者,岸上一群人在围观而不去寻找救援物资,结果当救援者发生意外时却无法得到帮助,最终导致救援者在众目睽睽下遇难。还有一些情况,当把落水者从水中救上岸时才发现没有医务人员,此时再打电话呼救,白白浪费了宝贵的时间。这些情况应该避免,应尽快拨打急救电话寻求专业帮助。

图 8-15　游泳救援

边学边用

结合案例 1 和案例 2 中的问题,完成学生活动表中的活动内容,完成后可以拍照上传至网络平台。

学生活动表

活动描述	案例1问题密钥	案例2问题密钥	备注
请针对案例 1 和案例 2 中提到的问题完成相关内容			每个问题字数不超过 100

学生姓名:　　　　　　　　　　　　　　完成时间:

6. 岸上救援

(1) 如果未能实施水中生命支持,落水者被救上岸后的当务之急就是迅速进行身体情况检查,以确认落水者的状态,然后才能根据不同的情况采取相应的急救措施。

(2) 对意识丧失但有呼吸心跳的落水者除了保暖,采取的措施主要是供氧;对于呼吸微弱同时有发绀表现的落水者实施呼吸支持时,可以采取口对口人工呼吸;对呼吸正常的落水者要保持呼吸道通畅,同时应使落水者保持复原体位,这样可以防止落水者因呕吐物造成呼吸道堵塞情况的发生。

(3)无心跳和呼吸的患者应及时采取心肺复苏。

7. 心肺复苏控水

对于干性淹溺来说,患者因声门闭锁没有吸入水,因此无水可控。对于湿性淹溺来说,绝大多数的淹溺者属于低渗淹溺(淡水淹溺),这部分淹溺者即使通过呼吸道吸入了大量水,这些水分也已经进入血液循环,加之根据呼吸道体积的计算,呼吸道如果灌满水,充其量也就 150 mL,而这点水根本不值得控。我们平时控出来的水多数是胃里的水,而胃里的水不需要排出,反而控水时容易引起胃内容物反流和误吸,会堵塞呼吸道,还可能导致肺部感染。实施控水措施势必使心肺复苏的时间延后,进而使患者丧失最佳复苏时间。

但是海水淹溺还是需要首先控水的,因大量海水存在于患者的呼吸系统不但不利于复苏,还能造成肺组织伤害,应该将其排出;而淡水淹溺则无须控水,应该争分夺秒地展开心肺复苏。

> 淹溺事故莫慌张,自救互救是保障。
> 手脚并用先往上,身体上浮头后仰。
> 下水单干莫逞强,权衡利弊选真方。
> 岸上施救效用广,心肺复苏不白忙。

任务 3　灼烫事故初期处置

 任务分析

我国每年大约有 2 600 万人被灼烫伤,平均每天近 7 万人。生产生活中热力烧伤、火焰烧伤、各种酸碱灼伤屡见不鲜。发生灼烫事故后,延迟急救或采取错误的方法自救和互救,会严重威胁灼烫人员的生命健康。做好现场处置能够有效减少灼烫伤害,甚至挽救生命。

微课资源

灼烫事故发生后,如何正确判断严重性,如何第一时间采取正确的处理措施,是本任务主要解决的问题。灼烫事故急救技术成为生产和生活中安全技术人员、救援人员乃至普通大众都应该掌握的一项技能。

本任务主要介绍灼烫事故的特点、分类和主要处置措施,重点是灼烫事故的处置流程和措施,难点是如何引导他人正确处理灼烫事故。

 任务目标

知识目标
    1. 熟悉灼烫事故的概念分类。
    2. 理解灼烫事故处置程序。

能力目标
    1. 能够依据不同的灼烫情况采取正确的灼烫处置措施。
    2. 能够引导他人正确处理灼烫事故。

素质目标
    1. 培养学生遇到事故勇敢应对、尊重科学的品质。
    2. 培养学生团队意识和争分夺秒的时间观念。

案例引入

案例 1   一起开水烫伤处理不当而导致严重后果的案例

一个小孩不小心被开水烫伤,奶奶看见他手腕上和手面烫白了,胳膊上的皮全都掉了。情急之下,奶奶想到了用酱油涂抹缓解烫伤的土法子,并把酱油涂在了孩子的伤口上面。几经耽搁,送到医院时距烫伤时间已经过去 30 h 左右了,医生诊断为典型的三度烧伤,肢体出现坏死,错过了最佳治疗时间,造成终身残疾。

引入问题:案例中现场急救存在哪些问题? 如果你是现场目击者,如何开展现场急救?

案例 2   一起硫酸灼伤而导致严重后果的案例

电镀工人夏某为向硫酸槽中添加硫酸,便提着塑料水桶去库房取浓硫酸,她提起浓硫酸桶直接向塑料水桶中倾倒至大半桶,当她提起水桶正要出门时,盛浓硫酸的水桶突然脱钩落地,此时她感觉异常,向水桶方向猛转身想看个究竟,结果被水桶落地时溅出的大量酸液烧伤,造成脸部、前胸多处严重脱水,现场同伴由于缺乏现场急救知识,没有采取任何急救措施,后经医院检查确认为二度烧伤,住院 100 多天,留下多处疤痕,造成终身遗憾。

引入问题:遇到上述情况,如果你是第一目击者,该如何开展现场急救?

 知识探索

名句赏析:"患生于所忽,祸起于细微。"灼烫经常是小事故,但是忽略及时救治或错误处理,可能酿成大祸。

一、灼烫事故概念

灼烫事故,指强酸、强碱溅到身体引起的灼伤或因火焰引起的烧伤、高温物体引起的烫

伤、放射线引起的皮肤损伤等事故,但不包括电烧伤以及火灾事故引起的烧伤,如图 8-16 所示。

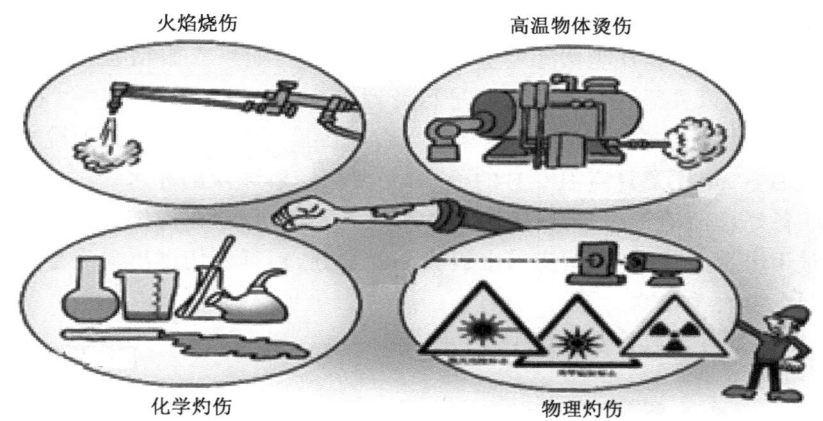

图 8-16　灼烫伤类型

二、灼烫伤分类

灼烫伤一般按照深度来分类,常用的是三度四分法,具体为:一度、浅二度、深二度、三度,如图 8-17 所示。

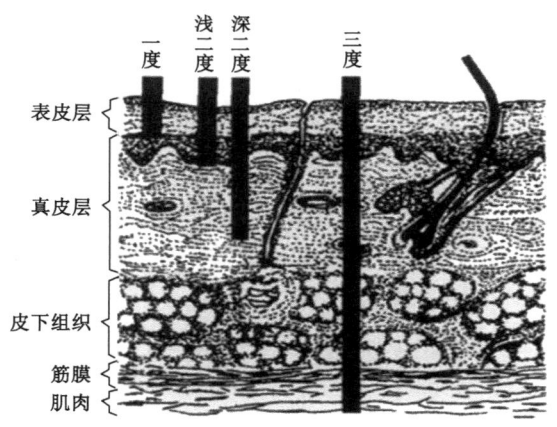

图 8-17　灼烫伤分类

一度烫伤可以经过急救、涂药膏,皮肤会自我修复,很快会好,但二度和三度要马上送往医院,特别是发生三度烫伤,救援用干净纱布覆盖、不可涂抹药物,要迅速送往医院就医。因为烫伤到一定程度,如果处理不当很容易会使伤口感染。

三、灼烫伤事故一般处理程序

(1)冲:如果灼烫伤的面积比较小,可以先用冷水直接冲泡 0.5 h 左右,以不再感到疼痛为止,这是因为冷水可以降温,降低灼烫伤肌肤的热度、减少伤害,可以防止灼烫面积扩大和损伤加重。

（2）脱：如果灼烫伤部位是隔着衣服的，很多人在灼烫伤之后，都会着急地强行拉开、脱去衣服，这时候会很容易连皮肤一起脱去，因为灼烫伤时衣服会和皮肤粘连在一起，应该先用冷水浸泡，减少疼痛后，再用剪刀小心剪开衣物并脱去。如果衣服粘得太紧，不要强行去除，以防二次损伤，可以去医院找专业医师进行处理。

（3）泡：在冲洗完且也除去表面衣物等东西后，就可以把受伤部位放到冷水里浸泡了。一般 30 min 左右，一定注意是室温左右的冷水，不要用带着冰块的冰水。

（4）盖：准备好已经消毒的、干净的医用纱布或者是棉布，盖在烫伤部位进行固定。

（5）送：对于出现心肺骤停者，应马上进行心肺复苏；伴有外伤大出血者应予以止血；骨折者应做临时固定，然后送医处理。

灼烫伤事故一般处理程序如图 8-18 所示。

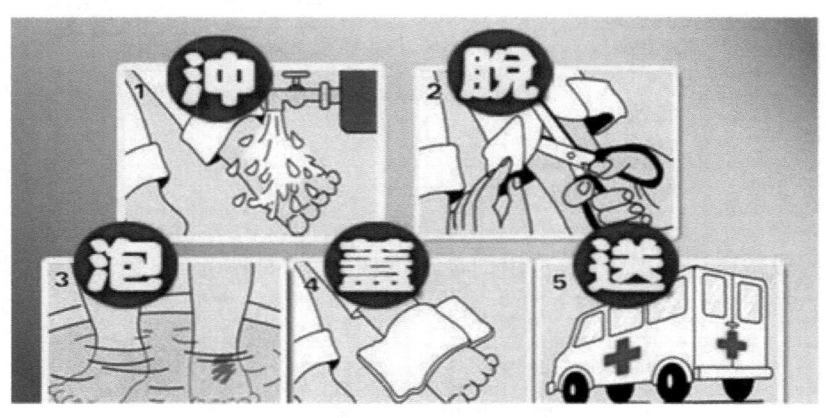

图 8-18　灼烫伤事故一般处理程序

边学边用

结合案例 1 中的问题，完成学生活动表中的活动内容，完成后可以拍照上传至网络平台。

学生活动表

活动描述	案例 1 问题密钥	备注
请针对案例 1 中提到的问题完成相关内容		字数不超过 100

学生姓名：　　　　　　　　　　　　　　　完成时间：

四、特殊灼烫伤处理

特殊灼烫伤指的是化学灼伤和放射性灼伤，这里介绍比较常见的酸碱灼伤。

凡是化学物质直接接触身体，引起局部皮肤组织损伤，并通过受损的皮肤组织导致全身病理生理改变,甚至伴有化学性中毒的病理过程,称为化学灼伤。化学灼伤最常见的就是酸碱灼伤。

1. 酸灼伤处理

(1)立即脱去或剪去受污染的工作服、内衣、鞋袜等,迅速用大量的流动水冲洗创面,至少冲洗 10~20 min,特别对于硫酸灼伤,要用大量流水快速冲洗,除冲去和稀释硫酸外,还可带走硫酸与水产生的热量。

(2)初步冲洗后,用 3‰~5‰碳酸氢钠溶液湿敷 10~20 min,然后再用水冲洗 10~20 min。

(3)清创,去除其他污染物,覆盖消毒纱布后送医院。

(4)口服者不宜洗胃,尤其口服已有一段时间者,以防引起胃穿孔。少量口服强酸可先用清水冲洗,再口服牛乳、蛋白或花生油约 200 mL。不宜口服碳酸氢钠,以免产生二氧化碳而增加胃穿孔危险。大量口服强酸应急送医院救治。

2. 碱灼伤处理

(1)皮肤碱灼伤后应脱去受污染衣物,用大量流动清水冲洗污染的皮肤 20 min 或更久。对氢氧化钾灼伤,要冲洗到创面无肥皂样滑腻感,再用 1‰~2‰硼酸或 1‰~2‰醋酸温敷 10~20 min,然后用水冲洗,不要用酸性液体冲洗,以免产生中和热而加重灼伤。

(2)因生石灰引起的灼伤,要先清扫掉沾在皮肤上的生石灰,再用大量的清水冲洗,千万不要将沾有大量石灰粉的伤部直接泡在水中,以免石灰遇水生热加重伤势。经过清洗后的创面用清洁的被单或衣物简单包扎后,立即送往医院治疗。

(3)灼伤自行处理后,一定要及时到最近的医院进行治疗,减少因灼伤带来的伤害。

3. 眼睛灼伤处理

如果一旦发生酸碱化学性眼损伤,要立即用大量细流清水冲洗眼睛,以达到清洗和稀释的目的。但要注意水压不能太高,还要避免水流直射眼球和用手揉搓眼睛。冲洗时要睁眼,眼球要不断地转动,持续 15 min 左右;也可将整个脸部浸入水盆中,用手把上下眼皮扒开,暴露角膜和结膜,头部在水中左右晃动,使眼睛里的化学物质残留被水冲掉,然后用生理盐水冲洗一遍。眼睛经冲洗后,可滴用中和溶液(酸烧伤用 2‰~3‰的碳酸氢钠溶液,碱烧伤用 2‰~3‰的硼酸液)进一步冲洗。最后,滴用抗生素眼药水或眼膏以防止细菌感染,然后将眼睛用纱布或干净手帕蒙起,送往医院进一步治疗。

边学边用

结合案例 2 中的问题,完成学生活动表中的活动内容,完成后可以拍照上传至网络平台。

学生活动表

活动描述	案例 2 问题密钥	备注
请针对案例 2 中提到的问题完成相关内容		字数不超过 100

学生姓名:　　　　　　　　　　　　　　　　　　完成时间:

五、避开灼烫伤常见误区

1. 不要在灼烫伤部位涂抹

酱油、香油、牙膏等都不能有效缓解灼烫伤,酱油颜色会影响医生判读,香油、牙膏会阻止热量散发,热气只能继续往深处扩散,造成更深一层伤害。

2. 不要用冰块降温

因为冰块的温度太低,会让已经破损的皮肤伤口恶化,进一步损伤皮肤,记住一定要用冷水而不是冰水。

3. 不要马上包扎伤口

这是因为黏性绷带包扎伤口,会粘住皮肤,造成进一步损伤,很容易导致皮肤的表皮溃烂。相反,不包扎伤口,让它自然干燥,可以减少细菌的滋生,加快愈合。

4. 对烫伤严重者应禁止大量饮水,以防休克

口渴严重时可口服少量淡盐水或淡盐茶水,以减少皮肤渗出,有利于预防休克。条件许可时,可服用烧伤饮料。

 点睛

灼烫事故危险多,清水冲洗最科学。

三度四分莫耽搁,分类处理不出错。

特殊灼伤特殊做,减轻伤害最直接。

酱油偏方莫信邪,科学施救不能缺。

项目 9　建筑火灾事故初期处置与避险

**项目分析**

　　我国每年发生火灾数十万起，死亡上千人，给国家和人民群众的生命财产造成巨大损失。其中，建筑火灾次数占火灾总数的 90% 以上。火灾通常都有一个从小到大、逐步发展直到熄灭的过程。一般固体可燃物燃烧时，在 10～15 min 内，火源的面积不大，烟和气体对流的速度比较缓慢，火焰不高，燃烧放出的辐射热能较低，火势向周围发展蔓延的速度比较慢。因此，火灾处于初期阶段尤其是固体物质火灾的初期阶段，是扑救的最好时机。

　　高层建筑和商场建筑是建筑火灾的重灾区，也是火灾发生后面临逃生困难的主要火灾类型。

　　本项目主要以高层建筑和商场建筑火灾为对象，重点分析这些建筑的结构特点、初期应急处置方法和避险逃生方法，强调要依据具体环境选择正确的火灾处置和避险方法。

任务 1　高层建筑火灾事故初期处置与避险

任务分析

　　高层建筑由于高度高、层数多、结构复杂、人员集中、火灾时燃烧猛烈、蔓延迅速，极易形成立体燃烧，给火灾扑救带来极大困难。我国不断发生的高层建筑火灾以其惨重的人员伤亡和财产损失，给我们带来了深刻的教训和启示。如上海静安"11·15"特大火灾事故，共造成 58 人死亡、70 人受伤；天津市君谊大厦"12·1"重大火灾事故，共造成 10 人死亡、5 人受伤。

微课资源

　　高层建筑火灾发生后如何及时处置以及避险逃生，成了高层建筑火灾亟须解决的问题。本任务主要介绍建筑火灾特点、处置措施和避险方法，重点是火灾的处置措施和避险方法，难点是高层建筑火灾发展的规律特点。

 任务目标

知识目标
  1. 了解高层建筑火灾基本特点。
  2. 熟悉高层建筑火灾初期的处置方法。
  3. 熟悉高层建筑火灾现场急救和避险逃生方法。

能力目标
  1. 能够充分利用现场设施器材扑灭初期火灾。
  2. 能够引导他人进行火灾疏散。

素质目标
  1. 培养学生临危不乱、科学处置的精神。
  2. 培养学生团结互助、关爱生命的品质。

案例引入

案例 1　一起火灾正确处置成功灭火的案例

  某高层小区一栋单元楼 9 层发生火灾,浓烟滚滚,火势迅速蔓延扩大至 10 层、11 层,阻断了通往楼下的安全通道,现场有人员被困,火灾处置、人员救援迫在眉睫。小区物业员工第一时间报警,消防控制室人员立即拉响警报、启动泵房,并派出 3 人疏散起火建筑内人员,同时 2 人携带灭火器前往 9 层进行初期火灾处置,待消防队员到达后全力抢险救援,成功灭火,事故没有造成人员伤亡。火灾现场如图 9-1 所示。

  引入问题:高层建筑火灾消防控制室有哪些作用?

图 9-1　案例 1 火灾现场

案例 2　一起高层建筑火灾正确逃生的案例

某高层建筑发生火灾,当烟气侵袭到 26 楼时,25 岁女孩顾某正准备出门。推开门时,烟气呛得她一阵咳嗽,事后顾某回忆说:"当时倒没觉得是很大的事,之后看到下面有火,我就拨打了 119,119 说已经知道了。"随着烟气越发浓烈呛人,顾某决定给父亲打电话。父亲立刻告诉她两件事:趴下,用湿毛巾捂住口、鼻。

这两件事救了她一命。随着火焰与热气炸破了家里的窗户,小顾决定冒险逃出去。她捂着口、鼻,带着手机,冷静地找到了消防通道,开始往下奔跑。

"太累了,而且很呛,走到一半的时候我就觉得已经要站不起来了,但是还是强撑着继续跑。"小顾的努力让她成功逃生,并且几乎毫发无伤。在医院的病房里,她不断接听、拨打着手机,向亲戚朋友们报平安。火灾现场如图 9-2 所示。

引入问题:案例中人员逃生的方法正确吗? 还有哪些需要注意的地方?

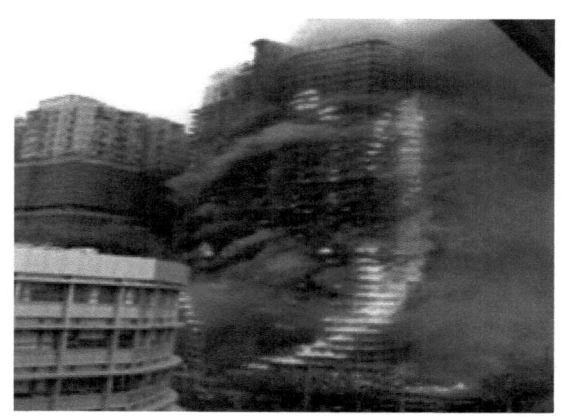

图 9-2　案例 2 火灾现场

 知识探索

名句赏析:"水淹三年害,火烧一世穷。"火灾可以瞬间吞噬生命,毁灭财产。火灾时,我们能做的就是尽早扑灭初灾,尽量减少伤亡。

一、高层建筑火灾特点

按照《建筑设计防火规范(2018 年版)》(GB 50016)的规定,高层建筑是指高度大于 27 m 的住宅建筑和建筑高度大于 24 m 的非单层厂房、仓库和其他民用建筑。

高层建筑火灾除具有一般建筑火灾的典型特征外,还具有易形成立体燃烧、易造成大量人员伤亡以及灭火难度大等特点。

1. 火灾发展过程特征明显

高层建筑火灾作为建筑火灾中的一种,其火灾的发展过程具有建筑物室内火灾发展的典型特征,可以分为初期阶段、发展阶段和衰减阶段,如图 9-3 所示。

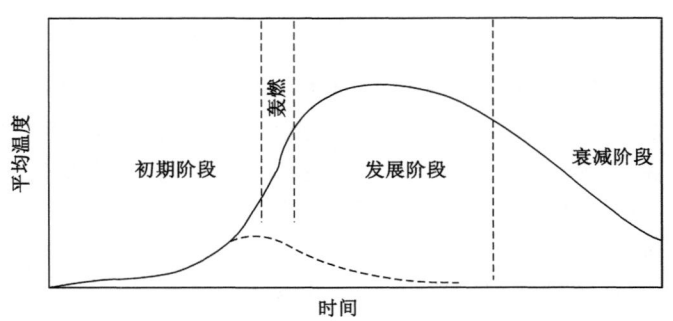

图 9-3　火灾发展阶段

（1）火灾的初期阶段

高层建筑火灾最初只限于室内某处可燃物燃烧，进而蔓延到整个室内空间。由于高层建筑室内采用了大量的可燃物装修，且建筑的密封性能较好，因此造成了这个阶段的发烟量比较多。如果空气供给受到限制，不完全燃烧产物（如一氧化碳等）就会增加，形成比较多的烟雾毒气，随着顶部烟雾的不断增厚、下移，室内能见度会逐渐下降，如果内部门窗敞开，烟雾会通过门窗迅速向走道、竖向管井和其他房间扩散。

（2）火灾的发展阶段

随着燃烧时间的持续，高层建筑着火房间的室温不断升高。当其室内上层气温达到 $400\sim600$ ℃时，会发生轰燃，使火灾进入发展阶段。在这一阶段，室内可燃物全部着火，房间或防火分区内充满浓烟、高温和火焰。在火风压作用下，浓烟、高温和火焰从开口处喷出，沿走道迅速向水平方向蔓延扩散。同时，由于烟囱效应的作用，火势通过电梯井、共享空间、玻璃幕墙缝隙等途径迅速向着火层上层蔓延，甚至出现跳跃式燃烧。

（3）火灾的衰减阶段

随着燃烧的持续，可燃物被不断消耗，当室内燃烧的物品数量和可燃物分解出的可燃组分逐渐减少时，燃烧强度开始减弱，火灾就进入了衰减阶段。在这一阶段，火焰开始逐步变小，并逐渐呈阴燃状态，但现场温度仍然较高，燃烧产生的有毒气体依然存在。此外，经过高温火焰烧烤后，部分构件可能会失去原有的强度，容易发生断裂，因此，火灾扑救中消防人员仍需注意安全防护。

你如何理解轰然？

2. 易形成立体火灾

高层建筑火灾由于火势蔓延途径多，影响火势蔓延的因素复杂，如果火灾初期得不到有效控制，极易形成立体火灾。火势蔓延途径主要有以下几种：

（1）火势沿水平方向发展蔓延。高层建筑火势可以通过门窗、吊顶、走道、可燃隔墙等途径水平蔓延，也能通过横向的孔洞、管道、电缆桥架等较隐蔽的途径蔓延。火灾发展阶段火势水平蔓延的速度为 $0.5\sim0.8$ m/s。

（2）火势沿垂直方向发展蔓延。竖向管井和孔洞、共享空间、玻璃幕墙缝隙等常常是高层建筑火势垂直发展蔓延的主要途径。这些部位易产生烟囱效应，加剧火势垂直蔓延速度。火灾发展阶段火势垂直蔓延的速度可达 $3\sim5$ m/s。

（3）火势突破建筑外墙门窗向上层卷曲蔓延。火势突破外墙门窗时，能向上升腾、卷曲，甚至呈跳跃式向上蔓延。

3．影响火势蔓延因素复杂

影响高层建筑火灾发展蔓延的因素有火风压、烟囱效应、热对流、热辐射、爆燃、风力等。

4．人员疏散困难

高层建筑由于人员高度集中，疏散距离长，加上火势发展快，烟雾扩散迅速，人员疏散非常困难。

（1）烟雾扩散影响

高层建筑发生火灾时，会产生大量烟雾，这些烟雾不仅浓度大、能见度低，而且流动扩散快，一幢 100 m 高的建筑物，30 s 左右烟雾即可窜到顶部，大范围充烟给人员疏散、逃生带来了极大困难。另外，高层建筑火灾中，烟雾不仅向上扩散，也会向下沉降。据测试，着火房间内烟层降到床的高度（约 0.8 m）的时间为 $1\sim3$ min。因此，一旦房间内着火，人很快就会受到烟气侵袭和伤害。如果火灾发生在夜间，从熟睡中惊醒的人们往往会感到惊慌失措，无所适从。

（2）疏散距离影响

高层建筑由于楼层高，必然导致疏散距离长，需要较多的疏散时间。据有关资料，高层建筑内的人群通过 1.1 m 宽的楼梯疏散到楼外所需要的时间见表 9-1。

表 9-1 高层建筑内人员疏散到地面所需时间   单位：min

建筑层数/层	疏散时间		
	每层 240 人	每层 120 人	每层 60 人
50	131	66	33
40	105	52	26
30	78	39	20
20	51	25	13
10	38	19	9

从表 9-1 中可以看出，建筑越高，楼层人数越多，疏散的时间越长。

（3）人员拥挤影响

高层建筑发生火灾时，由于人员众多、心理紧张，疏散时容易出现拥挤堵塞情况，甚至发生踩踏事故，从而严重影响人员的疏散速度。另外，消防人员到场后，若消防电梯失效而利用封闭楼梯登高时，由于方向相反，必然会与疏散人群发生碰撞，也容易造成拥挤，影响疏散速度。

二、现场初期处置

1．报警

（1）及早报警的意义

经验告诉我们，在起火后的十几分钟内，是灭火的关键时刻。把握住灭火的关键时刻主

要有两点:一是通知巡逻人员利用现场灭火器材及时扑救;二是向 119 指挥中心报警,以便调来足够的力量及早地控制和扑灭火灾。不管火势大小,都应及时报警。

通常情况下,发生火灾后报警与救火应当同时进行。因为救火是分秒必争的事情,早一分钟报警,消防车早到一分钟,就可能把火灾扑灭在初期阶段;耽误了时间,小火就可能变成大火,小灾就可能变成大灾。而且,火灾的发展常常是难以预料的,有时似乎火势不大,认为自己能够扑救,但是往往由于各种因素,火势突然扩大,此时才向消防队报警,就会使灭火工作处于被动。火灾损失的大小与报警迟早有着很大的关系,因此,起火单位或居民住户不能只顾救火而忘了报警或是灭不了火才报警,应牢记报警与救火同时进行。

(2)报警的对象及方式

向消防队报警,主要通过拨叫火警电话 119;向单位和周围的人群报警,主要通过大声呼喊报警、使用手动报警设备报警等。

(3)报火警的内容

① 起火单位(个人)详细地址。讲清所处的区(县)、街道、胡同、门牌号码或乡村地址,如果讲不清楚门牌号,也要说清楚在哪个社区,所在建筑附近有哪些标志性的建筑物。

② 起火物种类及储量。说明起火物种类和储量,便于消防队调集力量时选择使用什么类型的车辆以及调集多少车辆。

③ 火势情况。便于消防队到场后迅速掌握火场情况,立即开展火灾救援工作。

④ 报警人姓名及所用电话号码。如果报警人未将起火地点讲清楚,消防队会随时通过电话了解火灾的情况,便于快速调集增援部队。

 边学边用

某市高新区大学城中路幸福花园小区二期 5 号高层建筑 20 层一住户起火,如果你是目击者,如何报火警? 请填写在下面,完成后可以拍照上传至网络平台。

---

2. 扑灭初火

如果火势不大,现场人员能够扑灭,则利用各楼层的消防器材,如干粉、泡沫灭火器或消火栓等扑灭初期火灾。具体灭火方法可以参考灭火器应用任务内容。下面介绍两种常见的建筑室内火灾灭火方法。

(1)电器火灾灭火法

电器着火后,不能直接用水冲浇。因为水有导电性,进入带电设备后易引起触电,会降低设备绝缘性能,甚至引起设备爆炸,危及人身安全。电器运行中着火时,必须先切断电源,再行灭火。如果不能迅速断电,可使用二氧化碳、干粉灭火器等器材进行灭火。

(2)厨房油锅灭火法

① 蔬菜灭火法。当油锅因温度过高引起油面起火时,此时请不要慌张,可将备炒的蔬菜及时投入锅内,锅内油火随之就会熄灭。使用这种方法时要防止烫伤或油火溅出。

② 锅盖法。当油锅火焰不大,油面上又没有油炸的食品时,可用锅盖将锅盖紧,然后熄灭炉火,稍等一会儿,火就会自行熄灭,这是一种较为理想的灭火方法。但值得注意的是,油锅起火时,千万不能用水进行灭火,水遇油会将油炸溅到锅外,使火焰蔓延。

③ 灭火器灭火法。如果上述方法无法将火扑灭,应该迅速关闭气源,寻找灭火器进行火灾初期灭火。

④ 消火栓灭火法。充分利用高层建筑室内消火栓,在发生火灾后,迅速打开室内消火栓,连接水带进行灭火。

3. 消防控制室人员工作

（1）迅速确认报警信息。可以指派人员查看、通过监控视频等迅速确认报警信息,确定火灾部位。

（2）要知道如何通过消防控制中心启动消防设施。如通过报警器了解并确认地下车库起火,头脑中要反映出地下车库有哪些消防设施,在消防控制中心运行正常的情况下,将控制中心相关控制装置打到自动挡上,相应的消防设施就会自动启动。如果不能自动启动的情况下,要立即手动启动。

发生火灾后,一般要立即启动的消防设施有哪些?

（3）确认报警信息,启动灭火预案。消防控制室人员接到报警信号后立即组织进行火情确认,在确认发生火灾后立即启动灭火预案,组织单位相关人员进行初期火灾扑救,联系单位相关部门和领导,做好各个职能小组的联络统筹工作。

4. 人员疏散

在高层建筑,火灾的突然降临会使众多的火灾现场被困人员感到大难临头、惊慌失措、争相逃命、互相拥挤,结果造成大量人员伤亡。因此,在火灾发生初期,采取有效措施组织疏散被困群众、实行自防自救就成为一个首要问题。

（1）制订疏散预案

在人员集中的场所发生火灾,为帮助受火势威胁的人员有秩序地脱离危险区,必须有组织地进行疏散。在平时,有关单位就应和消防主管部门进行研究,拟订抢救疏散计划,提出在火灾情况下稳定群众情绪的措施,对工作人员按不同区域提出任务和要求,规定疏散路线和疏散出口,画出疏散人员示意图并进行演练。一旦发生火灾时,应按既定方针和预案组织疏散。人员疏散应设专人组织指挥,分组行动,互相配合。在消防人员未到达现场之前,火场上受火势威胁的人员必须服从着火单位领导和工作人员的组织指挥。

（2）发生火灾时酌情通报情况,防止混乱

在人员集中场所的火灾初期阶段,人们还不知道发生火灾,若被困人员多且疏散条件差、火势发展比较慢,失火单位的领导和工作人员就应首先通知出口附近或最不利区域的人员,让他们先疏散出去,然后视情况公开通报,告诉其他人员疏散。在火势猛烈且疏散条件校好的情况下,可同时公开通报,让全体人员疏散。在火场上怎样通报,可视具体火情而定,且必须保证迅速简便,使各种疏散通道及时得到充分利用。

（3）分组实施引导

人员集中的场所一旦发生火灾,由于人们急于逃离火场的心理作用,起火后可能会因蜂用阻滞通道口,甚至发生挤压踩踏。此时,管理人员要设法引导疏散,防止人员逃离火场时发生混乱现象。

结合案例 1 中的问题,完成学生活动表中的活动内容,完成后可以拍照上传至网络平台。

学生活动表

活动描述	案例 1 问题密钥	备注
请针对案例 1 中提到的问题完成相关内容		字数不超过 100

学生姓名:　　　　　　　　　　　　　　完成时间:

三、高层建筑火灾的逃生方法

在火灾中,被困人员应有良好的心理素质,保持镇静,不要惊慌,不盲目地行动,从而选择正确的逃生方法。需要注意的是,火灾现场的温度是十分惊人的,而且烟雾会挡住你的视线。当我们在电影和电视里看到着火场画面时,一切都非常清晰,那是在火场上的浓烟以外拍摄的。当处于火灾现场时,能见度非常低,甚至在你长期居住的房间里也搞不清楚窗户和门的位置,在这种情况下,更需要保持镇静,不能惊慌,利用一切可以利用的有利条件,选择正确的逃生方法。

下面列举几种常见的逃生方法。

1. 尽量利用建筑物内的设施

利用建筑物内已有的设施进行逃生,是争取逃生时间、提高逃生成功率的重要办法。

(1)利用消防电梯进行疏散逃生,但着火时普通电梯千万不能乘坐。

(2)利用室内的防烟楼梯、普通楼梯、封闭楼梯进行逃生。

(3)利用建筑物的阳台、通廊、避难层、避难间以及室内设置的缓降器、安全绳等进行逃生。

(4)利用观光楼梯避难逃生。

(5)利用直升机停机坪逃生。

(6)利用墙边落水管进行逃生。

(7)利用房间床单等物连接起来进行逃生。

2. 不同部位、不同条件下人员的逃生方法

(1)当某一楼层某一部位起火,且火势已经开始发展时,应注意听广播通知,广播会告知着火的楼层以及安全疏散的路线、方法等。不要一听有火警就惊慌失措、盲目行动。

(2)当房间内起火,且门已被火封锁,室内人员不能顺利疏散时,可另寻其他通道。如通过阳台或走廊转移到相邻未起火的房间,再利用这个房间通道疏散。

(3)如果是晚上听到报警,首先应该用手背去接触房门,试一试房门是否已变热,如果是热的,门不能打开,否则烟和火就会冲进卧室;如果房门不热,火势可能还不大,通过正常

的途径逃离房间是可能的。离开房间以后,一定要随手关好身后的门,以防火势蔓延。如在楼梯间或过道上遇到浓烟时要马上停下来,千万不要试图从烟火里冲出,也不要躲藏到顶楼或壁橱等地方,应选择别人易发现的地方,向消防队员求救。

(4) 当某一防火区着火,如楼房中的某一单元着火,楼层的大火已将楼梯间封住,致使着火层以上楼层的人员无法从楼梯间向下疏散时,被困人员可先疏散到屋顶,再从相邻未着火的楼梯间往地面疏散。

(5) 当着火层的走廊、楼梯被烟火封锁时,被困人员要尽量靠近当街窗口或阳台等容易被人看到的地方,向救援人员发出求救信号,如呼唤、向楼下抛掷一些小物品、用手电筒往下照等,以便让救援人员及时发现,采取救援措施。

(6) 逃生时,应以防毒面具或湿毛巾掩口、鼻呼吸,降低姿势,以减少吸入浓烟。烟雾弥漫中,一般离地面 30 cm 仍有残存空气可以利用,可采取低姿势逃生,爬行时将手心、手肘、膝盖紧靠地面,并沿墙壁边缘逃生,以免错失方向。若逃生途中经过火焰区,应先弄湿衣物或用湿棉被、毛毯裹住身体,迅速通过,以免身体着火。

(7) 如果处于楼层较低(三层以下)的被困位置,当危及生命又无其他方法可自救时,可将室内席梦思、被子等软物抛到楼底,人从窗口跳至软物上逃生。

3. 火灾逃生时的注意事项

(1) 不能因为惊慌而忘记报警。进入高层建筑后应注意通道、警铃、灭火器位置,一旦火灾发生,要立即按警铃或打电话。延缓报警是很危险的。

(2) 不能一见低层起火就往下跑。低楼层发生火灾后,如果上层的人都往下跑,反而会给救援增加困难。

(3) 不能因清理行李和贵重物品而延误时间。起火后,如果发现通道被阻,则应关好房门,打开窗户,设法逃生。

(4) 不能盲目从窗口往下跳。当被大火困在房内无法脱身时,要用湿毛巾捂住鼻子,阻挡烟气侵袭,耐心等待救援,并想方设法报警呼救。

(5) 不能乘普通电梯逃生。高楼起火后容易断电,这时候乘普通电梯就有"卡壳"的可能,使逃生失败。

(6) 不能在浓烟弥漫时直立行走。大火伴着浓烟腾起后,应在地上爬行,避免呛烟和中毒。

结合案例 2 中的问题,完成学生活动表中的活动内容,完成后可以拍照上传至网络平台。

学生活动表

活动描述	案例 2 问题密钥	备注
请针对案例 2 中提到的问题完成相关内容		字数不超过 100

学生姓名:　　　　　　　　　　　　　　　　完成时间:

> 高层建筑易起火,火势初期宜早灭。
>
> 及早报警好处多,消防救援早解决。
>
> 高层避险莫耽搁,退路被断不穿越。
>
> 醒目位置需选择,普通电梯莫乘坐。

任务 2　商场建筑火灾事故初期处置与避险

任务分析

微课资源

　　随着社会经济的发展,各种商场不断出现,给人民群众的生活带来了极大的便利,但它所带来的消防负面影响也不容忽视,其消防安全显著的特点是:公众聚集场所,人员较为集中,可燃物种类繁多,火灾危险性大。加之个别超市的建筑由于设计、施工、管理等方面的原因,消防安全现状不容乐观。一旦发生火灾,极易发生群死群伤的重特大火灾事故,给消防部门的防、灭火工作提出了更高的要求。

　　商场建筑发生火灾时有哪些特点,现场人员应该如何进行初期应急处置、如何进行避险逃生是本任务要解决的问题。学生通过学习,增强自身防火意识和扑灭初期火灾意识,能够依据具体环境采取正确的避险逃生方法和具备基本的处置火灾能力,重点是商场建筑火灾的处置程序和措施,难点是指挥扑灭商场建筑初期火灾。

任务目标

> **知识目标**
> 1. 了解商场建筑和消防设施特点。
> 2. 熟悉商场建筑初期火灾处置和避险逃生的方法。
>
> **能力目标**
> 1. 能够充分利用商场的灭火器材扑灭初期火灾。
> 2. 具备指挥协调扑灭初期火灾的能力。
>
> **素质目标**
> 1. 培养学生临危不乱、科学处置的能力。
> 2. 培养学生团结互助、关爱生命的品质。

 案例引入

案例 1　洛阳某商厦火灾案例

洛阳某商厦地下一层店铺非法施工,施焊人员违章作业,电焊火花溅落到地下二层家具商场的可燃物上造成火灾。火灾发生后,肇事人员和商厦在现场的职工及领导既不报警也不通知四层娱乐城人员撤离,使娱乐城大量人员丧失逃生机会,最终造成 309 人中毒窒息死亡、7 人受伤。火灾现场如图 9-4 所示。

引入问题:以上案例中对火灾初期处置存在哪些主要问题?

图 9-4　案例 1 火灾现场

案例 2　一起商场火灾成功处置案例

某大型商场库房发生火灾,触发了烟感探测器,探测器将报警信号传递到了消防控制室,通过商场一系列的应急操作,最终成功将事故处置。

引入问题:上述情况如何进行事故初期应急处置?

 知识探索

名句赏析:"临崖立马收缰晚,船到江心补漏迟。"平时要做好火灾处置的知识储备和技术储备,火灾时才能从容应对。

一、商场建筑特点

1. 建筑分类

(1) 按建筑高度分类,商场建筑可以分为单层商场、多层商场和高层商场三种。

(2) 按建筑结构分类,商场建筑可以分为混合结构、钢筋混凝土结构和钢结构三种。

2. 建筑空间使用功能

商场建筑按其使用功能可分为营业、仓储和辅助三部分。

3. 空间布局

(1) 商场一般空间高大,部分大型商场还设有中庭(共享空间),有些还设有地下停车场。

（2）商场单层建筑面积较大，不少大型商场都超过 1 万 m^2，百货商场多采用柜台式布局，大型超市多采用仓储式布局。

（3）商场垂直交通主要通过疏散楼梯、乘客电梯、消防电梯以及自动扶梯等进行组织，有的还设有室外楼梯。

二、商场建筑消防设施特点

商场依规范要求，一般都设计有比较完善的建筑消防设施，包括安全疏散设施、火灾自动报警系统、自动喷水灭火系统、室内消火栓系统和防排烟系统等。

1．火灾自动报警系统

商场内一般都设置有火灾自动报警系统，能将初期火灾的信息及时传递到消防控制室。

2．自动喷水灭火系统

商场内一般设有自动喷水灭火系统，能满足扑灭初期火灾的需要。

3．室内消火栓给水系统

商场室内消火栓给水系统能满足每层 2 支消防水枪的 2 股充实水柱同时到达室内任何部位的要求。室外设有水泵接合器，使用时要注意区分水泵接合器相对应的供水系统以及供水分区。

4．防排烟系统

商场内一般都设有防排烟系统，火灾时应启动正压送风系统，并利用机械排烟系统进行排烟。

以上商场消防设施有哪些对应的规范？

三、商场建筑火灾特点

商场的建筑特点和使用性质决定了其在火灾情况下火势发展蔓延和结构倒塌的规律性，以及对人员疏散和灭火行动带来的不利影响。

1．易形成大面积火灾

商场可燃物集中，对流条件好，火灾时火势极易蔓延扩大。

（1）商场着火后，火势首先由起火点向四周延烧和扩散，直至火势充满整个防火分区。

（2）随着火势的发展，若防火分区的防火分隔物失去隔火作用，火势会迅速向相邻的防火分区蔓延扩大。

（3）迅速发展的火势会突破外墙窗口向外延烧，同时通过连廊等向相邻的部位蔓延，强烈的热辐射还会导致毗邻的建筑着火燃烧。

2．易形成立体火灾

商场建筑空间高大，垂直蔓延途径多，易形成立体燃烧。

（1）火势在水平方向发展蔓延的同时，高温烟气会很快充满整个楼层，并通过共享空间、楼梯间、电梯井、玻璃幕墙缝隙等向上垂直蔓延。发展阶段的烟气上升速度可达 3～5 m/s，强烈的烟囱效应会导致浓烟高温在短时间内充满整幢大楼。

（2）商场的外窗玻璃或玻璃幕墙一般耐火性能较差，遇到高温作用会很快破碎，火焰通过外墙窗口向上层卷曲延烧。同时，商场共享空间内一般都悬挂有巨型的商品广告，布置了大量的装饰条幅和展销的商品等，火灾时火势会沿着这些可燃的物品迅速向上蔓延，形成立体燃烧。

3. 易造成人员伤亡

商场内由于可燃物种类多，特别如化纤、塑料商品等，火灾时能产生大量的有毒有害气体，造成人员中毒伤亡，而且商场人员集中，给有序疏散带来很大困难。

（1）燃烧产生大量浓烟毒气

① 商场内存有大量的棉、毛、化纤织物以及塑料和橡胶制品等，燃烧时会产生大量烟雾和有毒有害气体，如氯化氢、氰化氢、二氧化硫等，严重危害遇险人员和消防人员的安全。

② 商场特别是大型超市一般建筑高大密闭，火灾时产生的浓烟高温易积聚，这也是造成人员中毒窒息伤亡的重要原因之一。

（2）人员集中造成疏散困难

① 商场作为公共建筑，火灾时人员密集，易造成疏散时人员拥挤，不能在规定的时间内疏散完毕。

② 火灾情况下人员心理紧张，特别是商场内女性顾客比例大，疏散时更容易出现惊慌、拥挤、踩踏等现象，造成人员伤亡。

③ 商场商品着火后产生的浓烟高温使能见度降低，不仅进一步造成被困人员惊慌失措，而且也严重影响疏散速度。

四、商场建筑火灾初期处置程序

1. 及时报警

现场人员发现火灾后应立即呼救并按下附近的火灾报警按钮，或电话通知消防控制室值班人员报警。如果是火灾探测器动作，则火灾信号会直接传到消防控制室自动报警。情况紧急可以同时直接拨打 119。

2. 现场应急处置组织指挥

起火部位现场及周围员工应迅速形成第一灭火力量，充分利用商场内部的消防设施、器材灭火。

消防控制室接到报警信息后迅速派出消防值班人员现场查看确认火灾，确认火灾后，消防控制室或单位值班人员应立即启动灭火和应急疏散预案，按照预案成立相关行动小组，启用微型消防站（如有），通知商场消防工作人员进行现场灭火，并迅速形成第二灭火力量，成立如图 9-5 所示的现场组织。

各小组的具体工作任务：

（1）通信联络组的同志通知员工赶赴火场，与随后到来的消防队保持联络，向火场指挥员报告火灾情况，将火场指挥员的指令传达给有关员工。

（2）灭火行动组根据火灾情况使用本单位的消防器材、设施控制和扑救火灾。

（3）疏散引导组成员按分工组织引导顾客疏散。商场应在每个楼层、疏散通道、安全出口安排适量的疏散引导员，发生火灾时引导顾客疏散。

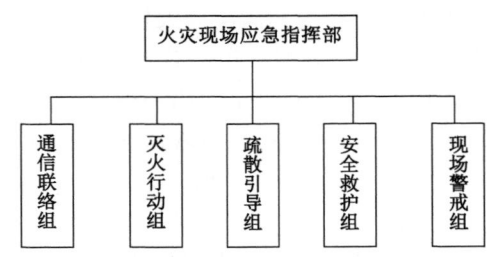

图 9-5　火灾初期现场处置基本组织形式图

（4）安全救护组负责协助抢救、护送受伤人员。

（5）现场警戒组负责阻止无关人员进入火场，维持火场秩序。

最后，如果火灾无法控制，商场总指挥应及时通知所有参与处置人员撤离。

结合案例 1 和案例 2 中的问题，完成学生活动表中的活动内容，完成后可以拍照上传至网络平台。

学生活动表

活动描述	案例 1 问题密钥	案例 2 问题密钥	备注
请针对案例 1 和案例 2 中提到的问题完成相关内容			每个问题字数不超过 100

学生姓名：　　　　　　　　　　　　　完成时间：

五、商场建筑火灾避险逃生

商场人员密集、物品众多，一旦发生火灾，荷载较大，损失、伤亡往往较为严重，掌握必要的逃生知识及方法尤为重要。

1. 利用疏散通道逃生

每个商场都按规定设有室内楼梯、室外楼梯，有的还设有自动扶梯、消防电梯等。进入商场购物时，首先要做的事情应是熟悉并确认安全出口和疏散楼梯的位置，不要把注意力集中到琳琅满目的商品上，而应环顾周围环境，寻找疏散楼梯、疏散通道及疏散出口位置，并且牢记。如果你没有提前熟悉并确认，千万不要惊慌，应积极地按照安全疏散标志指示的方向逃生，直至寻找到安全出口。如果商场较大，一时找不到安全出口及疏散楼梯时，应当询问商场内的工作人员。另外，火灾现场疏散时，千万不能乘坐普通电梯或自动扶梯，而应从疏散楼道进行逃生。因为火灾时会切断电源而使普通电梯停运，同时火灾产生的高热会使普通电梯系统出现异常。

2. 利用器材逃生

商场是物资高度集中的场所，商品种类多，发生火灾后可利用逃生的物品是比较多的。

例如,将毛巾、口罩浸湿后作为防烟工具捂住口、鼻;利用绳索、布匹、床单、地毯、窗帘来开辟逃生通道;如果商场还经营五金等商品,还可以利用各种机用胶带、消防水带、电缆线来开辟逃生通道;穿戴商场经营的各种劳动保护用品,如安全帽、摩托车头盔、工作服等,可以避免烧伤和坠落物的砸伤。

3. 利用建筑物逃生

发生火灾时,如上述两种方法都无法逃生,可利用落水管、房屋内外的凸出部位、各种门窗以及建筑物的避雷网(线)进行逃生或转移到安全区域再寻找机会逃生。这种逃生方法使用时要大胆更要细心,特别是老、弱、病、残、妇、幼等人员,切不可盲目行事,否则容易出现伤亡。

4. 寻找避难处所逃生

在无路可逃的情况下,应积极寻找避难处所。例如,到室外阳台、楼层平顶等待救援;选择火势、烟雾难以蔓延的房间,关好门窗,堵塞间隙,房间如有水源,要立刻将门、窗和各种可燃物浇湿,以阻止或减缓火势和烟雾的蔓延时间。无论白天还是夜晚,被困者都应大声呼救,不断发出各种呼救信号,以引起救援人员的注意,帮助自己脱离困境。

5. 听从指挥

被困人员要克服盲目从众心理,听从工作人员的指挥,有序疏散,切忌互相拥挤、乱跑乱窜。

 点睛

> 商场建筑面积广,商品满目人员忙。
>
> 消防室内警报响,自喷防烟皆用上。
>
> 启动预案忙现场,组别划分功能强。
>
> 利用器材把灾防,勇敢细心是保障。

项目 10　危险化学品事故初期处置与避险

项目分析

　　近年来,我国的安全形势持续好转,但危险化学品事故仍呈高发、多发态势,危险化学品泄漏、爆炸、着火事故层出不穷,已成为影响安全形势好转的突出问题。因此,了解危险化学品的基本知识、安全使用要点以及危害处置措施显得尤为重要。

　　危险化学品事故发生后,初期处置和避险是减轻事故危害和挽救人员生命的重要手段,现场人员如何及时采取措施进行现场处置,如何正确避险,这些问题将是本项目主要解决的问题。

　　本项目主要选取了危险化学品的泄漏和火灾爆炸事故作为学习对象,主要分析这些事故的原因、特点、处置措施、处置一般流程和避险逃生等内容。要求学生能够理解危险化学品事故初期处置与避险的重要性,具备必要的初期处置与避险的方法及技术。培养学生危险面前勇敢镇定、科学进行排险解患的勇气和团队合作意识。

任务 1　危险化学品泄漏事故初期处置与避险

任务分析

微课资源

　　危险化学品泄漏事故是指与危险化学品有关的单位在生产、经营活动中,由于某些意外的情况,突发性地发生危险化学品泄漏;或人为的破坏,使有毒有害的化学品大量泄漏;或伴随火灾、爆炸事故生成大量有害气体,从而在较大范围内造成比较严重的环境污染,对国家和人民的生命财产安全造成严重危害的灾害性事故。

　　在危险物品泄漏事故发生后,初期应急处置与避险至关重要,例如"4·28"常州化工厂氯气泄漏事故、"5·7"邢台化学烟气泄漏事故等,因为事故初期现场处置得当,事故得到有效控制,没有造成人员伤亡。

本任务主要介绍危险化学品泄漏事故原因、应急处置措施、应急处置流程以及应避险方法，重点是危险化学品泄漏事故的处置技术措施，难点是危险化学品泄漏事故初期处置的指挥。

 任务目标

知识目标

1. 理解危险化学品事故初期处置与避险的重要性。

2. 熟悉危险化学品泄漏事故的基础处置流程和措施。

能力目标

1. 能够依据不同的泄漏事故场景采取正确的处置流程和处置措施。

2. 具有一定的危险化学品泄漏事故处置指挥能力。

素质目标

1. 培养学生勇敢坚强的品质和科学施救的习惯。

2. 培养学生团结协作、严谨细致的工作作风。

3. 培养学生具体问题具体分析的哲学观。

案例引入

案例 1　一起货车追尾油罐车漏油事故案例

某公司加油站对面 30 m 处发生一起货车追尾油罐车事故，导致 95# 汽油外泄。当班加油员发现事故情况立即向站长和管理人员汇报。接到报告后，站长与管理人员随即携带灭火器奔赴事故现场。站长在初步了解事故情况时发现油罐后仓 95# 汽油不停泄漏，情况十分紧急。

汽油作为易燃易爆液体，挥发性大，加上夏季气温较高，若处理不当将引发严重的安全事故。站长当机立断，一边安排人员疏散加油站车辆及人员，一边做好事故现场人员疏散。

人员疏散后，站长在安全位置将现场情况电话上报公司，并拨打 119 消防救援电话请求支援。

做好情况上报及事故现场警戒后，站长根据加油站应急预案，将加油站的油桶、油盆、吸油毡等应急物资带到事故现场，开始有序收集泄漏的汽油并用接油盘将泄漏点的汽油进行回收，防止汽油持续泄漏，扩大事故风险。

为做好多点安全防护，保障加油站安全，防止发生次生事故，一方面管理人员有序组织人员车辆疏散后，断电关阀、停止营业、拉起警戒线，并安排 2 名加油员在加油站出入口值守，禁止闲杂人员及车辆入内；另一方面站长在事故现场持续警戒引导，大声提醒行人请勿靠近、请勿吸烟、请勿拨打电话。

消防队赶到后，站长主动与其对接，该起事故最终得到成功处置。事故现场如图 10-1 所示。

引入问题：分析案例中的事故初期为什么能够成功得到处置？

图 10-1　案例 1 事故现场

案例 2　一起违反操作规程而致使硫化氢气体泄漏中毒事故案例

某污水处理厂当班人员张某违反操作规程将盐酸快速加入含有大量硫化物的废水池内进行中和,致使大量硫化氢气体短时间内快速溢出,当班人员徐某在未穿戴安全防护用品的情况下冒险进入危险场所,吸入高浓度的硫化氢等有毒混合气体,导致车间作业人员中毒。

引入问题:针对该起现场突发的硫化氢气体泄漏事故,车间作业人员应该进行怎样的现场处置才能有效避免泄漏中毒事故的发生?

 知识探索

名句赏析:"每有患急,先人后己。"作为安全相关人员,遇到危险,首先应该想到的是如何应对,如何救人。

一、危险化学品分类

危险化学品种类繁多,分类方法也不尽相同,一般按其危险性可分为理化危险、健康危险、环境危险 3 大类,具体又可以分为 28 小类。

(1)理化危险:① 爆炸物;② 易燃气体;③ 易燃气溶胶;④ 氧化性气体;⑤ 压力下气体;⑥ 易燃液体;⑦ 易燃固体;⑧ 自反应物质或混合物;⑨ 自燃液体;⑩ 自燃固体;⑪ 自热物质或混合物;⑫ 遇水放出易燃气体的物质或混合物;⑬ 氧化性液体;⑭ 氧化性固体;⑮ 有机过氧化物;⑯ 金属腐蚀剂。

(2)健康危险:① 急性毒性;② 皮肤腐蚀/刺激;③ 严重眼损伤/眼刺激;④ 呼吸或皮肤过敏;⑤ 生殖细胞致突变性;⑥ 致癌性;⑦ 生殖毒性;⑧ 特异性靶器官系统毒性——一次接触;⑨ 特异性靶器官系统毒性——反复接触;⑩ 吸入危险。

(3)环境危险:① 危害水生环境;② 危害臭氧层。

二、危险化学品泄漏事故发生的主要原因

危险化学品泄漏的原因主要有:恐怖分子或敌对分子的蓄意破坏;勘测、设计方面存在缺陷;设备老化,带故障运转;违反操作规程;化工厂火灾引起泄漏。

除此之外,还有装载危险化学品的槽车在公路上行驶,遇到交通事故或者自身原因导致泄漏,这样的事故处置起来难度较大。

三、泄漏事故现场处置措施

1. 现场处置要点

(1)立即在边界设置警戒线,进入现场处置人员必须配备必要的个人防护器具。

(2)如果泄漏物是易燃易爆的,事故中心区应严禁火种、切断电源、禁止车辆进入。

(3)如果泄漏物是有毒的,应使用专用防护服、隔绝式空气面具。

(4)应急处理时严禁单独行动,要有监护人,必要时用水枪、水炮掩护。

针对氯气泄漏事故,处置人员应该配备哪些个人防护器具?请写在下面。

2. 泄漏源控制

(1)关闭阀门、停止作业或改变工艺流程、物料走副线、局部停车、打循环、减负荷运行等。

(2)采用合适的材料和技术手段堵住泄漏处。不同部位、不同形式的泄漏堵漏方法见表 10-1。

表 10-1　不同部位、不同形式的泄漏堵漏方法

部位	形式	方法
罐体	砂眼	使用螺丝加黏合剂旋进堵漏
	缝隙	使用外封式堵漏袋、电磁式堵漏工具组、粘贴式堵漏密封胶(适用于高压)、潮湿绷带冷凝法或堵漏夹具、金属堵漏锥堵漏
	孔洞	使用各种木楔、堵漏夹具、粘贴式堵漏密封胶(适用于高压)、金属堵漏锥堵漏
	裂口	使用外封式堵漏袋、电磁式堵漏工具组、粘贴式堵漏密封胶(适用于高压)堵漏
管道	砂眼	使用螺丝加黏合剂旋进堵漏
	缝隙	使用外封式堵漏袋、金属封堵套管、电磁式堵漏工具组、潮湿绷带冷凝法或堵漏夹具堵漏
	孔洞	使用各种木楔、堵漏夹具、粘贴式堵漏密封胶(适用于高压)堵漏
	裂口	使用外封式堵漏袋、电磁式堵漏工具组、粘贴式堵漏密封胶(适用于高压)堵漏
阀门		使用阀门堵漏工具组、注入式堵漏胶、堵漏夹具堵漏
法兰		使用专用法兰夹具、注入式堵漏胶堵漏

3. 泄漏物处理

(1)围堤堵截:围堤堵截泄漏液体或引流到安全地点。储罐区发生液体泄漏时,要及时关闭雨水阀,防止物料沿明沟外流。

(2)稀释与覆盖:向有害物蒸汽云喷射雾状水,加速气体向高空扩散。对于可燃物,也

可在现场施放大量水蒸气或氮气,破坏燃烧条件。对于液体泄漏,为降低物料向大气中的蒸发速度,可用泡沫或其他覆盖物品覆盖外泄的物料,在其表面形成覆盖层,抑制其蒸发。

（3）收集:对于大型泄漏,可选择用隔膜泵将泄漏出的物料抽入容器内或槽车内。当泄漏量少时,可用沙子、吸附材料、中和材料等吸收中和。

（4）废弃:将收集的泄漏物运至废物处理场所处置。用消防水冲洗剩下的少量物料,冲洗水排入污水系统处理。

边学边用

结合案例 1 中的问题,完成学生活动表中的活动内容,完成后可以拍照上传至网络平台。

学生活动表

活动描述	案例 1 问题密钥	备注
请针对案例 1 中提到的问题完成相关内容		字数不超过 100

学生姓名:	完成时间:

四、厂区泄漏事故现场处置一般程序

1. 现场发现及汇报

现场发现及汇报流程如图 10-2 所示。

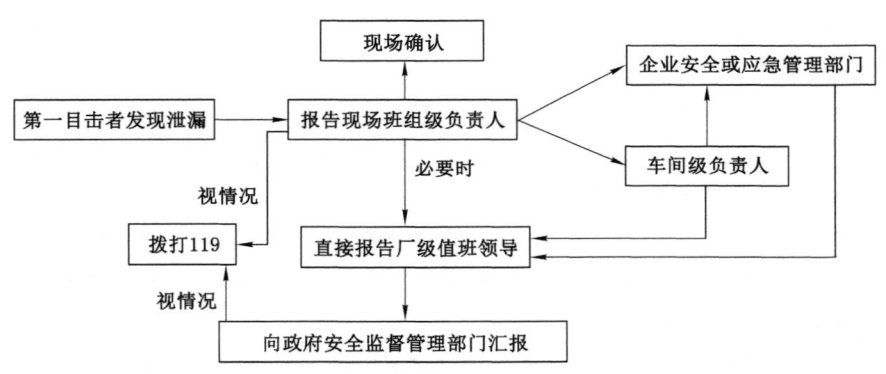

图 10-2　现场发现及汇报流程图

报警时,须讲明泄漏地点、泄漏介质、严重程度、人员伤亡情况。

2. 启动应急程序

应急程序流程如图 10-3 所示。

3. 泄漏点的封堵

若要进行带压堵漏,则在具备堵漏条件时,组织人员进入现场带压堵漏;若无法带压堵漏,则应切断泄漏点的前后部位。

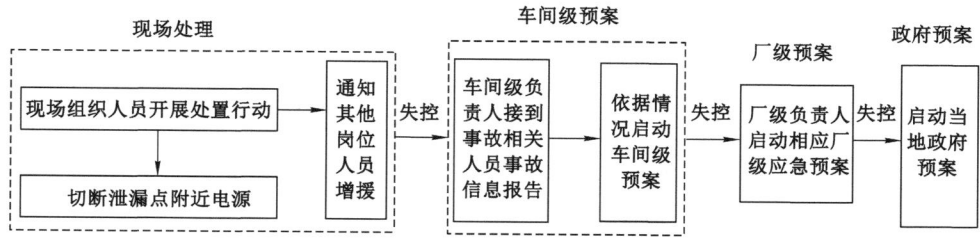

图 10-3　应急程序流程图

4．警戒与人员疏散

携带可燃气体检测仪测试,划定警戒范围。戴空气呼吸器转移中毒人员,并施行急救。组织现场与抢险无关的人员(含施工人员)疏散。人员疏散应根据风向标指示,撤离至上风口的紧急集合点,并清点人数。施工人员疏散时,应检查关闭现场的用火火源,切断临时用电电源。

5．接应救援

打开消防通道,接应消防、环境监测等车辆及其他外部应急增援力量。

五、应急避险

(1)发生泄漏,现场作业人员应立即停止操作,在确认发生毒气泄漏事故后,应马上用手帕、餐巾纸、衣物等随手可及的物品捂住口、鼻。手头如有水或饮料,最好把手帕、衣物等浸湿,最好能及时戴上防毒面具、防毒口罩。

(2)迅速撤离泄漏污染区。泄漏物若是易燃易爆品,撤离时应在有可能的情况下及时移走事故区爆炸物品、熄灭火种、切断电源。人员来不及撤离,发生爆炸时,应就地卧倒。

(3)尽可能戴上手套,穿上雨衣、雨鞋等,或用床单、衣物遮住裸露的皮肤。如已备有防化服、防毒眼镜、防护镜等防护设备,要及时穿戴。

(4)撤离时要弄清楚毒气的流向,向侧风向或侧上风方向迅速撤离,不可顺着毒气流动的方向走。

(5)发生大量泄漏时,不要慌乱,不要拥挤,要听从指挥,特别是人员较多时,更不能慌乱,也不要大喊大叫,要镇静、沉着、有秩序地撤离。

边学边用

结合案例 2 中的问题,完成学生活动表中的活动内容,完成后可以拍照上传至网络平台。

学生活动表

活动描述	案例 2 问题密钥	备注
请针对案例 2 中提到的问题完成相关内容		字数不超过 100

学生姓名：　　　　　　　　　　　　　　　　完成时间：

 点睛

> 危险化学品种繁，几项大类记心间。
> 泄漏事故常出现，堵漏技术优先选。
> 液体筑堤危险圈，稀释收集莫扩散。
> 毒气泄漏流向远，侧向侧上快疏散。

任务 2　危险化学品火灾爆炸事故初期处置与避险

任务分析

微课资源

危险化学品容易发生火灾、爆炸事故，国内危险化学品较大及重大事故频频发生，例如江苏响水"3·21"特别重大爆炸事故，不仅造成重大人员伤亡和经济损失，还给社会造成了极其恶劣的影响。全国每年发生危险化学品事故超过一千起，死亡人数数百人，危险化学品火灾爆炸事故占到危险化学品事故总数的 40% 以上。

不同的化学品及在不同情况下发生火灾时，其扑救方法差异很大，若处置不当，不仅不能有效扑灭火灾，反而会使灾情进一步扩大。因此，危险化学品火灾事故初期处置是一项极其重要的工作。

本任务主要介绍危险化学品火灾爆炸事故危害、应急处置流程以及避险逃生方法，重点是危险化学品火灾爆炸事故的处置流程和措施，难点是危险化学品火灾爆炸事故处置的指挥。

任务目标

知识目标

1. 理解危险化学品火灾爆炸事故初期处置与避险的重要性。
2. 熟悉危险化学品火灾爆炸事故处置一般程序和措施。

能力目标

1. 能够依据不同的危险化学品火灾爆炸事故场景采取正确的处置流程和措施。
2. 能够在面对危险化学品火灾爆炸事故时选择正确的避险方法。

素质目标

1. 培养学生勇敢坚强的品质和科学施救的习惯。
2. 培养学生团结协作、严谨细致的工作作风。
3. 培养学生具体问题具体分析的哲学观。

 案例引入

案例 1　一起储油罐火灾事故案例

某焦化公司一个 10 m 多高、储量为 1 000 m³ 的储油罐着火,罐区相邻的 9 个相同储油罐受到火势威胁,情况万分危急,后经过全力扑救,终于在当天晚上 10 点多将大火扑灭,避免了更大次生事故的发生,而且没有造成人员伤亡。事故现场如图 10-4 所示。

引入问题:针对案例中突发的储油罐及罐区初期火灾事故,如何进行有效的处置可以最大限度减少伤亡?

图 10-4　案例 1 事故现场

案例 2　一起动火作业引发储罐火灾爆炸事故案例

某公司厂区进行油气回收装置安装工作,安排 5 人在储罐防火堤外预制连接管道。2 名工人进入储罐防火堤内进行切割作业,在切割作业期间,忽然一声闷响,$2^\#$、$3^\#$、$4^\#$、$5^\#$ 储罐顶部几乎同时起火,随即 $1^\#$ 储罐顶部起火。工人迅速跑出防火堤,到仓库避险,火情持续了 84 h,所幸未造成人员伤亡。

引入问题:针对案例中突发的储罐初期火灾事故,处置时应该注意哪些要点?

知识探索

名句赏析:"小洞不补,大洞难堵。"事故都有发展阶段,初期往往是控制的最佳时期,刻不容缓。

一、危险化学品火灾爆炸事故危害

1. 爆炸碎片的破坏作用

危险化学品机械设备、装置、容器等爆炸后会产生许多碎片,飞出后会在相当大的范围内造成危害。

2.爆炸冲击波的破坏作用

冲击波的传播速度极快,在传播过程中可以对周围环境中的机械设备和建筑物产生破坏作用,造成人员伤亡。冲击波还可以在作用区域内产生振荡作用,使物体因振荡而松散,甚至破坏。

3.造成中毒和环境污染

在实际生产中,许多危险化学品物质不仅是可燃的,而且是有毒的,发生爆炸事故时,会使大量有毒物质外泄,造成人员中毒和环境污染。

二、危险化学品火灾爆炸事故处置一般流程

1.迅速报警

任何人发现火灾都应当立即报警。任何单位、个人都应当无偿为报警提供便利,不得阻拦报警。

2.全力疏散遇险人员

人员密集的危险化学品场所发生火灾,该场所的现场工作人员还应当负责立即组织、引导在场人员疏散。

3.尽力扑救初期火灾

发生火灾时,单位应当组织本单位员工参与初期灭火工作,邻近单位应当给予支援。

4.报告事故

按照国家有关规定立即如实报告负有安全生产监督管理职责的部门,不得隐瞒不报、谎报或者迟报,不得故意破坏事故现场、毁灭有关证据。

5.配合专业队伍

火势较大,单靠本部门或单位无法扑灭时,需要依靠消防队伍抢险救援,单位必须配合相关灭火工作。

三、事故初期处置要点

1.火灾事故初期处置要点

(1)确定火灾发生位置。

(2)确定引起火灾的物质类别(压缩气体、液化气体、易燃液体、易燃物品、自燃物品等)。

(3)明确火灾发生区域的周围环境。

(4)明确周围区域存在的重大危险源分布情况。

(5)确定火灾扑救的基本方法。

(6)确定火灾可能导致的后果(含火灾与爆炸伴随发生的可能性)。

(7)确定火灾可能导致的后果对周围区域的可能影响规模和程度。

(8)火灾可能导致后果的主要控制措施(控制火灾蔓延、人员疏散、医疗救护等)。

(9)需要调动的应急救援力量。

2.爆炸事故初期处置要点

(1)确定爆炸地点。

(2)确定爆炸类型(物理爆炸、化学爆炸)。

（3）确定引起爆炸的物质类别（气体、液体、固体）。

（4）明确爆炸地点的周围环境。

（5）明确周围区域存在的重大危险源分布情况。

（6）确定爆炸可能导致的后果（如火灾、二次爆炸等）。

（7）确定爆炸可能导致后果的主要控制措施（再次爆炸控制手段、工程抢险、人员疏散、医疗救护等）。

（8）需要调动的应急救援力量。

四、初期灭火

大多数的易燃可燃液体都可以使用消防泡沫进行扑救，可燃气体火灾可以使用二氧化碳、干粉等灭火剂扑救，有毒气体、酸碱液则需要喷雾和开花水流稀释，遇火燃烧的物质及金属火灾应用干粉或沙土覆盖扑救，轻金属火灾可以使用 7150 轻金属灭火剂扑救。

危险化学品火灾事故现场作业人员或单位只有在确保自身安全时才能进行火灾扑救，如果发现火势已难以控制或有爆炸危险，应及时疏散人员，请求专业人员抢险救援。切忌盲目施救，造成不必要的伤亡。

结合案例 1 中的问题，完成学生活动表中的活动内容，完成后可以拍照上传至网络平台。

学生活动表

活动描述	案例 1 问题密钥	备注
请针对案例 1 中提到的问题完成相关内容		字数不超过 100

学生姓名：　　　　　　　　　　　　完成时间：

五、危险化学品火灾爆炸逃生方法

（1）发现火情先报警。发生火灾时，应立即组织扑灭初期火灾，及时向消防队报警，必要时利用各种疏散通道进行逃生。

（2）发生火灾就近逃离。利用就近的门窗逃生，如门窗关闭或锁住，应立即破拆进行逃生。

（3）利用落水管逃生。火灾发生后各通道都被堵住，而跳楼又没有生还的把握，那么可以选择建筑室外的落水管道下滑逃生。

（4）布匹结绳逃生。将成品布或包装袋连接成长带，一端固定在牢靠的门窗构件上，另一端甩在地面上进行逃生。

（5）利用消防水带逃生。将消防水带连接在消火栓上或将水带固定在其他牢靠的构件上，另一端甩在地面上逃生。

（6）若是二、三层楼房着火,可将室内的绵软物体抛向一楼地面,堆在一起,然后顺墙壁滑落在事先抛出的绵软物体上。

（7）被困人员若无其他办法逃生,应沿楼梯上到平台,站在比较醒目的位置上进行呼喊,等待救援。

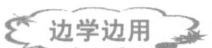

结合案例 2 中的问题,完成学生活动表中的活动内容,完成后可以拍照上传至网络平台。

学生活动表

活动描述	案例 2 问题密钥	备注
请针对案例 2 中提到的问题完成相关内容		字数不超过 100

学生姓名： 完成时间：

项目 11　矿井事故初期处置与避险

　　矿山行业属于高危行业，矿井事故严重威胁着从业人员的生命安全和社会稳定。近年来，国家高度重视矿井安全，进行了大量的安全投入，矿井安全事故发生起数和伤亡人数都得到了有效控制，但是，由于矿井生产的特殊性和复杂性，安全事故仍然无法从根本上避免，重特大事故时有发生，矿井安全任重道远。

　　实践证明，事故发生初期，采取正确的应急处置措施，科学进行避险逃生，能够有效降低事故造成的伤亡和损失。本项目基于这点考虑，选取了矿井典型的火灾和水灾两种事故，针对事故发生初期现场人员如何进行应急处置与避险、企业如何开展初期相应工作进行深入分析。

　　通过本项目的学习，学生可以强化初期应急处置意识和基本技能，为将来从事相关工作面对事故时沉着应对、科学排险解患奠定基础。

任务 1　矿井火灾事故初期处置与避险

 任务分析

　　凡是发生在矿井井下，或虽发生在井口附近但有可能威胁到井下安全生产的火灾，称为矿井火灾。例如，煤炭自燃、通风机房失火、地面井口房发生的火灾。它是煤矿五大灾害之一，严重地威胁着从业人员的安全和生产的正常进行。

微课资源

　　由于矿井地下开采空间的有限性，一旦发生火灾事故，在火风压、浓烟、高温等作用下，事故危险性极大。重庆松藻煤矿"9·27"重大火灾事故、重庆吊水洞煤业"12·4"重大火灾事故等教训惨痛。发生火灾后，现场人员如何在初期正确应急处置、避险逃生，具有重要的现实意义。

本任务以真实的矿井火灾案例为依托,分析矿井火灾发生后,初期如何应急处置、避险逃生,使得学生具备矿井火灾的初期应急技术,重点是火灾事故初期处置与避险方法措施,难点是矿井火灾初期应急避险协调指挥。

 任务目标

知识目标
　　1. 熟悉矿井火灾的类型、特点和易发地点。
　　2. 理解矿井火灾发生后应急的基本流程和避险技术要点。
能力目标
　　1. 能够依据不同的矿井火灾事故现场,采取正确的处置措施和避险方法。
　　2. 具备基本的矿井火灾初期应急避险协调指挥能力。
素质目标
　　1. 培养学生临危不乱、注重科学的品质。
　　2. 培养学生爱岗敬业、关爱他人的精神。

案例引入

案例1　重庆某煤矿火灾事故案例

某日重庆市某煤矿发生火灾事故,造成16人死亡、38人受伤。经初步分析,由于井下2号大倾角运煤上山胶带磨损严重,胶带温度升高后,因带式输送机装设的温度保护装置和烟雾探测器失效,没有预警并停止胶带运行,导致胶带着火,并引发胶带上面的煤炭燃烧,产生有毒有害气体逆流至工作面,造成人员中毒。

此次矿难的亲历者张某表示,他当时的工作地点距此次事发地大约有40 m。事故发生后,张某发现停电了,随即向调度室报告情况,不一会儿,所有人的通信器就亮起来了,调度室告诉他们,井下一氧化碳超标,迅速撤离,随后他就跳上矿车撤离了。

"吸了两口遭不住了,我赶紧戴上了呼吸器。"据张某介绍,燃烧后的一氧化碳和煤灰来得异常猛烈,吸了两口就承受不住了,随即戴上了矿上配发的自救呼吸器,"有的人反应慢了来不及了,有的人慌了神,事发就几分钟工夫"。不到20 min,矿上的救援队就进去搜救了。

引入问题:如果遇到这种情况,应该如何开展现场应急处置和避险?

案例2　某煤矿火灾事故避险案例

某煤矿发生火灾事故,因人员逃生路线选择不当造成大量伤亡,事后调查还原当时的人员被困场景如图11-1所示。

引入问题:张、王、李三人均处于"进风侧",应如何逃生? 赵、钱、孙三人均处于"回风侧",应如何逃生?"最佳路线"在哪里?

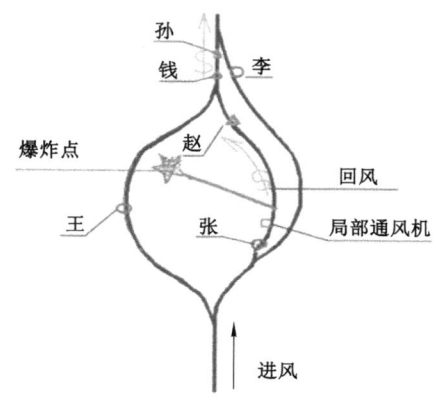

图 11-1　案例 2 人员被困场景图

知识探索

名句赏析:"但愿苍生俱饱暖,不辞辛苦出山林。"煤炭给我们带来了光和热,造福人类,但是一旦发生火灾事故,又能无情吞噬人们的生命。只有正确处置与避险才能化险为夷。

一、矿井火灾事故特征

(1)矿井火灾分为内因火灾和外因火灾。内因火灾主要是煤层自燃,外因火灾主要是设备着火。

(2)内因火灾多发生在采空区或通风不良的巷道中,外因火灾多发生在机电硐室、采掘工作面或地面煤场中。

(3)火灾事故没有季节性,一旦发生火灾还可能会引起一氧化碳中毒、窒息或引发瓦斯煤尘爆炸,造成很大的损失和人员伤亡。

(4)内因火灾的发生有一定的征兆,一般表现为:

① 空气温度、湿度持续性升高,有时出现雾气或巷道壁"出汗"。

② 巷道出现煤炭和坑木干馏的火灾气味。

③ 自巷道流出的水和空气温度升高。

④ 人体有不舒适感,如头痛、闷热、四肢无力等;电器、电缆发热,有胶皮烧焦的味道。

学中思、思中学

思考矿井火灾和地面火灾特点有何不同?

二、现场应急组织与职责

1. 现场应急组织及人员构成情况

基层单位现场应急组织以班组为单位,由全班组人员组成。按照既定预案确定现场负

责人(区队长、班组长、干部、有经验的老工人、煤矿特种作业人员等)。现场负责人要充分发挥高度政治责任心,勇敢地担负起现场救灾的职责,同时还必须做到以下几点:认真组织、沉着冷静、遵循原则(即基本行动原则)、随机应变、及时联络、团结互助。

2.现场应急组织机构、人员的具体职责

(1)现场应急组织负责人职责

① 负责明确事故性质、范围和发生原因等情况。

② 快速报告给调度室。

③ 带领全班组人员开展自救、互救工作。

(2)现场应急组织成员职责

在现场负责人的带领下开展自救、互救工作,尽可能采取措施避免事故扩大,减少人员伤亡。

三、现场应急基本原则

灭:就是在保证安全的前提下,采取积极有效措施,将事故消灭在初始阶段或控制在最小范围,最大限度地减少事故的伤害和损失。

护:因事故造成自己所在地点的有毒有害气体浓度和温度升高时,必须使用自救器或湿毛巾捂住口、鼻等,防止吸入有毒有害气体和高温气体。

撤:当火灾现场不具备抢救事故的条件或可能危及人员的安全时,要以最快速度选择最近的路线撤离灾区。

躲:指在短时间内无法安全撤离灾区时,应迅速进入安全地点躲避,等待求援或利用现场的设施和材料构筑临时避难硐室。

报:立即向现场领导报告或通过电话或其他方法向矿调度室报告事故发生的地点、时间、遇险人数及灾害情况等。

四、事故现场初期处置与避险

1.初期应急

(1)发现火灾事故时,邻近人员应尽量了解和报告灾情,判断事故性质、地点和危害程度,并迅速向矿调度室汇报。

(2)如果火灾不大,应立即组织力量将火直接扑灭。

(3)当现场不具备处置条件或可能危及人员的安全时,由在场的负责人或有经验的老工人带领,尽量选择安全条件好、距离最短的路线撤离危险区域,撤退时要服从领导、听从指挥,正确使用防护用具,遇有溜煤眼、积水区、垮落区等危险地段,应探明情况后谨慎通过。

(4)见到火或突然接到火警通知,需要立即撤退的人员要在判明灾情和实际情况的前提下采取行动,切忌盲目行动。

2.避险逃生

(1)应迅速戴好自救器,做好个体防护。

(2)位于火源进风侧人员,应迎着新鲜风流撤退。

(3)位于火源回风侧的人员或在撤退途中遇到烟雾有中毒危险时,应尽快通过捷径绕到新鲜风流中去或在烟雾没有到达之前顺着风流尽快从回风出口撤到安全地点;如果距火源较近且越过火源没有危险时,也可迅速穿过火区撤到火源的进风侧。

（4）如果在自救器有效使用时间内不能安全撤出时,应在有备用自救器的硐室更换,或撤到避难硐室进行自救,还可以寻找有压风管路的地点,以压缩空气供氧,也可以选择合适的地点就地快速搭建临时避难硐室进行自救,如图 11-2 所示。

避难硐室

压风管路

图 11-2　避难硐室与压风管路示意图

（5）撤退中应靠巷道有连通出口的一侧行进,避免错过脱离危险区的机会,同时还要随时注意观察巷道和风流的变化情况。

（6）逃生时不能直立奔跑,应尽量躬身弯腰低头快速行进。如果烟雾大、视线不清或温度较高时,应尽量贴着巷道底板和巷壁,摸着轨道或管道爬行撤退。

（7）在高温浓烟的巷道逃生时,可利用巷道内的水浸湿毛巾或衣物,以降低温度或是利用随身物件等遮挡头部,防止高温烟雾的刺激。

（8）逃生时如发现有爆炸的预兆时,要立即避开爆炸的正面巷道,进入旁侧巷道,或进入躲避硐室;如来不及撤离,应迅速背向爆源,就地顺着巷道一帮趴卧,面部朝下紧贴巷道底板,用双臂护住头面部并尽量减少皮肤外露。在爆炸过后,待无异常迹象时,沿着安全避灾路线尽快离开灾区。

（9）对于伤员按照"三先三后"的原则进行急救。

边学边用

结合案例 1 和案例 2 中的问题,完成学生活动表中的活动内容,完成后可以拍照上传至网络平台。

学生活动表

活动描述	案例 1 问题密钥	案例 2 问题密钥	备注
请针对案例 1 和案例 2 中提到的问题完成相关内容			每个问题字数不超过 100

学生姓名:　　　　　　　　　　　　　　完成时间:

五、企业初期应急处置

（1）调度室接到事故报告后，必须立即发出警报，通知撤出灾区和可能受威胁区域的人员。在判断受威胁区域时，要充分考虑到矿井外因火灾发展迅速、火烟蔓延速度快的特点，要估计到火势失去控制后可能造成的危害。严格执行火灾初期处置期间入井、升井制度，安排专人清点升井人数，确认未升井人数。

（2）通知相关单位，报告事故情况。第一时间通知矿山救护队出动救援，通知当地医疗机构进行医疗救护，通知矿井主要负责人、技术负责人及各有关部门相关人员开展火灾处置，通知可能波及的相邻矿井和有关单位。按规定向上级有关部门和领导报告。

（3）要抓住火灾初期容易控制、容易扑灭的有利时机，尽快采取措施灭火和控制火势发展，防止灾情扩大。迅速组织开展处置工作，积极抢救被困遇险人员。

（4）保持风机正常运行，维护通风系统稳定。

（5）专业救护队到达后，协助其做好抢险救援工作。

 点睛

> 矿井火灾危险多，调度报警最直接。
> 初期火灾直接灭，避险时间不耽搁。
> 逃生路线莫错过，避开火烟逆风撤。
> 沉着冷静要团结，勇敢救人讲科学。

任务 2　矿井水灾事故初期处置与避险

任务分析

矿井水灾事故是指渗入或涌入露天矿坑或矿井巷道的水量超过正常排水能力，淹没采场或巷道，造成矿山生产中断、人员伤亡或设备设施被淹的事故。它是煤矿五大灾害之一，发生水灾事故后，往往出现大面积水淹区，阻断正常的通行之路，带来大量的有毒有害气体，严重地威胁着人身安全和生产的正常有序进行。

微课资源

一旦发生透水事故，事故救援时间长、救援难度大，被困人员现场处置和避险显得尤为重要。例如，王家岭煤矿透水事故，153 人被困，经过 9 天的救援，115 人成功升井；河南陕县煤矿透水事故，经过 76 h 救援，69 人全部安全升井。实践证明，透水事故发生后，正确应急处置和避险，极大地提升了生存的可能性。

本任务以真实的矿井水灾案例为依托，分析矿井水灾发生后，初期如何应急处置、避险逃生，重点是水灾事故避险方法措施，难点是矿井水灾事故初期应急避险协调指挥。

 任务目标

知识目标

　　1. 了解矿井水灾的水源。

　　2. 熟悉矿井水灾的危险性和主要征兆。

　　3. 熟悉矿井水灾的应急处置措施与避险方法。

能力目标

　　1. 能够依据不同的事故现场，采取正确的处置措施和避险方法。

　　2. 具备基本的矿井水灾初期应急避险协调指挥能力。

素质目标

　　1. 培养学生临危不乱、注重科学的品质。

　　2. 培养学生爱岗敬业、关爱他人的精神。

案例引入

案例 1　一起矿井水灾初期逃生不当而造成死亡的案例

　　某地方煤矿发生突水事故后，井下的 7 名矿工一同向灾区外撤。当走到下山底部车场时，发现积水已将去路淹没。这时，一名青年工人急于脱险，自认为水性好、熟悉巷道情况，不顾其他同伴的劝阻贸然潜入水中，企图脱离灾区。结果，在水中迷失方向和被杂物缠绕而淹溺身亡。另外的 6 名遇险人员，由于在原地正确地避难待救，2 h 后终于随着抢救工作开展、积水水位下降而全部安全撤出灾区。

　　引入问题：面对案例中的突水事故，如何做好初期应急处置和避险？

案例 2　一起矿井水灾成功避险的案例

　　某矿班组下井挖掘巷道，早晨 7 点 30 分下班后，从作业面经过两个斜坡下行到约 800 m 外的停车场时，发现停车场内积有没靴深的水。没等他们过多思量，大约不到 1 min 的时间，水便迅速涨到超过 1 m 深。见情况异常，他们赶紧回撤到作业面，用电话向煤矿调度室汇报情况。这时调度室值班人员给他们指了一条逃生路线。他们赶紧顺着回风巷道往竖井方向跑。可是到了竖井底部，隐隐约约看到黑洞洞的竖井上方似有亮光，但无攀爬可抓之物。当时，他们共有 16 人，有的因上班没几天，相互还不太熟悉。大约 20 min 后，下面巷道里的水泄闸似的喷涌上来，瞬间便没腿、没腰。紧接着，咕嘟咕嘟的漩涡和激烈喷涌的水流不时掀起一股股巨浪。一个大浪打来，8 个人就不见了，被水卷走再未浮出水面。见势不妙，剩余的人急中生智，每人牢牢抱住旁边施工用的木板、圆木等物漂了起来。他们很快被涌到通风竖井的半腰上。慢慢地，水位不再快速上涨了，但距离地面尚有 100 多米。他们死死抱住木头不敢松手，焦急地等待着地面的救援。

　　终于，大约在 4 h 后，直径 5 m 左右的竖井上方一个吊斗缓缓落了下来，他们不顾一切

地爬了上去,最终全部获救。

引入问题:此案例中工人逃生的关键是什么？你如何看待上面的案例？

 知识探索

名句赏析:"见义不为,无勇也。"矿井水灾发生后,敢于积极组织人员疏散,是一种勇气,也是一种责任。

一、矿井水源

矿井水来源主要包括大气降水、地下水、老空水、断层水,如图 11-3 所示。

（a）大气降水　　　（b）地下水　　　（c）老空水　　　（d）断层水

图 11-3　矿井水来源

二、矿井水灾事故危险性分析

1. 主要原因

（1）采掘过程中没有探水或探水工艺不合理。

（2）采掘过程中突然遇到含水的地质构造。

（3）爆破、钻孔或地压活动时揭露水体。

（4）排水设施、设备设计或施工不合理。

（5）没有及时发现突水征兆,或发现突水征兆而没有及时采取探放水措施或探放水措施不合理。

（6）采掘过程中没有采取合理的疏水、导水措施,使采空区、废弃巷道积水。

（7）巷道、工作面和地面水体内外连通。

（8）降雨量突然加大时,造成井下涌水量突然增大。

2. 矿井水灾事故的危害

（1）空气湿度增大,恶化了劳动条件,影响劳动生产效率和职工身体健康。

（2）对各种金属设备、支架、轨道等均有腐蚀作用,会缩短其使用寿命。

（3）安设专门的管路、水泵等设备进行排水,增加了采矿成本和工作量。

（4）降低了巷道的稳固性,增加了巷道发生冒顶、片帮的危险,增加了支护和维护的难度。

（5）矿井水灾事故发生后,有些矿区无法恢复生产,矿产资源不能再开采,造成资源的巨大浪费。

（6）当发生突然涌水或其水量超过排水能力时,轻则造成局部停产,重则可能造成淹井,造成财产损失和人员伤亡。

三、矿井透水前的主要征兆

（1）挂红：挂红是一种出水信号。矿井水中含有铁的氧化物，在它通过岩层裂隙而渗透到采掘工作面矿体表面时，会呈现暗红色水锈，这种现象叫挂红。

（2）挂汗：积水区的水在自身压力作用下，通过岩壁裂隙而在采掘工作面的岩壁上结成许多水珠。

（3）水叫：含水层或积水区内的高压水向煤（岩）壁裂隙挤压时会发出"嘶嘶"叫声，这说明采掘工作面距积水区或其他水源已经很近了。

（4）空气变冷：采掘工作面接近积水区域时，空气温度会下降，岩壁发凉，人一进入工作面就有凉爽、阴冷的感觉。

（5）出现雾气：当采掘工作面气温较高时，从岩壁渗出的积水会被蒸发而形成雾气。

（6）顶板淋水加大，顶板来压，底板鼓起。

（7）水色发浑，有臭味。

（8）采掘工作面有害气体增加，积水区向外散发瓦斯、二氧化碳、硫化氢等有害气体等。

（9）如果出水清澈，则离积水区较远；若出水浑浊，则离积水区已近。

学中思、思中学

分析上述矿井透水事故征兆产生的原因。

四、现场应急组织与职责

1. 现场应急组织及人员构成情况

基层单位现场应急组织以班组为单位，由全班组人员组成。按照既定预案确定现场负责人（区队长、班组长、干部、有经验的老工人、煤矿特种作业人员等）。现场负责人要充分发挥高度政治责任心，勇敢地担负起现场救灾的职责，同时还必须做到以下几点：认真组织、沉着冷静、遵循原则（即基本行动原则）、随机应变、及时联络、团结互助。

2. 现场应急组织机构、人员的具体职责

（1）现场应急组织负责人职责

① 负责明确事故性质、范围和发生原因等情况。

② 快速报告给调度室。

③ 带领全班组人员开展自救、互救工作。

（2）现场应急组织成员职责

在现场负责人的带领下开展自救、互救工作，尽可能采取措施避免事故扩大，减少人员伤亡。

五、矿井水灾初期处置要点

1. 启动应急预案，及时撤出井下人员

调度室接到事故报告后，应立即通知撤出井下受威胁区域人员，通知相邻可能受水害波及的其他矿井。严格执行事故应急救援期间相应入井、升井制度,安排专人清点升井人数,确认未升井人数。

2．通知相关单位,报告事故情况

通知矿井主要负责人、技术负责人以及机电、排水等各有关部门人员,通知矿山救护队、医疗救护人员,按规定向上级有关领导和部门报告。

3．采取有效措施,组织开展救援

矿井应保证主要通风机正常运转,保持压风系统正常。矿井负责人要迅速调集机电、开拓、掘进等作业队伍及企业救援力量,调集排水设备物资,采取一切可能的措施,在确保安全的情况下迅速组织开展救援工作,积极抢救被困遇险人员,防止事故扩大。

思考目前信息化技术在矿井避灾中的作用。

六、水灾现场人员避险要点

1．避险系统要熟悉,安全设施要利用

当现场人员被涌水围困无法退出时,应迅速进入预先筑好的避难硐室中避灾,或选择合适地点快速构筑临时避难硐室避灾。迫不得已时,可爬上巷道中高冒空间待救。如系老窑透水,则须在避难硐室处建临时挡墙或吊挂风帘,防止被涌出的有毒有害气体伤害。进入避难硐室前,应在硐室外留设明显标志。例如,河南陕县支建煤矿发生洪水淹井,造成 69 名矿工被困。经过 76 h 的艰苦营救,被困的 69 名矿工全部生还。其中一条重要的原因就是:该矿井具有一定的防灾抗灾能力,煤矿井下有避难硐室、电话、压风管路和防尘喷水管线,提供了通信、通风送氧、输送流食的通道,形成了三条"生命线"。

2．透水预兆要牢记,发现隐患快撤退

《煤矿安全规程》第二百八十八条规定:"采掘工作面或其他地点发现有煤层变湿、挂红、挂汗、空气变冷、出现雾气、水叫、顶板来压、片帮、淋水加大、底板鼓起或者裂隙渗水、钻孔喷水、煤壁溃水、水色发浑、有臭味等透水征兆时,应当立即停止作业,撤出所有受水患威胁地点的人员,报告矿调度室,并发出警报。在原因未查清、隐患未排除之前,不得进行任何采掘活动。"例如,左云煤矿透水事故、广东梅州大兴煤矿透水事故,这些透水事故在发生前都有明显的透水征兆。在左云煤矿发生透水事故前几天打钻时,钻孔里的水喷出 2 米多远,说明离老空水已经很近了。

3．透水一旦发生后,事故报告要及时

在透水发生的第一时间,在现场和附近工作地点的人员,应该在可能的情况下,以最快的速度判断和观察突水的地点、水的来源、涌水量和危害程度以及井下人员目前的情况并迅速报告给调度室,与此同时向附近和下水平的工作人员发出警告。这些工作将会为接下来的救灾提供极为重要的参考。例如,河南陕县支建煤矿洪水淹井事故成功救援就得益于事故报告及时,为救援赢得了宝贵时间。发现透水事故后及时通知调度室及时撤离人员,减少了井下被困人数。同时,及时向县级相关部门汇报,并请三门峡市、义煤集团等救护队到现场救援。

4．水势凶猛不要慌,紧抓固定或漂浮物

透水时,如果水势很猛,冲力很大,情况不允许转移和躲避,则要紧紧抓住棚腿、棚梁或其他固定物件不放或紧抓一些原木等漂浮物,防止被水头打倒冲走,等水头过去之后再转移。例如,王家岭煤矿"3·28"透水事故获救者(湖南籍工人)口述:"我在山西好几年了。以前也在一些煤矿干过。出事那天,是我来到这个煤矿上班后第一天下井作业。水位越来越高,我前面的巷道顶部全被淹了。我用皮带捆住腰,吊在巷道里的锚杆上,一直吊着。我的下半身泡在水里,泡了 3 天 3 夜。过了好长一段时间,水下降了许多,我就赶紧下水,游到了位置高的地方。"

5．面对水头要镇静,尽快撤到上水平

等水头过去之后,在条件允许的情况下,应迅速撤到突水地点以上的水平,尽量避免进入突水点附近及下方独头巷道。例如,王家岭煤矿"3·28"透水事故获救者(山西籍工人)口述:"我们 4 队有个老工人,姓高。他年龄大、有经验。老高想了个办法,带我们逃到地势高的地方搭架子。我们合伙用井下的井架和网片搭了个架子,有五六十厘米高,能坐二三十个人,盼着救援快点来。"

6．退路如果被水淹,切忌潜水去乱钻

撤退途中因冒顶或积水堵住退路,严禁盲目采取潜水等冒险行为来脱离险区,因为潜水容易被水中杂物缠绕或撞击而淹溺死亡,应该静等救援。例如,晋煤集团天安公司郊南煤矿因盲目进行掘进,导通采空区积水,造成透水事故。事故发生后,在三三采区运输下山作业的掘进一队 7 名工人,因为工作面瓦斯浓度高,正往三三采区运输下山巷的平台上走,刚上到平台,就看到有水从巷道的胶带处流了下来,将平台下的巷道淹没,于是 7 名工人赶忙爬到距离平台有 3 m 高的棚架上避险。水位下降后,工人吴某说:"我游过去给大家看看情况,去找人救大家。"说完就穿着衣服下到了水中沿胶带的方向往上游,但游了一会儿就被水淹没了。

7．判断是否老空水,及时戴好自救器

当老空水涌出,使所有地点的有毒有害气体浓度增高时,现场人员应立即佩戴隔离式自救器。在尚未确定所在地点空气成分能否保证生命安全时,决不能摘掉自救器的口具和鼻夹,以免中毒、窒息事故的发生。老空水的判断:老空水搓动有润滑感、发涩、有臭味、透明度差。

8．上山下部若被淹,独头上山暂躲避

透水后,应在可能的情况下迅速观察和判断透水的地点、水源、涌水量、发生原因、危害程度等情况,迅速撤退到透水地点以上的水平,而不能进入透水点附近及下方独头巷道。对于上山掘进施工人员和来不及撤到上一水平的人员,如果独头上山下部的唯一出口已被淹没、堵塞而无法撤退时,则可在独头工作面避难待救。因独头上山内的空气在短时间内被水压缩后形成了高压氧仓,压力增大,不仅能阻止水继续上升,还能阻止有毒有害气体进入。例如,东北某矿发生水灾事故,3 名四川籍矿工撤退到了一独头巷道内,被困了 5 天 5 夜后全部生还,而另一名矿工与他们冲散后,不幸遇难。

9. 被困井下心莫慌,节省体力等救援

避难人员在避难时应静卧休息,避免不必要的体力和氧气消耗,要保持良好的精神状态和心理状态,要克服困难,切不可悲观消极与急躁。在避灾期间,遇险矿工要有良好的精神和心理状态,做好长期避灾的准备,除轮流担任岗哨观察水情的人员外,其余的人员均应静卧,以减少体力和空气消耗。煤矿发生事故后,矿工在井下被困十几天乃至更长时间后仍能生还的案例并不少见。例如,唐山发生地震后,开滦矿务局赵各庄煤矿 5 名矿工被困井下15 天后得救;山东华坞煤矿发生透水事故后,大批矿工被困井下,其中有 28 名矿工被困 21天后得救;淮南大通煤矿透水,2 名矿工在井下被困 19 天零 3 小时后被救出。

10. 找到避难好空间,相信政府相信党

要利用好井下避灾空间,我国发生过很多透水后长时间被困最终成功被营救的案例。例如,贵州晴隆新桥煤矿发生透水事故,其中 3 名矿工被困井下 25 天后奇迹生还,创造了同等条件下人类的生存极限,原因就是队里的一位老工人熟悉井下巷道系统,知道一条高水平的巷道,才让这几名工人死里逃生。更重要的是我们政府从未放弃他们,想尽一切办法,不惜一切代价,不到最后一刻决不停止救援工作,才使他们的坚持有了意义。

11. 其他初期应急处置与避灾注意事项

(1)避灾时,敲击的方法要有规律,间断发出呼救信号,向救援人员指示躲避处的位置。

(2)被困期间断绝食物后,即使在饥饿难忍的情况下,也应努力克制自己,绝不嚼食杂物充饥。需要饮用井下水时,应选择适宜的水源,并用纱布或衣服过滤。

(3)如透水破坏了巷道中的照明和路标,迷失行进方向时,遇险人员应朝着有风流通过的上山巷道方向撤退。

(4)在撤退沿途和所经过的巷道交叉口,应留设指示行动方向的明显标志,以提示救护人员注意。

(5)长时间被困在井下,发觉救护人员来营救时,避灾人员不可过度兴奋和慌乱,以防发生意外。

结合案例 1 和案例 2 中的问题,完成学生活动表中的活动内容,完成后可以拍照上传至网络平台。

学生活动表

活动描述	案例 1 问题密钥	案例 2 问题密钥	备注
请针对案例 1 和案例 2 中提到的问题完成相关内容			每个问题字数不超过 100
学生姓名:		完成时间:	

水灾事故救援难,妥善避灾是关键。

透水预兆要分辨,报告事故不迟缓。

上山下口若被淹,独头上山暂避险。

节省体力待救援,切忌潜水去乱钻。

被困日久莫慌乱,相信政府过难关。

模块5

事故抢险救援

项目 12　建筑火灾事故抢险救援

建筑火灾事故占到火灾事故的 90% 以上,事故发生后,除了现场与单位做好初期处置外,及时报警是重点,报警后专业消防队伍会及时赶到,联合公安、应急、供水、供电、供气、医疗救护等应急联动力量进行抢险救援。

建筑火灾抢险救援工作由于受到建筑结构、作业场地、设备、供水等方面的影响,救援难度较大,近年来高层建筑以及商场特别是大型商业综合体建筑不断涌现,这些建筑在满足人们工作和生活的同时由于结构复杂、易燃物质多、救援施展空间不足等,为火灾抢险救援增加了很大难度。

本项目选择建筑火灾中高层建筑火灾和商场建筑火灾进行火灾抢险救援技术分析,要求学生熟悉这两类火灾事故的抢险救援特点、抢险救援的基本组织流程和基本技术措施。培养学生致敬消防、爱国护民的精神以及危险面前挺身而出、不畏艰险的意志。

任务 1　高层建筑火灾事故抢险救援

　任务分析

随着经济的发展,城市化进程不断加快,各地高层建筑如雨后春笋般涌现。目前,上海、北京、天津、重庆等大城市已建和在建高层建筑均已接近或突破 10 000 栋。其中,上海高层建筑数量更是达到 14 000 栋,总量居世界城市之首。建筑高度也在不断攀升,我国先后出现高 450 m 的南京绿地广场紫峰大厦,420.5 m 的上海金茂大厦,以及高度达到 632 m 的中国第一高楼——上海中心大厦。随着高层建筑数量越来越多、高度越来越高、结构越来越复杂,功能也越来越多样化。尤其是大量建筑新材料、新工艺、新技术的广泛应用,使高层建筑潜在的火灾危险性日益攀升,给火灾抢险救援工作带来了很多新情况、新问题。

微课资源

本任务主要学习高层建筑火灾抢险救援的特点、一般救援流程和具体技术方法,重点是高层建筑火灾抢险救援流程和措施,难点是高层建筑火灾抢险救援的指挥调度。

 任务目标

知识目标
   1. 了解高层建筑火灾抢险救援的特点。
   2. 熟悉高层建筑火灾抢险救援的一般流程。
   3. 熟悉高层建筑火灾抢险救援的基本方法和措施。
能力目标
   1. 能够依据现场情况,准确判断火灾情况,采取正确的救援方案。
   2. 具备基本的高层建筑火灾抢险救援的指挥调度能力。
素质目标
   1. 培养学生致敬消防、技术报国的思想。
   2. 培养学生爱岗奉献、爱国护民的精神。
   3. 增强学生纪律性和意志力。

案例引入

案例 1　一起高层建筑成功抢险救援的案例

　　某消防支队 119 指挥中心接到群众报警,一高层建筑住宅楼发生火灾,火势较大。接到报警后,指挥中心迅速调集消防中队 5 辆消防车、38 名消防官兵赶赴火灾现场扑救。支队全勤指挥部当日总指挥得知情况后高度重视,迅速带领全勤指挥部部分官兵赶赴火灾事故现场指挥灭火救援工作。

　　经火情侦察得知,起火部位位于该住宅 10 层,浓烟滚滚,大火借风势猛烈燃烧并迅速向上蔓延,情况危急。更让消防官兵感到害怕的是,火灾发生时间位于清晨,住宅内数百名居民应该还在沉睡之中,如果不能及时疏散居民,火灾迅速蔓延扩大,后果将不堪设想。鉴于现场紧急情况,支队全勤指挥部总指挥迅速下达作战命令,命令现场消防官兵立即编为 3 个作战小组,第一小组官兵负责紧急疏散住宅内全部居民;第二小组官兵利用水带连接住宅内部消火栓,使用 2 支水枪深入 10 层起火建筑内消灭明火,防止火势蔓延扩大;第三小组官兵负责利用高喷消防车水炮出水压制火势。

　　命令下达后,一场与时间赛跑的灭火战斗即刻打响。各战斗小组消防官兵按照各自分工,迅速投入了激烈的灭火战斗之中。经过半个多小时的激烈战斗,住宅楼 10 层起火住宅内部明火被全部消灭,住宅内 500 余名群众全部被安全疏散。经过全体参战官兵近一个小时的奋力扑救,大火被完全扑灭。火灾现场如图 12-1 所示。

　　引入问题:案例中的高层住宅抢险救援体现了哪些抢险救援流程?

图 12-1　案例 1 火灾现场

 知识探索

名句赏析："平时多流汗，战时少流血。"消防抢险救援是与灾害作斗争，平时要千锤百炼，关键时才能战无不胜。

一、高层建筑火灾抢险救援特点

1. 设施及装备技术要求高

扑救高层建筑火灾需要可靠的固定消防设施和功能强大的消防移动装备，但现有的消防设施和移动装备还难以满足灭火实战的需求。

（1）现有消防车的供水能力和供水器材的耐压强度还达不到高层建筑的较大高度，因此，高层建筑火灾的扑救还主要依靠其固定消防设施，但现有的固定消防设施在施工、管理等方面与实战的要求还有不小的差距。

（2）举高消防车和消防直升机（图 12-2 和图 12-3）是扑救高层建筑火灾的先进装备，但由于受施展空间和技术的局限，其作用目前还没有得到充分发挥。

图 12-2　举高消防车

图 12-3　消防直升机

受高度的局限,举高消防车一般只能救助相应伸展高度内的被困人员,或输送消防人员到达这一高度的窗口;有射水功能的举高消防车也只能向这一高度的喷火窗口射水。

受飞行安全和停放场地的局限,消防直升机目前只能救助那些已经逃生到屋顶直升机停机坪的被困人员,或输送消防人员到达该处。

扑救高层建筑火灾,如果内部固定消防设施失效,消防人员仍需依靠消防移动装备从内部登高展开灭火行动。

举高消防车的种类和特点有哪些?

2. 战术意图实现难

高层建筑火灾扑救,由于楼层高,消防人员、装备到位慢,火场供水难度大,火场指挥员要实现战术意图常常很困难。

(1) 消防人员、装备到位慢

① 登高体力消耗大。高层建筑较高楼层发生火灾时,如果电梯无法使用,消防人员通过楼梯登高,会消耗很大的体力,既影响时间,也影响后续战斗。表 12-1 是消防人员登高体力测试数据,显示了消防人员登高 15 层楼后心率、呼吸、血压变化的情况。

表 12-1　消防人员登高体力测试数据

登高楼层	登高人员		年龄/岁	心率/(次/min)		呼吸/(次/min)		血压/mmHg		登高时间
	组别	编号		登高前	登高后	登高前	登高后	登高前	登高后	
15	A	1	25	71	163	24	44	106/70	124/79	48″60
		2	22	64	138	17	45	101/67	122/64	50″26
		3	20	65	130	22	42	104/63	124/66	56″66

注:参加测试的消防人员按规定穿戴个人装备,包括背负空气呼吸器。

② 登高进攻途径少。高层建筑较高楼层发生火灾,除少数消防人员可利用消防直升机和举高消防车登高外,大多数只能依赖内部楼梯和电梯登高。如果火势较大或燃烧时间较长,使用电梯也不安全时,只能沿疏散楼梯登高。因此,高层建筑灭火救援时,可供登高进攻的途径非常有限。

③ 战斗展开时间长。由于楼层高、登高体力消耗大、进攻途径少,因此,高层建筑灭火战斗展开的时间往往要比其他火场长得多。另外,消防人员若从疏散楼梯登高,还会遇到向下疏散人流的影响,从而更加影响战斗展开的时间。

(2) 火场供水难度大

我国高层建筑在设计消防给水能力时,由于受诸多因素的限制,难以考虑较大火灾的灭火用水需求,而高层建筑空间布局的复杂性又使火场直接供水难度极大。

① 水带铺设时间长。高层建筑发生火灾,一旦固定消防设施失效,或火场燃烧面积较大时,消防人员只能依靠垂直铺设水带的方法实施直接供水灭火。但高层建筑垂直铺设水带难度比较大,往往需要较长的时间,容易贻误战机,使火势扩大。

② 灭火用水量大。我国高层民用建筑在设计上规定,室内消火栓最大灭火用水量为 40 L/s,室外消火栓最大灭火用水量为 30 L/s。但这仅能满足初期火灾的灭火用水需求。当火场面积扩大时,灭火用水量将远远超过设计用水量。如火场燃烧面积为 600 m^2,灭火用水供给强度为 0.15 $L/(s \cdot m^2)$,则火场用水量将达到 90 L/s。

③ 排除故障时间长。着火楼层较高时,使用消防车和垂直铺设水带供水时,由于压力高,消防车长时间运转容易损坏,水带也容易破裂,造成供水中断,但调换车辆和水带往往需要较长的时间。

（3）玻璃幕墙坠落影响大

玻璃幕墙受高温或火焰作用,易碎裂形成"玻璃雨",像"飞行尖刀"一样下坠,极易造成人员伤亡和消防装备损毁,严重影响灭火战斗行动,妨碍指挥员战术意图的实现。尤其是高压供水线路上的水带,最易被刺穿。例如在扑救某高层建筑火灾的火场上,被玻璃幕墙碎片损坏的水带就达 50 多盘。

3．组织协调任务重

扑救高层建筑火灾,一般会调集较多力量参战,而且高层建筑对现场消防通信质量有一定的影响,如果现场组织协调不好,容易出现混乱局面。

① 参战力量多。高层建筑发生较大火灾时,消防通信指挥中心将会调集大量的人员和单位参战,因此,要组织协调好各参战力量,发挥整体作战的威力,避免出现混乱局面的任务很重。

② 通信干扰大。高层建筑结构对消防通信有一定的屏蔽作用,容易造成火场上消防通信不畅。若火场指挥部和前方指挥员之间以及各参战力量之间不能及时沟通,往往容易出现被动局面。据国内外现场测试,钢结构或组合结构高层建筑的消防通信信号一般只能传输到 65 层左右。因此,现场通信组织工作任务很重。

说一说你对消防救援队伍的了解。

二、救援过程

1．力量调集

（1）调集举高消防车、压缩空气泡沫消防车、高层供水消防车、水罐消防车、抢险救援消防车等车辆,支队全勤指挥部和战勤保障力量应随行出动。

（2）根据现场需要,调集公安、供水、供电、供气、医疗救护等应急联动力量以及建筑结构专家、建筑设计人员、维保单位技术人员到场配合处置。

（3）依靠物业管理人员、保安相关人员配合处置,联系派出所、居委会、楼组长提供住户信息。

2．途中决策

（1）车辆出动后,指挥员要与指挥中心、报警人联系,询问核实下列情况:

① 火情地址。

② 起火楼层和部位、燃烧物质及火势情况。

③ 人员逃生和被困情况。

④ 周边道路通行能力情况。

⑤ 增援力量出动及社会应急联动单位调集情况等。

（2）出动途中查询起火建筑的建设时间、有无改扩建、使用性质、楼层功能、结构布局、层数、面积、进攻途径和消防水源等情况。

（3）接近火场时注意观察下列情况：

① 风向、风力情况。

② 起火建筑冒烟楼层和烟雾颜色，一般冒出烟气楼层中最下一层为起火层。

③ 外部窗口是否有明火。

④ 是否有被困人员呼救或发出求救信号。

⑤ 高层建筑周边道路、消防车作业面等情况。

（4）综合火场信息，初步预判起火楼层、灾情规模和人员被困情况，视情况请求增援。

（5）辖区消防救援站指挥员途中应向本站其他车辆人员、增援消防救援站指挥员通报掌握的情况，部署车辆停靠位置和初步作战分工，提示行动注意事项。增援消防救援站出动途中应主动与辖区消防救援站指挥员取得联系，了解掌握基本情况。

（6）出动途中，联系起火单位提出初期处置建议和需要配合的事项，指导单位组织人员疏散和利用固定消防设施开展自救，并要求单位清理起火建筑周边车辆等影响救援行动的障碍。

3. 迅速组织火情侦察

及时、准确地获取火场信息是实施科学决策和开展灭火战斗行动的先决条件。

（1）迅速查明火场主要情况

① 查明着火楼层的位置，燃烧物品的性质、燃烧范围和火势蔓延的主要方向。

② 查明是否有人员被困，被困人员的数量及位置。

③ 查明有无珍贵资料、贵重物品受到火势的威胁。

④ 查明单位员工进行疏散、灭火的初战情况。

⑤ 查明消防控制中心信息接收和指令操作情况，包括发出火灾信号和安全疏散指令情况；自动灭火系统、防排烟系统、通风空调系统动作情况；防火卷帘、电控防火门动作情况；非消防用电是否切断，消防电源、消防电梯运行是否正常；燃气管道阀门是否关闭；各类联动控制设备运行是否正常；等等。

⑥ 查明大楼消防给水系统运行是否正常。

⑦ 查明可供救人和灭火进攻的路线、数量和所在位置等。

（2）充分利用各种侦察方法

① 通过外部观察冒烟窗口或喷出的火势情况，大致判断着火楼层的高度、位置以及火灾所处的阶段。

② 向知情人了解着火部位、燃烧物品的性质等情况，并询问大楼内部有无被困人员、珍贵资料和贵重物品及所处的位置。

③ 利用消防控制中心监控设施了解大楼内部的烟雾流动和火势发展情况，大致判断燃烧范围和火势蔓延的主要方向。

④ 使用侦检仪器检测火场温度及有毒气体含量,并利用经纬仪监控大楼倾斜角度和倾斜速度。

⑤ 组成侦察小组深入火场内部,查明着火的具体部位、火势蔓延的主要方向、被困人员的数量及位置等情况。

⑥ 查阅灭火作战预案,检索电脑资料,调用单位建筑图纸,了解大楼的详细情况等。

请依据所学进行火情判断,完成学生活动表中的活动内容,完成后可以拍照上传至网络平台。

学生活动表

活动描述	案例照片	填写火情判断情况	备注
请依据右边图片来初步判断火情,将判断情况写在对应位置			字数不超过 100
学生姓名:		完成时间:	

上述方法在高层建筑火灾侦察中应综合使用,如外部观察通常有以下几种情况:一是在行驶途中观察火场方向有无烟雾、火光,并从烟雾、火光的颜色和大小中判断火势情况;二是在到达火灾现场时,应对建筑外部进行初步观察,以便快速判断火情,实施战斗计划;三是针对有倒塌危险的建筑,使用经纬仪等仪器进行外部观测监控,以防其突然倒塌,造成人员伤亡。火情侦察要贯穿于火灾扑救的始终,以便及时掌握火情的动态变化。

4. 积极疏散抢救人命

疏散救人是高层建筑灭火战斗行动的首要任务。由于高层建筑内部人员众多、分布面广,加上高温烟雾和火势的影响,疏散救人的难度和工作量都会很大,特别是被困人员较多或火场情况复杂时还往往容易出现混乱。因此,消防人员到场后必须有序组织疏散救援行动,以最大限度地减少人员伤亡。

(1) 安全疏散的基本顺序

高层建筑疏散受火势威胁人员的基本顺序是:着火层→着火层上层→着火层再上层和着火层下层→其他楼层。

① 着火层。烟火首先在着火层蔓延发展,该层人员受到的威胁最大,因此需要最先疏散。在疏散着火层人员时,应重点加强对着火房间及其邻近部位遇险人员的疏散。

② 着火层上层。由于烟火极易向上蔓延,对着火层上层的人员也会形成很大的威胁,因此,着火层上层人员也需要及时疏散。如果火势威胁较大,着火层上层人员应与着火层人员同步疏散。

③ 着火层再上层和着火层下层。由于烟火向上发展蔓延速度快,加上烟气还会下沉,因此,在着火层再上层和着火层下层的人员也会受到一定程度的威胁。在疏散着火层和着火层上层人员后,应及时疏散这两个楼层的人员。

④ 其他楼层。在着火层、着火层上两层及着火层下层人员疏散完毕后,应先疏散大楼顶部楼层人员,以防止高温烟气扩散到顶部楼层并在顶部积聚,威胁这一楼层人员的安全;其次,再视情况疏散其他楼层的人员。如果到场力量无法控制火势,大楼内所有人员受到火势或倒塌威胁时,应及时对其他各楼层人员进行逐层疏散,直至全部撤离。

 学中思、思中学

思考高层建筑某房间起火后的烟气传播线路。

（2）疏散救人的主要方法

① 利用应急广播指导疏散。利用应急广播系统稳定被困人员情绪,引导被困人员有秩序地疏散,这是争取疏散时间、提高疏散效率的最佳方法,还有助于防止被困人员产生惊慌、拥挤甚至盲目跳楼逃生。利用应急广播指导疏散,要按安全疏散的基本顺序依次分批广播。若大楼内有不同国籍的人员,要使用不同的语言进行广播,且同一内容要重复广播。

② 消防人员引导疏散。消防人员到场初步了解情况后,要立即组成疏散救人小组进入大楼内部,按安全疏散的基本顺序及时引导有行动能力的人员通过楼梯、电梯等进行疏散。

③ 消防人员深入烟火区域搜寻。对受烟火威胁难以引导疏散的遇险人员,消防人员要深入火场内部进行搜寻,全力予以救助。消防力量不足或情况紧急时,可先把遇险人员救助至着火层以下的相对安全区域,再行疏散。

④ 利用举高消防车救人。当着火大楼外墙窗口或阳台等处有目标明显的被困人员,或向下疏散通道被烟火严重封锁时,应使用相应高度的举高消防车实施疏散救人。

⑤ 利用消防直升机救人。如果着火建筑顶部设有直升机停机坪或有条件停靠直升机的,可将部分被困人员疏散至屋顶,等待直升机的进一步救援,但疏散至屋顶人员不应过多,因为直升机的救援速度和能力有限。烟雾较大或火势猛烈,威胁直升机安全时,不能采用此方法。

⑥ 利用擦窗工作机救人。如果大楼设有擦窗工作机,可用来对窗口处的被困人员实施救助,但需注意方法,确保安全,一次救助的人数不能超过其荷载。

⑦ 利用缓降器、救人软梯、安全绳等救人。在内部救人通道被烟火严重封锁的情况下,消防人员可利用缓降器、救人软梯或安全绳等,将被困人员从建筑外墙救至地面或相对安全的楼层。

⑧ 利用救生气垫救人。设置救生气垫,可以救助较低楼层的被困人员,或缓解一定高度跳楼人员的伤害程度。

常见救人器材如图 12-4 所示。

图 12-4　常见救人器材

（3）疏散救人的主要途径

① 通过防烟楼梯、封闭楼梯等进行疏散。防烟楼梯、封闭楼梯是火灾情况下人员疏散的主要途径。

② 通过消防电梯进行疏散。消防电梯是消防人员登高内攻、疏散和抢救人员较为安全和快捷的途径。

③ 通过观光电梯、客梯、货梯等进行疏散。火势较小，观光电梯、客梯、货梯等仍能正常运行时，可用来疏散人员，以加快人员疏散速度，但火势较大时应停止使用。

④ 通过疏散阳台、通廊、避难层（间）进行疏散。火势较大，人员无法通过楼梯或消防电梯疏散时，可将被困人员疏散至阳台、通廊、避难层（间）等相对安全的区域，等待消防人员的进一步救助。

⑤ 通过建筑中设置的救生袋、缓降器进行疏散。有些高层建筑中设置有专用的救生袋或缓降器，火灾时消防人员可引导并协助被困人员通过其进行疏散。

⑥ 通过举高消防车、擦窗工作机、消防直升机进行疏散。大楼内部途径都被烟火封锁时，消防人员可引导并协助被困人员通过停靠在窗口的举高消防车、擦窗工作机或停靠在屋顶的消防直升机进行疏散。

5. 正确选择进攻路线

正确选择进攻路线，确定合适的进攻起点层，可以加快战斗展开的进程，并有利于抓住战机，提高进攻效率。

（1）选择进攻路线

进攻路线选择的原则是以最简便的方法、最快的速度和最低的体能消耗，通过最短的距离和最少的障碍，安全迅速地到达预定的楼层。

① 内部进攻途径

a. 利用封闭楼梯进攻。封闭楼梯间一般靠外墙设置，能直接利用天然采光和自然通风，它同各层走廊相通，并设有自闭式防火门，是安全疏散的重要通道，也是内攻灭火的主要途径。

b. 利用防烟楼梯进攻。防烟楼梯间通常设有前室、阳台或凹廊，并设有防火门、正压送风系统和消防给水设备等，是比较理想可靠的进攻通道。

c. 利用消防电梯进攻。消防电梯不仅速度快、轿厢荷载大、电源安全可靠、通信联络方便，又能迫降控制，是消防人员灭火进攻的首选路线。

d. 利用工作电梯进攻。高层建筑的工作电梯不少与消防电梯合用，有的也具备消防电梯的功能，其供电方式和竖井都单独设置，烟气不易侵袭，是比较安全可靠的进攻途径。

② 外部进攻途径

a. 利用举高消防车进攻。举高消防车可以在一定高度从外部向着火建筑射水,压制火势或阻止火势从外部向上蔓延;也可以将消防人员和装备从外部输送到一定高度的窗口,再进入高层建筑内灭火。

b. 利用室外疏散楼梯进攻。有些高层建筑设有室外疏散楼梯,大多位于大楼主体外墙,呈敞开式,不受烟气影响,且同各层楼面的走廊相通。但有些由于采暖通风的需要,采用玻璃加铝合金框予以封闭,火灾时可使用破拆的方法来排除烟雾,使它成为较好的进攻通道。

c. 利用室外消防梯进攻。有些高层建筑在外墙设置固定的消防梯,一般可通到第二、三层;部分高层住宅还设有阳台救生梯,将上下阳台连通,既可用于安全疏散,也可用作消防进攻通道。

d. 利用建筑物平台进攻。不少塔式建筑呈阶梯形收缩,每 2～3 层设有一个平台,平台同楼层走廊相通,平台上一般设有固定铁梯。火灾时,消防人员从内部登上一个平台,再由平台逐步向上进攻。平台不受烟火威胁,可进可退,既有利于安全疏散,也有利于内攻灭火。

思考一下,高层建筑火灾外部进攻还有哪些途径?

（2）确定进攻起点层

扑救高层建筑火灾,进攻起点层一般选择在着火层下一、二层。火势不大,能够直接控制时,可选在着火层。

6. 有效控制火势蔓延

高层建筑火灾,由于火势发展蔓延迅速,如不及时控制,必将造成重大人员伤亡和财产损失。因此,有效控制火势蔓延,是扑救高层建筑火灾的重要任务。

（1）战斗力量部署

① 战斗力量部署的顺序:着火层→着火层上层→着火层下层。

② 战斗力量分配的原则:着火层大于着火层上层,着火层上层大于着火层下层。

（2）堵截阵地的选择

① 着火层的堵截阵地通常选择在着火房间的门口、窗口,着火区域的楼梯口,有蔓延可能的吊顶处等。

② 着火层上部的堵截阵地一般选择在楼梯口,电梯井、楼板孔洞处,有火势窜入危险的窗口,电缆、管道的竖向管井处等。

③ 着火层下部的堵截阵地主要选择在与着火层相连的各开口部位和竖向管井处,重点防止掉落的燃烧物或下沉的烟气引燃下部可燃物。

（3）控制火势蔓延的措施

① 火灾初起时

a. 当燃烧范围局限于某一房间内部时,应直接进攻火点,扑灭火灾。

b. 阻止烟火从门、窗、简易分隔墙处窜入其他房间、走廊,沿外墙向上层蔓延。

c. 阻止火势通过管道、竖向管井向邻近房间、走廊和上层蔓延。

② 火灾在同一楼层内燃烧时

当一个楼层内大面积燃烧、火势处于发展阶段时,要重点采取堵截和设防措施。

a. 水平方向堵截。高层建筑每一楼层一般都设有防火分区,每一防火分区的面积为 1 000~1 500 m²,由防火墙、防火门、防火卷帘进行分隔。火灾时应在防火分区两端部署力量进行堵截,力争将火势控制在一个防火分区的范围内。

b. 垂直方向堵截。高层建筑的竖向管道井一般分段(通常以 2~3 层为一段)采取了防火封堵措施。火灾时除了要在电梯、楼梯及喷火的外窗等处设防外,还应在竖向管道井分隔段上下两端部署力量进行堵截,力争将火势限制在这一范围内。

③ 火灾在多层同时燃烧时

a. 当高层建筑多层同时燃烧时,内攻力量应自上而下部署,特别在着火层上部应加强堵截力量,重点阻止火势继续向上发展。

b. 外攻力量应利用举高消防车向喷出火焰的窗口、阳台射水,从外部阻止火势向上部蔓延。

c. 在着火层下部部署一定的防御力量,防止燃烧掉落物引燃下层或高温烟气向下层蔓延扩散。

7. 合理组织火场供水

扑救高层建筑火灾,能否及时而不间断地组织向火场供水,满足灭火所需的水量和水压,直接关系到灭火战斗的成败。高层建筑火场供水应坚持"以固为主、固移结合"的原则。

(1) 利用固定消防设施供水

高层建筑发生火灾,消防人员到场时,若外部观察火势不大,应立即携带水带、水枪和接口,利用消防电梯迅速登高至着火层,直接使用室内消火栓出水灭火,同时启动消防泵向室内消防管网供水。

(2) 利用移动消防装备与固定消防设施相结合供水

固定消防泵无法正常运行或室内消防给水不能满足灭火需求时,应利用消防车通过水泵接合器向大楼消防管网供水,但必须明确水泵接合器所对应的供水区域和大楼采取的减压方式。

(3) 利用移动消防装备直接供水

当消防泵、水泵接合器等固定消防设施都不能正常使用或不能满足灭火用水需求时,消防人员应垂直铺设水带,利用消防车组织直接供水,如图 12-5 和图 12-6 所示。

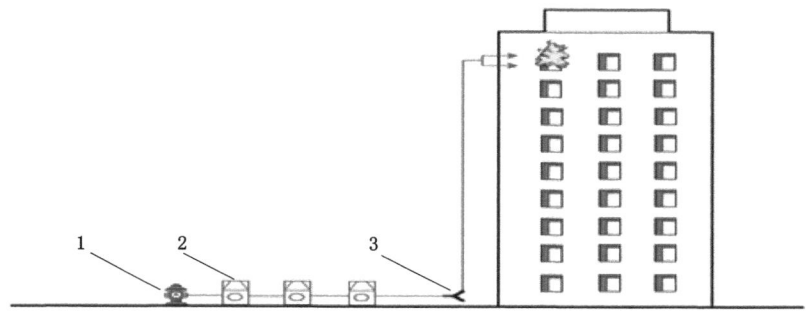

1—消火栓;2—消防车;3—二道分水器。

图 12-5　多车串联单干线供水示意图

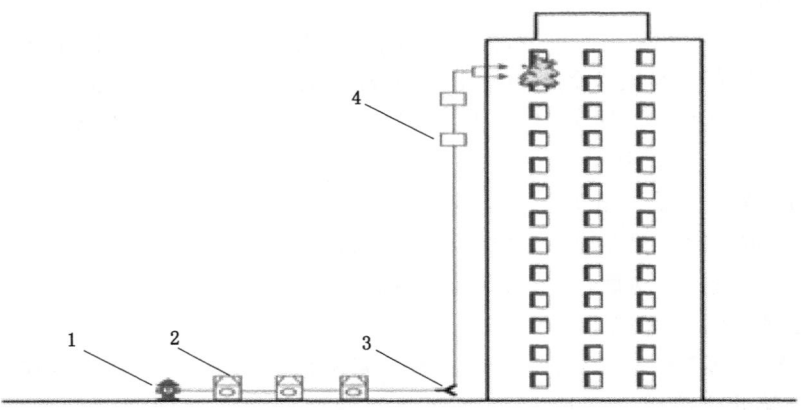

1—消火栓;2—消防车;3—二道分水器;4—手抬机动消防泵。

图 12-6　消防车与手抬机动消防泵串联供水示意图

8. 科学组织火场排烟

高温烟气是妨碍灭火战斗行动和导致人员伤亡的重要因素,因此,必须有效组织火场排烟。

(1)利用固定排烟设施排烟

① 关闭防烟楼梯、封闭楼梯间各层的疏散门。

② 开启建筑物内的排烟机和正压送风机排除烟雾,并防止烟雾进入疏散通道。

(2)利用自然通风排烟

① 打开下风或侧风方向靠外墙的门窗进行通风排烟。

② 当烟气进入袋形走道时,可打开走道顶端的窗或门进行排烟,如果走道顶端没有窗或门,可打开靠近顶端房间内的门窗进行通风排烟。

③ 打开共享空间可开启的天窗或高侧窗进行通风排烟。

(3)利用移动消防装备排烟

现有移动消防排烟装备有排烟车和各类排烟机等。火场还可以采取一些灭火、排烟兼备的手段,如喷射喷雾水流、高倍数泡沫等。考虑到高层建筑的特殊性和这些设备及手段的局限性,比较适合于高层建筑火灾排烟的方法主要有利用喷雾水流驱烟和使用排烟机排烟两种。

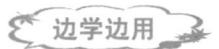 边学边用

结合案例 1 中的问题,完成学生活动表中的活动内容,完成后可以拍照上传至网络平台。

学生活动表

活动描述	案例 1 问题密钥	备注
请针对案例 1 中提到的问题完成相关内容		字数不超过 100

学生姓名:	完成时间:

三、注意事项

（1）内攻人员要编组作业，必须佩戴空气呼吸器，接近烟火区域前要戴好面罩。

（2）内攻人员要选择运行良好的消防电梯、防烟楼梯、封闭楼梯登高，严禁乘坐普通电梯。

（3）内攻人员乘坐消防电梯登高时，要停靠在着火层下两层并提前戴好面罩，严禁停靠着火层或穿越着火层。

（4）内攻人员必须带足防护和灭火器材。

（5）内攻人员从防烟楼梯、封闭楼梯进入着火楼层时，必须掌握紧急撤离路线和方式，打开前室防火门前要先观察内部过火和充烟情况。

（6）内攻搜救、灭火必须以班组形式展开，严格落实个人安全防护措施，佩戴全套个人防护设备，预先明确进攻路线和作业时间，设置安全导向绳、救生照明线等，防止消防人员迷失方向。

（7）进入起火、充烟区域前，应有效依托防火分隔设施，采取必要的出水掩护措施，防止轰燃、回燃、热对流等伤害。

（8）严禁人员位于车泵出水口、分水器接口、垂直铺设水带下方等部位，防止水带脱扣、爆裂伤人。严禁在安全警戒区域内随意走动，防止玻璃、广告牌等高空坠物伤人。

（9）及时组织人员轮换休整，防止消防人员体能消耗过大，降低紧急避险能力。

（10）在无人员被困、燃烧时间较长的火灾现场，要组织专家对建筑结构进行评估，再视情况组织内攻。

 学中思、思中学

思考一下，还有哪些需要注意的重要事项？

 点睛

> 高层建筑救援难，消防抢险是关键。
>
> 接警出动不迟缓，途中决策省时间。
>
> 火情观察看风险，疏散救人勇向前。
>
> 进攻途径定路线，室内室外双线选。
>
> 火场供水多困难，科学组织防排烟。

任务 2　商场建筑火灾事故抢险救援

任务分析

近年来，商场在迅速发展的同时，因其体量大、建筑结构复杂、电器照明设备多、可燃物

多、人流密集等特点，防火措施没有得到及时落实，火灾时有发生。特别是节假日的时候，商场人员密集，一旦发生火灾，火势迅速蔓延，人员疏散困难，还会产生大量的烟和有毒气体，极易造成重大财产损失和群死群伤的恶性后果。

微课资源

商场发生火灾后，现场人员和商场单位在初期处置的同时，必须及时报警，专业的消防救援队伍快速出动，联合各个相关部门采取一系列的抢险救援措施将被困人员救出，将火势最终控制。

本任务主要介绍专业救援队伍扑灭商场建筑火灾的一般流程和方法措施，重点是商场建筑火灾抢险救援流程和措施，难点是商场建筑火灾抢险救援的指挥调度。

任务目标

知识目标

    1. 了解商场建筑火灾抢险救援的特点。

    2. 熟悉商场建筑火灾抢险救援的一般流程。

    3. 熟悉商场建筑火灾具体的处置措施和方法。

能力目标

    1. 能够依据现场，准确判断火灾情况，采取正确的救援方案。

    2. 具备基本的商场建筑火灾抢险救援指挥调度能力。

素质目标

    1. 培养学生致敬消防、技术报国的思想。

    2. 培养学生爱岗奉献、爱国护民的精神。

    3. 增强学生纪律性和意志力。

 案例引入

案例1　某商场建筑火灾抢险救援案例

某日，武汉市消防支队119调度指挥中心接到某商场火情报警电话，迅速调集辖区内共3个中队、17辆消防车赶赴现场扑救，后根据现场反馈的情况，指挥中心又调集了包括战勤保障大队在内的19个中队、61辆消防车前往增援。

根据现场情况反馈，支队长和政委在赶赴火场途中，当即用电台指示现场指挥员坚决贯彻"救人第一"的指导思想，积极抢救被困人员，启动扑救重特大火灾灭火救援预案，调集战勤保障大队到场。同时，支队指挥中心迅速将情况向省消防总队报告。

救援力量快速到达现场，此时浓烟滚滚，能见度极低，浓烟向住宅层和周边毗邻建筑快速蔓延，大楼东面一层的两部楼梯已被火势封堵，4楼以上楼层的部分窗户有被困人员等待救援。各中队迅速展开战斗，用9支水枪控制火势，成立了3个救人小组，深入内部疏散救人,同时要求市场管理人员通过电话通知楼内人员疏散。

市相关支队领导到达现场,立即成立火场指挥部。

针对火场实际,从两个方面统一作战行动:一是全力疏散搜救楼内被困人员;二是堵截火势,防止火势向相邻建筑蔓延。命令下达后,各参战中队组织尖刀班背负空气呼吸器,在水枪阵地的掩护下,深入火场内部搜救被困人员。一方面引导、疏散四层以上的住户居民到安全地带,利用登高车、云梯车营救四层以上被困人员;另一方面疏散、引导毗邻建筑内的群众到安全地带。共抢救出被困人员 10 人,疏散住户 208 户、300 余人;引导、疏散毗邻建筑内住户 1 000 余户、3 000 余人。

总队长和政委率领总队党委成员及全勤指挥部人员到达现场后接管指挥权,成立了现场灭火救援总指挥部,统一指挥灭火救援战斗。设立了东、西、南、北四个战斗段,集中优势兵力,突出了西、南两面外部和四层内部重点防控等总体决策。火场供水小组占据 10 个市政消火栓,保持向火场不间断供水。

整体防控战略意图达到后,四个战斗段选择适当地点架设水枪 44 支、水炮 4 门,展开内攻近战。各战斗小组正确应用各种战术措施,交叉掩护,梯队推进,轮番作业,设置观察哨,凿洞排水,破窗排烟,有效贯彻了指挥部的作战意图。经过全体消防官兵 4.5 h 的奋力扑救,建筑内明火被扑灭,火场总指挥部根据现场情况,组织官兵分批监护、分片清理、逐片消灭,阻止残火复燃蔓延。最终完成火场清理工作。

引入问题:依据上述案例,点评此次商场建筑火灾事故抢险救援过程。

 知识探索

名句赏析:"壮志豪情酬使命,热血丹心卫祖国。"在面对商场建筑火灾时,有一支队伍为保护家园、保护人民,不畏艰险、挺身而出,他们是最可爱的人,他们就是消防救援队。

一、商场建筑火灾抢险救援特点

扑救大型商场火灾,往往受现场条件、救助对象和内攻环境等因素的影响,增加了灭火战斗行动的艰巨性和困难性。

1. 战斗展开受限

(1) 大型商场大多建在城市的繁华地段,交通拥挤,人流交织,消防队到场后战斗展开将会受到人流、交通的严重影响。

(2) 大型商场大多与周边建筑毗连,规范确定的登高作业面往往会受到高空架物、临时停车、增设摊位等地形地物的影响,妨碍消防人员登高救人和外攻灭火。

2. 救人任务艰巨

(1) 火灾时由于商场人员集中,大量的人员不能在短时间内完成疏散,特别是当疏散楼梯被烟火封堵时,楼内待救人员会更多。

(2) 大量沿楼梯向下疏散的人流与登高救助的消防人员之间会产生冲撞,将延误有利的救人时机,降低了救人效率。

(3) 楼上大量人员待救与有限的消防救生装备,如消防梯、举高消防车等之间的矛盾将十分突出。

3．内攻作战困难

（1）大型商场内大量商品燃烧,造成火场浓烟高温,不仅能见度低,而且辐射热强,给消防人员内攻灭火和救人行动带来很大困难。

（2）大型商场火灾时,一般燃烧面积大,特别是形成立体火灾后作战范围更广,在着火层内攻、着火层上层堵截、着火层下层设防等任务都将十分艰巨。

4．建筑结构易倒塌

商场特别是大型商场综合体可燃物众多,一旦火势长时间得不到控制,在火焰和高温的作用下,建筑物的楼板或钢结构屋顶会出现倒塌。

（1）混凝土结构会发生局部倒塌

大型商场内由于可燃物多,长时间猛烈的燃烧,会超过建筑物钢筋混凝土楼板的耐火极限,在荷载的作用下,楼板会发生局部倒塌。

（2）钢结构屋顶会发生整体倒塌

不少大型商场或大型超市的屋顶部分均采用钢结构,如果受到火灾长时间的作用,会使经过防火处理的钢结构达到耐火极限,并失去承载能力而倒塌。或者,因局部过热的钢结构遇水急剧冷却发生局部变形,失去静态平衡稳定性,导致钢结构屋顶整体倒塌失效。

扑救大型商场火灾,必须贯彻"救人第一"的指导思想和"先控制、后消灭"的战术原则,积极抢救被困人员,有效控制火势发展,最大限度地减少火灾损失和危害。

自己查找一个近两年的商场建筑火灾案例,结合商场建筑火灾特点,谈谈事故情况。

二、抢险救援基本流程和方法

1．力量调集

接到火灾报警后,迅速组织参战队伍,调集相关车辆,联系各相关部门。具体参考高层建筑火灾抢险救援力量调集内容。

2．途中决策

救援途中核实火灾具体情况,联系起火单位提出初期处置建议和需要配合的事项,指导单位组织人员疏散和利用固定消防设施开展自救,并要求单位清理起火建筑周边车辆等影响救援行动的障碍。具体参考高层建筑火灾抢险救援途中决策内容。

3．迅速组织火情侦察

（1）外部观察

① 观察商场大楼烟火向外扩散情况,大致确定着火层的位置和燃烧发展所处的阶段。

② 观察商场大楼着火层及其上层窗口、阳台、屋顶遇险人员呼叫待救情况。

③ 观察周边情况,初步确定作战车辆的停靠位置和进攻路线。

边学边用

请依据商场火情观察判断学生活动表中的火灾情况。

学生活动表

活动描述	案例照片	填写火情判断情况	备注
请依据右边图片来初步判断火情,将判断情况写在对应位置			字数不超过 100

学生姓名:　　　　　　　　　　　　　　　完成时间:

（2）内部侦察

① 侦察小组深入火场,查明被困人员的数量、位置以及受烟火威胁的程度。

② 查明着火点的位置、火势燃烧的范围、蔓延的主要方向以及对重要部位和贵重商品的威胁程度。

③ 选择确定进攻阵地以及疏散营救遇险人员的途径和方法等。

（3）进入消防控制室侦察

① 观察防排烟系统、自动灭火系统、消防泵、防火卷帘等消防联动设备的动作显示情况。

② 观察自动喷水灭火系统扑救初期火灾的效果情况。

4. 积极疏散和营救遇险人员

消防队到场后,应采取一切措施,积极疏散和营救被困人员,这是火场的主要任务。

（1）引导疏散

① 商场首先启动应急广播系统,稳定遇险人员情绪,指引人员疏散方向。同时,工作人员按预案有序展开疏散工作。

② 消防人员利用指挥车或手提扩音设备进行喊话,进一步稳定被困人员情绪,并组成救人小组深入火场,利用消防电梯或沿疏散楼梯疏散遇险人员。

（2）救助疏散

① 对失去行动能力,如老、弱、病、残或受伤的遇险人员,采取背、抬、抱等方法进行救助;对一时无法疏散的遇险人员,应为其提供简易的防护面具等。

② 从外部利用消防梯、软梯、举高消防车以及救生绳索、救生气垫等营救被困人员;在楼层较低、待救人员较多时,也可上抛救生绳,让其利用绳索自救。

③ 当疏散楼梯被烟火封堵时,消防人员应采取水枪掩护,开辟救生通道。

④ 当疏散通道被烟火严重封堵且外部救人措施也无法实施时,可采取将遇险人员转移至屋顶、毗邻建筑的平台等相对安全区域的措施。

⑤ 对较多的处于烟火严重围困中的遇险人员,应迅速分批将其救出危险区域,并尽可能地缩短营救的间隔时间。

5. 全力控制火势发展

在全力救人的同时，灭火工作要同步开展，采取内攻为主、攻防结合等措施，及时将火灾予以全面控制。

（1）内攻灭火

① 着火层是灭火力量部署的重点。首先要建立进攻阵地，尤其要在火势发展蔓延的主要方向上部署力量，强攻近战，将火势控制在一定的范围内，并切断其向上层蔓延的途径。

② 在着火层上层部署堵截力量，重点是在向上卷曲火势的外墙窗口以及楼梯间、管道井、工作井等火势可能垂直蔓延的部位进行堵截，并开启外窗排放烟热；若火场燃烧面积大、作用时间长，在楼板可能失去隔火作用的情况下，可预先在地面灌注一定量的冷却水层，阻止商品自燃。

（2）外攻协同

在内攻的同时，架设消防梯或登上商场建筑的外阳台、毗邻建筑的屋顶平台等建立水枪阵地，以及利用举高消防车、车载炮、移动水炮等射水从外部打击火势，辅助内攻。

（3）重点设防

① 在着火层下层及顶层设置水枪阵地，首先阻止沿垂直方向通过管道井等上升的高温烟气引起顶层商品的燃烧；其次阻止着火层掉落的燃烧物，以及沿竖向管井向下蔓延的高温烟气引燃下层的可燃物而造成新的火点。

② 大面积燃烧特别是立体燃烧对毗邻建筑威胁很大，在可能因飞火和强辐射热引燃毗邻建筑的重点部位设置一定的防御力量，阻止火势蔓延扩大。

（4）有效实施火场排烟

大型商场商品燃烧产生的大量烟雾，是妨碍人员疏散和灭火战斗行动的重要因素，有效地组织排烟至关重要。

① 火灾初期，应及时启动固定排烟设施，以提高火场能见度，为人员疏散和自救等行动创造有利条件。

② 打开着火层及其上层的外窗，进行自然排烟散热，并根据火场需要使用开花或喷雾射流等进行人工排烟。

③ 对玻璃幕墙建筑以及密闭性好的大型超市火场，应组织力量进行破拆排烟，但要选准破拆的位置和时机。

6. 及时疏散和保护物资

大型商场物资集中，特别是部分商品不仅价格昂贵，而且精密程度高，火灾时必须对这一部分物品进行有针对性的疏散和保护。

（1）对受烟火威胁大且忌水、忌烟熏的贵重商品，如高档电器、电脑、珠宝等，要及时组织力量包括组织商场工作人员，对其进行转移和疏散；对不能及时转移的，应采用防水物遮盖，如油布、塑料薄膜等，并射水保护。

（2）对影响侦察、救人、破拆、进攻等灭火战斗行动的商品，应及时予以疏散和转移，为灭火、救人开辟通道。

（3）对零售经营打火机、瓶装打火机气体及护发摩丝等易燃易爆危险化学品的大型商场，应组织力量预先对该经营区域进行射水冷却或使用泡沫进行覆盖。

7. 合理组织火场供水

扑救大型商场建筑火灾，一般灭火用水供给强度会达到 $0.2\ L/(s \cdot m^2)$，因此，必须组织好火场供水，以满足灭火所需的水量和水压。

（1）首先启动建筑物内消防水泵，向竖管供水；必要时，使用消防车通过水泵接合器向竖管补水。

（2）消防车停靠市政消火栓，依靠市政消火栓向火场组织直接供水。

（3）火场需要较大用水量时，还应组织接力供水和运水供水等。

边学边用

结合案例 1 中的问题，完成学生活动表中的活动内容，完成后可以拍照上传至网络平台。

学生活动表

活动描述	案例 1 问题密钥	备注
请针对案例 1 中提到的问题完成相关内容		字数不超过 100

学生姓名：　　　　　　　　　　　完成时间：

三、抢险救援注意事项

1. 注重行动安全

（1）大型超市的自选货架不仅配置的商品多，而且高度大，灭火进攻中要防止货架因烧损或强水流冲击而倒塌伤人。

（2）作战行动需要破拆商场建筑外墙窗户或玻璃幕墙时，要特别注意碎落的玻璃伤及行人和消防人员，以及对器材装备的损坏。

（3）大型商场可燃物品多，燃烧强度大，火场产生的浓烟、高温对消防人员作战行动构成重大威胁，必须组织梯队掩护和人员轮换。

（4）大型商场特别是商住楼，长时间、高强度的燃烧会对商场建筑主要承重构件，如柱、梁、楼板等的承载能力造成严重破坏，有可能发生建筑物整体倒塌。因此，作战行动中必须明确规定撤退信号和撤退方式。

2. 坚持灭疏结合

（1）大型商场商品价值大，到场力量较多时，控制火势与疏散物资工作要同步开展。

（2）收残阶段，由于大型商场特别是大型超市内商品堆积多、货存量大，为彻底消灭残火，要组织力量边疏散、边清理、边灭火。

3. 合理使用射流

（1）大量商品着火时会形成猛烈的燃烧区域，内攻灭火时要尽可能使用大口径水枪、移动水炮等密集射流，以压制或夹击火势。

（2）火灾处于下降阶段，要尽可能使用开花或喷雾射流，以减少水流对商品的浸渍，最大限度地降低火灾的损失和危害。

4. 防止结构倒塌

（1）大型商场当其顶层着火或火势通过中庭贯通到顶部时，顶部会形成高温的烟热区，导致钢结构屋顶发生倒塌。因此，必须加强对钢结构屋顶的冷却保护或采取有效的排烟散热措施，以降低顶部的烟热强度。

（2）商品燃烧后会造成大量的残留物堆积，收残阶段若使用大型机械设备，如推土机、挖掘机等清理现场，要防止其撞击火灾中受损的承重柱、墙等，以防造成结构倒塌。

> 商场火灾有特点，战斗开展受局限。
> 救援流程似高建，设施结构均有变。
> 内攻外攻两条线，灭疏结合是关键。
> 条件恶劣暂停援，谨防倒塌起灾难。

项目 13　危险化学品事故抢险救援

项目分析

　　随着化学工业的发展和化工产品的广泛应用,危险化学品事故发生的规模和频率逐年增加。危险化学品事故一般具有不确定性、突发性强,这种突发性往往与其生产、运输、储存、使用过程的独特性有关。加之涉及危险化学品事故的物质大多是易燃的液体、气体或固体,一旦发生泄漏、燃烧、爆炸,不仅能通过直接接触伤害人员,还能通过空气和水源等介质直接或间接威胁人民群众生命财产安全、污染环境。

　　危险化学品事故发生后,初期处置不一定能完全控制事故发展,往往需要借助专业救援力量来进行抢险救援,专业救援过程中要遵循一定的程序、方法和措施,可有效减少事故造成的危害。

　　本项目以危险化学品储罐和化工装置事故抢险救援为主要对象,以专业救援队伍抢险救援为主线,让学生了解危险化学品事故抢险救援,熟悉一定的抢险救援程序和技术,培养学生爱家爱民、奉献祖国的精神品质和重技强能、敢打敢拼的行为意识。

任务 1　危险化学品泄漏事故抢险救援

 任务分析

　　发生危险化学品泄漏事故以后,首先根据泄漏事故的具体情况开展初期处置与避险,由于事故现场救援设备缺乏,人员缺少一定的专业培训,往往只能处理简单的泄漏事故。一旦泄漏事故超出了现场和企业的处理能力,必须及时避险逃生,同时迅速报告消防等专业救援部门,依靠外部专业救援力量进行抢险救援,企业人员可以协助专业救援力量实施专业抢险救援工作。

微课资源

　　危险化学品泄漏事故造成的危害范围涉及面广,还可能造成局部地区企事业单位不能正常运转以及居民正常生活失衡,稍有不慎,极易导致社会秩序混乱,甚至产生一些负面影响,给政治、经济等多方面带来不良后果。从事安全工作的学生,必须掌握一定的抢险救援

专业知识和技术。

本任务主要以危险化学品泄漏事故案例为出发点,介绍主要泄漏物质特性、抢险救援一般流程和方法,重点是危险化学品泄漏事故的抢险救援流程和方法,难点是危险化学品泄漏抢险救援指挥。

 任务目标

知识目标

1. 了解常见泄漏危险化学品特点。

2. 了解危险化学品泄漏抢险救援一般流程和方法。

能力目标

1. 具备不同危险化学品泄漏事故的抢险处置能力。

2. 具备危险化学品泄漏抢险救援的指挥调度能力。

素质目标

1. 培养规范救援、科学救援的意识。

2. 强化学生家国情怀和重技强能的思想。

案例引入

案例 1　一起液氨泄漏特大灾害事故抢险救援案例

某公司发生液氨泄漏重大事故,该公司由 1 号液氨储罐向一辆液氨槽车灌装液氨时,因液氨储罐与液氨槽车连接的金属软管破裂发生泄漏。泄漏点距液氨储罐灌装截止阀 10 cm 处,裂口 7 cm×4 cm。泄漏后,押运员慌忙去关液氨储罐灌装截止阀,但由于储罐和槽车内压力大,喷出的高浓度液氨迅速向周围扩散,加之押运员无任何防护措施,就被迫逃离了现场。当时液氨槽车液相和气相阀处于开启状态。

辖区消防中队和市消防支队指挥中心先后接到报警,并调集城区和各县市区共 9 个中队、15 部消防车、70 名官兵赶赴事故现场进行处置,经过 4 小时 15 分钟的奋战,排除了险情,抢救遇险群众 102 人,疏散群众 2 000 余人。事故最终造成 13 人死亡、89 人受伤。

引入问题:分析危险化学品液氨泄漏抢险救援基本程序有哪些?

 知识探索

名句赏析:"总有这么一群人,在危险来临时挺身而出,在岁月静好时沉默守护。"消防队伍就是这群人,总是在最危险的时候挺身而出,忠诚守护。

一、常见泄漏危险化学物质特点

1. 液化石油气泄漏特点

石油气是常见的易燃易爆气体，主要用于石油化工原料，也可用作燃料。在生产、储存、运输、经营、使用过程中发生泄漏，极易导致燃烧爆炸和中毒事故，造成人员伤亡和财产损失。

石油气主要成分为丙烷、丙烯、丁烷、丁烯等，易与空气形成爆炸性混合物。石油气通过加压或降温以液态形式进行储存和运输，即为液化石油气。液化石油气从液态转变为气态时，体积扩大 $250\sim350$ 倍左右；气态相对密度为 $1.5\sim2$（比空气重），液态相对密度为 0.5（比水轻）；在空气中扩散较慢，易向低洼地区流动和积聚，爆炸极限为 $5\%\sim33\%$。

液化石油气一般为无色气体或黄棕色油状液体，属于低毒类物质。常见中毒症状有头晕、头痛、兴奋或嗜睡、恶心、呕吐、脉缓等，严重时出现麻醉状态和意识丧失。液化石油气一般加有特殊臭味的醛类或硫化物，以便于察觉该气体的存在。

2. 氯气泄漏特点

氯气用途广泛，主要用于纺织、造纸、医药、农药、冶金、杀菌剂、漂白和制造氯化合物、盐酸、聚氯乙烯等。氯气属剧毒类物质，在生产、储存、运输、使用过程中发生泄漏，极易造成人员伤亡和区域性污染。

氯气为黄绿色、有刺激性气味的气体。气态相对密度为 2.48（比空气重），液态相对密度为 1.47（比水重）。氯气易溶于水和碱溶液。液氯由液态变为气态体积扩大约 400 倍。氯气是强氧化剂，本身不燃，但能助燃。在日光条件下与易燃气体混合时，会发生燃烧爆炸。氯气能与乙炔、乙醚等大多数有机物和松节油、氨、金属粉末等物质猛烈反应发生爆炸或生成爆炸性物质，具有强刺激性和腐蚀性。

氯气毒性强，对眼、呼吸系统黏膜有刺激作用，可引起神经兴奋、反射性心搏骤停。急性中毒时，轻度者出现黏膜刺激症状，如眼红、流泪、咳嗽；中度者出现支气管炎、支气管肺炎等症状，如胸痛、头痛、恶心、较重干咳、呼吸及脉搏加快，可有轻度发绀等；重度者出现肺水肿，并可导致昏迷和休克。氯气在空气中的最高容许浓度为 $1\ mg/m^3$。氯气通过降温或加压以液态形式进行储存和运输，即为液氯。

3. 氨气泄漏特点

氨作为一种重要的化工原料，主要用作制冷剂及制取铵盐和氮肥。在生产、储存、运输、使用过程中发生泄漏，极易导致燃烧爆炸和中毒事故，造成人员伤亡和区域性污染。

氨为无色、有刺激性恶臭的气体，易液化，易溶于水（呈碱性），具有毒性、强刺激性和腐蚀性。气态相对密度为 0.6（比空气轻），液态相对密度为 0.82（$-79\ ℃$下，比水轻）。氨与空气易形成爆炸性混合物，遇明火、高热会引起爆炸燃烧，爆炸极限为 $15.7\%\sim27.4\%$。若遇高热，存储容器内压力增大，有开裂和爆炸的危险。氨与氟、氯、溴、碘等接触会发生剧烈的化学反应。氨可通过呼吸道、消化道和皮肤引起人员中毒、灼伤。急性中毒时，轻度者出现流泪、咽痛、声音嘶哑、咳嗽、咳痰等症状；中度者症状加剧，出现呼吸困难、发绀等；重度者可引发中毒性肺水肿，咳出粉红色泡沫痰，出现呼吸窘迫、昏迷、休克等症状，吸入一定的量能致人死亡。氨在空气中的最高容许浓度为 $30\ mg/m^3$。氨气通过加压以液态形式进行储存和运输，即为液氨。

4. 城市燃气泄漏特点

可以作为燃料的可燃气体统称为燃气。因产生方法不同,城市燃气主要有天然气、石油气和煤气。煤气和天然气属易燃易爆气体,有一定毒性,在生产、储存、运输、使用过程中发生泄漏,极易导致燃烧爆炸和中毒事故,造成人员伤亡和财产损失。

煤气为无色无味的可燃气体,主要由烃类、氢气和一氧化碳等组成。煤气不溶于水,气态相对密度为 $0.4\sim0.6$(比空气轻),爆炸极限为 $4.5\%\sim40\%$。遇火源、热源有着火爆炸危险,遇氧化剂剧烈反应。吸入高浓度煤气能造成一氧化碳中毒和缺氧,易造成人员窒息死亡。

天然气为无色无味的易燃气体,其 $83\%\sim99\%$ 的成分为甲烷。天然气液态相对密度约为 0.45,由液态变为气态体积扩大 600 倍,爆炸极限为 $5\%\sim14\%$。遇火源、热源有着火爆炸危险,与氯气、次氯酸、液氧等强氧化剂接触剧烈反应。吸入高浓度的天然气能造成人员窒息死亡。

5. 易燃液体泄漏特点

易燃液体是指在常温下极易着火燃烧的液态物质,这类物质大都是有机化合物,其中很多属于石油化工产品。按照国家标准的规定,闭杯试验闪点≤60.5 ℃或开杯试验闪点≤65.6 ℃的液体、液体混合物或含有固体混合物的液体都属于易燃液体。

易燃液体特性表现为易燃性、蒸汽的爆炸性、受热膨胀性、流动性、带电性和毒害性。在生产、储存、运输、使用过程中发生泄漏,极易发生爆炸燃烧和中毒事故,造成人员伤亡和财产损失。

 **学中思、思中学**

针对不同气体泄漏情况,现场检测的设备有哪些?

二、危险化学品泄漏抢险救援一般流程和方法措施

下面以液化石油气泄漏抢险救援一般流程为例进行介绍,其他泄漏事故可以参考本处理流程。

1. 接警调度

(1)接警

① 119 调度指挥中心接到泄漏报警时,要重点询问泄漏的容器、形式、地点、时间、部位、强度、扩散范围、人员伤亡或遇险等情况。

② 随时和报警人及现场保持联系,掌握事态发展变化状况。

③ 指挥中心要将警情立即报告值班领导,并根据指示要求及时报告当地政府、公安机关和上级消防部门。

 **学中思、思中学**

生产安全事故报告的内容是什么?

（2）力量调集

① 消防队（站）

指挥中心接到报警后，要按照出动计划和预案调集辖区中队、特勤中队和邻近中队等处置力量，同时根据现场情况适时调集增援中队到场。

② 车辆装备

视情况调派抢险救援、防化救援、水罐、泡沫、干粉、高喷等消防车辆，以及遥控水枪或水炮、水幕发生器、可燃（有毒）气体检测仪、防护、警戒、堵漏、输转、照明、通信等器材。

③ 社会力量

视情况报请政府启动应急预案，调集消防、应急、石油、化工、供水、卫生、环保、气象等部门和事故单位力量协助处置。

2. 处置程序与措施

（1）侦察监测

① 通过询问、侦察、检测、监测等方法，以及测定风力和风向，掌握泄漏区域气体浓度和扩散方向。

② 查明遇险人员数量、位置和确定营救路线。

③ 查明泄漏容器储量、泄漏部位、泄漏速度，以及安全阀、紧急切断阀、液位计、液相管、气相管、罐体等情况。

④ 查明储罐区储罐数量和总储存量、泄漏罐储存量和邻近罐储存量，以及管线、沟渠、下水道布局走向。

⑤ 了解事故单位已经采取的处置措施、内部消防设施配备及运行、先期疏散抢救人员等情况。

⑥ 查明拟定警戒区内的单位情况、人员数量、地形地物、电源、火源及交通道路情况。

⑦ 掌握现场及周边的消防水源位置、储量和给水方式。

⑧ 分析评估泄漏扩散的范围和可能引发爆炸燃烧的危险因素及后果。

边学边用

当化学品输送管道、反应釜、计量罐、储罐发生泄漏时，当班人员该如何处置？完成后可以拍照上传至网络平台。

（2）疏散警戒

① 疏散泄漏区域和扩散可能波及范围内的无关人员。

② 根据侦察监测情况确定警戒范围，并划分重危区、轻危区、安全区，设置警戒标志和出入口。严格控制进入警戒区特别是重危区的人员、车辆和物资，进行安全检查，做好记录。

③ 根据动态检测结果，适时调整警戒范围。

（3）禁绝火源

切断事故区域内的强弱电源，熄灭火源，停止高热设备，落实防静电措施。进入警戒区人员严禁携带、使用移动电话和非防爆通信、照明设备，严禁穿戴化纤类服装和带金属物件的鞋,严禁携带、使用非防爆工具。禁止机动车辆(包括无防爆装置的救援车辆)和非机动车辆随意进入警戒区。

(4)安全防护

进入重危区的人员必须实施二级以上防护,并采取水枪掩护。现场作业人员的防护等级不得低于三级。

(5)生命救助

组成救生小组,携带救生器材进入重危区和轻危区。采取正确的救助方式,将遇险人员疏散、转移至安全区。对救出人员进行登记、标识,移交医疗急救部门进行救治。

(6)技术支持

组织事故单位和石油、化工、气象、环保、卫生等部门的专家、技术人员判断事故状况,提供技术支持,制订抢险救援方案,并参加配合抢险救援行动。

(7)现场供水

制订供水方案,选定水源,选用可靠高效的供水车辆和装备,采取合理的供水方式和方法,保证消防用水量。

(8)稀释防爆

① 启用事故单位喷淋泵等固定、半固定消防设施。

② 使用喷雾水枪,设置水幕或蒸汽幕,驱散积聚、流动的气体,稀释气体浓度,防止形成爆炸性混合物。

③ 采用雾状射流形成水幕墙,防止气体向重要目标或危险源扩散。

④ 液化气体若呈液相沿地面流动,可采用中倍数泡沫覆盖,降低其蒸发速度,缩小气云范围。操作时,要防止因泡沫强力冲击而加快液化气体的挥发速度。

⑤ 对于聚集于建筑物和地沟内的液化气体,可打开门窗或地沟盖板,通过自然通风吹散,同时还可采用防爆机械送风进行驱散。

⑥ 禁止用直流水直接冲击罐体和泄漏部位,防止因强水流冲击而造成静电积聚、放电引起爆炸。

(9)关阀堵漏

① 生产装置或管道发生泄漏、阀门尚未损坏时,可协助技术人员或在技术人员指导下,使用喷雾水枪掩护,关闭阀门,制止泄漏。

② 罐体、管道、阀门、法兰泄漏,采取相应堵漏方法实施堵漏。

③ 通过液相阀向罐内适量注水,抬高液位,形成罐内底部水垫层,缓解险情,配合堵漏。

④ 法兰盘、液相管道裂口泄漏,在寒冷地区和季节可采用冻结止漏,即用麻袋片等织物强行包裹法兰盘泄漏处,浇水使其冻冰,从而制止或减少泄漏。

(10)输转倒罐

① 烃泵倒罐。在确保现场安全的条件下,利用车载式或移动式烃泵直接倒罐。实施现场倒罐和异地倒罐时,必须要由专业技术人员实施操作,消防人员予以保护。

② 惰性气体置换。使用氮气等惰性气体,通过气相阀加压,将事故罐内的液化气体置换到其他容器或储罐。

③ 压力差倒罐。利用水平落差产生的自然压力差将事故罐的液化气体导入其他容器、储罐或槽车,降低危险程度。

④ 实施倒罐作业时,管线、设备必须做到良好接地。

（11）主动点燃

实施主动点燃时必须具备可靠的点燃条件。在经专家论证和工程技术人员参与配合下,严格安全防范措施,谨慎、果断实施。

① 点燃条件:在容器顶部受损泄漏,无法堵漏输转时;槽车在人员密集区泄漏,无法转移或堵漏时;遇有不点燃会带来严重后果,则引火点燃使之形成稳定燃烧,或泄漏量已经减小的情况下,可主动实施点燃措施。如现场气体扩散已达到一定范围,点燃很可能造成爆燃或爆炸,产生巨大冲击波,危及其他储罐、救援力量及周围群众安全,造成难以预料后果的,严禁采取点燃措施。

② 点燃准备:担任掩护和防护的喷雾水枪要到达指定位置,确认危险区人员全部撤离,泄漏点周边区域经检测不在液化石油气爆炸浓度范围内,使用点火棒、信号弹、烟花爆竹、魔术弹等点火工具,并采取正确的点火方法。

③ 点燃时机:在罐顶开口泄漏,一时无法实施堵漏,且气体泄漏范围和浓度有限,同时又有喷雾水枪稀释掩护以及各种防护措施准备就绪的情况下实施点燃;罐顶爆裂已经形成稳定燃烧,罐体被冷却保护后罐内压力减小,火焰被风吹灭或被冷却水流打灭,但仍有气体扩散,如不再次点燃,可能造成危害时,应予果断点燃。

（12）现场清理

① 用喷雾水、蒸汽或惰性气体清扫现场内事故罐、管道、低洼地、下水道、沟渠等处,确保不留残液（气）。

② 清点人员,收集、整理器材装备。

③ 撤除警戒,做好移交,安全撤离。

三、抢险救援注意事项

（1）正确选择停车位置和进攻路线。消防车要选择上风方向的入口、通道进入现场,停靠在上风方向的适当位置。进入危险区的车辆必须配备防火罩。使用上风方向的水源,从上风、侧上风方向选择进攻路线,并设立水枪阵地。指挥部应设置在安全区。

（2）行动中要严防引发爆炸。进入危险区作业的人员一定要专业、精干,防护措施要到位,并使用喷雾水枪进行掩护。在雷电天气下,慎重采取行动。

（3）设立现场安全员,确定撤离信号,实施全程动态仪器检测。一旦现场气体浓度接近爆炸浓度极限、事态未得到有效控制、险情加剧、危及救援人员安全时,要及时发出撤离信号。一线指挥员在紧急情况下可不经请示,果断下达紧急撤离命令。紧急撤离时,不收器材、不开车辆,保证人员迅速、安全撤出危险区。

（4）合理组织供水,保证持续、充足的现场消防供水,对液化气体容器和泄漏区域保持不间断的冷却稀释。

（5）严禁作业人员在泄漏区域的下水道或地下空间的顶部、井口、储罐两端等处滞留,防止爆炸冲击造成伤害。

（6）做好医疗急救保障,配合医疗急救力量做好现场救护准备。一旦出现伤亡事故,立即实施救护。

（7）调集一定数量的消防车在泄漏区域附近集结待命。一旦发生爆炸燃烧事故,立即出动,控制火势,消除险情。

 边学边用

结合案例 1 中的问题,完成学生活动表中的活动内容,完成后可以拍照上传至网络平台。

学生活动表

活动描述	案例 1 问题密钥	备注
请针对案例 1 中提到的问题完成相关内容		字数不超过 100

学生姓名:　　　　　　　　　　　　完成时间:

 点睛

> 危化泄漏抢险难,物质不同方法变。
> 危险物质看特点,泄漏处置不慌乱。
> 侦察监测禁火源,稀释防爆是关键。
> 堵漏方法慎重选,支持消防保安全。

任务 2　危险化学品火灾爆炸事故抢险救援

任务分析

危险化学品火灾爆炸事故发生后危险性较大,容易造成大量人员伤亡,严重威胁着人民群众的生命安全。

危险化学品火灾爆炸事故发生后,现场作业人员或企业往往处理能力有限,更侧重于疏散逃生,专业的消防队伍是应对此类事故的主要力量。但是危险化学品事故危险性极高,如天津港爆炸事故中就牺牲消防人员 99人,足以说明此类事故处理的复杂性。

微课资源

本任务主要介绍专业救援队伍在危险化学品火灾爆炸事故中处理事故的一般程序,分析不同的危险化学品采用的不同灭火技术,重点是危险化学品火灾爆炸事故抢险救援的技术措施,难点是危险化学品火灾爆炸事故抢险救援的指挥。

 任务目标

知识目标
  1. 理解危险化学品火灾爆炸事故的一般抢险程序。
  2. 熟悉危险化学品火灾爆炸事故抢险救援的技术措施。
能力目标
  1. 能够正确分析和理解危险化学品抢险救援案例中的救援过程。
  2. 具备危险化学品火灾爆炸事故抢险救援的指挥能力。
素质目标
  1. 培养学生规范救援、科学救援的意识。
  2. 强化学生家国情怀和重技强能的思想。

案例引入

案例 1　一起油罐车火灾爆炸事故抢险救援案例

　　某日某消防支队指挥中心接到报警,位于该市高速公路坡头高速口往平定县的大桥上,一辆柴油罐车侧翻起火,事故现场如图 13-1 所示。指挥中心立即调派消防队的 8 辆消防车、49 名消防官兵赶赴现场,市消防支队全勤指挥部、郊区消防大队值班人员随警出动。

图 13-1　案例 1 事故现场

当地交警大队接到报警后,立即组织民警赶往现场,并通知各个相关部门,同时报请支队管控高速双向各收费站入口。虽然火情发生在高速公路的桥面上,但为了保证桥下过往的车辆和行人的安全,防止火势蔓延引起人员伤亡,交警一大队迅速启动应急预案,将相关路段暂时性封闭。

消防人员陆续到场后,确定起火位置为太原到石家庄方向,起火车辆为一辆运载 32 t 柴油的油罐车。此时,事故现场黑烟滚滚,冲天的黑烟绵延至 10 km 外的市区,油罐车罐体破裂,流出的柴油正处于猛烈燃烧阶段,现场起火车辆车头与罐体已分离。

消防人员根据现场情况,及时布置水枪阵地,利用泡沫水枪对现场着火车体和流淌火灾进行控制。7 时 50 分左右,明火被扑灭。8 时 15 分,确认无复燃可能后,消防人员将现场移交给了高速交警部门。

此次事故,除了导致这辆核载 33.5 t、实载 32 t 左右的柴油油罐车焚毁外,现场桥梁及路面交通设施、附属通信设施被烧坏,桥梁下方自建库房及停放的一辆小型车辆也被殃及。

由于起火车辆已被烧毁,因此给现场清理工作带来很大难度。高速交警和路政部门调来大型吊车,将烧毁的车辆拖离了现场。之后,养护人员对现场进行了清理。至 14 时,全路段恢复正常通行。

引入问题:依据上述案例分析此次火灾事故抢险救援的基本程序。

 知识探索

名句赏析:"殷殷之情俱系于华夏沃土,寸寸丹心皆忠于国家使命。"抢险救援工作是国家兑现为人民服务的使命担当。

一、抢险救援一般程序

1. 接警

接警时应明确发生事故的单位名称、地址、危险化学品种类、事故简要情况、人员伤亡情况等。

2. 侦察监测

通过侦察监测,掌握火灾爆炸事故的特性、规模、危险程度,确定不同区域的危险等级;查明遇难、遇险和被困人员的位置、数量、施救疏散路线;查明贵重物资设备的位置、数量;了解灾害事故(事件)现场及周边的道路、水源、建(构)筑物结构以及电力、通信、气象等情况。

3. 设置警戒

根据灾害事故(事件)类型,及时启动辅助决策及专家系统,并依据侦检结果,科学、合理设置警戒区域,采取禁火、停电及禁止无关人员进入等安全措施。警戒命令由抢险救援总指挥部统一发布,由公安部门和救援队伍等负责实施。

4. 安全防护

进入灾害事故现场的救援人员,必须根据现场实际情况和危险等级落实防护措施;全程观察监测现场危险区域和部位可能发生的危险迹象,在可能发生爆炸或火势失控威胁救援人员生命安全时,应当尽量减少一线作业人员,并加强安全防护,必要时撤出战斗,待条件具备时再组织实施抢险救援。

5. 抢救人员

通过使用各种搜救设备探索搜救被困人员，采取破拆、起重、支撑、牵引、起吊等方法施救。

当救援现场有易燃易爆或有毒有害物质泄漏、扩散，可能导致爆炸、建筑倒塌和人员中毒、触电等危险情况时，要根据专家组意见和现场救援力量及技术条件，及时采取冷却防爆、稀释中和、加固破拆、断阀疏导等措施，尽快排除险情。

6. 清场撤离

事故处置结束后，要全面、细致地检查清理现场，视情况留有必要力量实施监护和配合后续处置，并向事故单位或上级主管部门移交现场。撤离现场时，应当清点人数，整理装备。归队后，迅速补充油料、器材和灭火剂，迅速恢复战备状态，并向上级报告。

比较危险化学品泄漏事故和火灾爆炸事故抢险救援的不同点有哪些？

二、危险化学品泄漏事故抢险处置措施

1. 扑救压缩或液化气体火灾的处置措施

压缩或液化气体总是被储存在不同的容器内，或通过管道输送。其中储存在较小钢瓶内的气体压力较高，受热或受火焰熏烤容易发生爆裂。气体泄漏后遇火源已形成稳定燃烧时，其发生爆炸或再次爆炸的危险性与可燃气体泄漏未燃时相比要小得多。

遇压缩或液化气体火灾一般应采取以下基本对策：

扑救气体火灾切忌盲目扑灭火势，在没有采取堵漏措施的情况下，必须保持稳定燃烧。否则，大量可燃气体泄漏出来与空气混合，遇着火源就会发生爆炸，后果将不堪设想。

首先应扑灭外围被火源引燃的可燃物火势，切断火势蔓延途径，控制燃烧范围，并积极抢救受伤和被困人员。如果火场中有压力容器或有受到火焰辐射热威胁的压力容器，能搬运的应尽量在水枪的掩护下搬运到安全地带，不能搬运的应部署足够的水枪进行冷却保护。为防止容器爆裂伤人，进行冷却的人员应尽量采用低姿射水或利用现场坚实的掩蔽体防护。对卧式储罐，冷却人员应选择储罐四侧角作为射水阵地。

如果是输气管道泄漏着火，应设法找到气源阀门。阀门完好时，只要关闭气体的进出阀门，火就会自动熄灭。

储罐或管道泄漏关阀无效时，应根据火势判断气体压力和泄漏口的大小及形状，准备好相应的堵漏材料，如软木塞、橡皮塞、气囊塞、黏合剂、弯管工具等。

堵漏工作准备就绪后，即可用水扑救大火，也可用干粉、二氧化碳、洁净气体灭火，但仍需用水冷却烧烫的罐或管壁。火扑灭后，应立即用堵漏材料堵漏，同时用雾状水稀释和驱散泄漏出来的气体。如果确认泄漏口非常大，根本无法堵漏，只需冷却着火容器及其周围容器和可燃物品，控制着火范围，直到燃气燃尽，火就会自动熄灭。

现场指挥应密切注意各种危险征兆，遇有火熄灭后较长时间未能恢复稳定燃烧或受热辐射的容器安全阀火焰变亮耀眼、尖叫、晃动等爆裂征兆时，指挥员必须适时做出准确判断，

及时下达撤退命令。现场人员看到或听到事先规定的撤退信号后，应迅速撤退至安全地带。

2．扑救易燃和可燃液体火灾处置措施

液体火灾特别是易燃液体火灾发展迅速而猛烈，有时甚至会发生爆炸。这类物品发生的火灾主要根据它们的比重大小、能否溶于水等性质来确定灭火方法。

一般来说，对比水轻又不溶于水的易燃和可燃液体，如苯、甲苯、汽油、煤油、轻柴油等的火灾，可用泡沫或干粉扑救。初始起火时，燃烧面积不大或燃烧物不多时，也可用二氧化碳灭火剂扑救。但不能用水扑救，因为当用水扑救时，易燃和可燃液体比水轻，会浮在水面上随水流淌而扩大火灾。如梅山冶金公司焦化厂，由于工人操作不当，致使 2 吨多苯从下水道流入长江，在江面上扩散面积很大，恰逢挂有 5 条木船的"海电 1 号"轮船停靠在江边避风，一船员将未燃尽的火柴丢入江中，遇苯起火，烧坏船只。

比水重而不溶于水的液体，如二硫化碳、萘、蒽等着火时，可用水扑救，但覆盖在液体表面的水层必须有一定厚度，方能压住火焰。但是，被压在水下面的液体温度都比较高，现场救援人员应注意不要烫伤。如某厂萘着火用水扑救，大量高温萘（最低温度 80 ℃以上）被压在水下面，多人在灭火过程中被水下面的高温萘烫伤。

能溶于水的液体，如甲醇、乙醇等醇类，醋酸乙酯、醋酸丁酯等酯类，丙酮、丁酮等酮类发生火灾时，应用雾状水或抗溶性泡沫、干粉等灭火剂来扑救。在火灾初期或燃烧物不多时，也可用二氧化碳扑救。如使用化学泡沫灭火时，泡沫强度必须比扑救不溶于水的易燃液体大 3～5 倍。

敞口容器内易燃和可燃液体着火，不能用沙土扑救。因为沙土非但不能覆盖液体表面，反而会沉积于容器底部，造成液位上升以致溢出，使火灾蔓延。

3．扑救毒害和腐蚀物品火灾处置措施

一般毒害物品着火时，可用水及其他灭火剂扑救，但毒害物品中的氰化物、硒化物、磷化物着火时，就不能用酸碱灭火剂扑救，只能用雾状水或二氧化碳等灭火。

腐蚀性物品着火时，可用雾状水、干砂、泡沫、干粉等扑救。硫酸、硝酸等酸类腐蚀物品不能用加压密集水流扑救，因为密集水流会使酸液发热甚至沸腾，四处飞溅而伤害扑救人员。扑救毒害物品和腐蚀性物品火灾时，还应注意节约水量和水的流向，同时注意尽可能使灭火后的污水流入污水管道。因为有毒或有腐蚀性的灭火污水四处溢流会污染环境，甚至污染水源。

有害物品和腐蚀性物品火灾扑救还应搞好个人防护措施，如使用防毒面罩等。

4．扑救氧化剂火灾处置措施

这类物品具有强烈的氧化能力，本身虽不燃烧，但与可燃物接触即能将其氧化，自身还原引起燃烧爆炸。

由氧化剂引起的火灾，一般可用沙土进行扑救，大部分氧化剂引起的火灾都能用水扑救，但最好用雾状水。如果用加压水，则先用沙土压盖在燃烧物上再行扑灭。要防止水流到其他易燃易爆物品处。过氧化物和不溶于水的液体有机氧化剂，应用沙土或二氧化碳、干粉灭火剂扑救。这是因为过氧化物遇水反应能放出氧，加速燃烧；不溶于水的液体有机氧化剂一般比水轻，如用水扑救时，会浮在水上面流淌而扩大火灾。

5．扑救自燃物品火灾处置措施

此类物品虽未与明火接触，但在一定温度的空气中能发生氧化作用放出热量，由于积热不散,达到其燃点而引起燃烧。

　　自燃物品可分为三种:一种在常温空气中剧烈氧化,以致引起自燃,如黄磷;另一种受热达到燃点时放出热量,不需外部补给氧气,本身分解出氧气继续燃烧,如硝化纤维胶片、铝铁溶剂等;还有一种在空气中缓慢氧化,如果通风不良、积热不散,达到物品燃点即能自燃,如油纸等含油脂的物品。

　　自燃物品起火时,除三乙基铝和铝铁溶剂等不能用水扑救外,一般可用大量的水进行灭火,也可用沙土、二氧化碳和干粉灭火剂灭火。由于三乙基铝遇水产生乙烷,铝铁溶剂燃烧时温度极高,能使水分解产生氢气,所以不能用水灭火。如某化工厂物料储罐在长期使用时,由于物料中含有较多硫化物(硫化氢和有机硫),因此硫化物与设备的接触腐蚀作用而形成硫化铁,生产中将储罐内物料用净后,干燥的硫化铁在常温空气中自行发热燃烧,进而发生火灾,此时应用干粉灭火剂将火扑灭。

　　根据国家标准《火灾分类》(GB/T 4968)的规定,火灾分为哪几类? 请举例说明。

6. 扑救爆炸物品火灾的处置措施

　　爆炸物品一般都有专门或临时的储存仓库。这类物品由于内部结构含有爆炸性“基因”,受摩擦、撞击、振动、高温等外界因素激发极易发生爆炸,遇明火则更危险。遇爆炸物品火灾时,一般应采取以下基本对策:

　　迅速判断和查明再次发生爆炸的可能性和危险性,紧紧抓住爆炸后和再次发生爆炸之前的有利时机,采取一切可能的措施全力制止再次爆炸的发生。

　　切忌用沙土盖压,以免增强爆炸物品爆炸时的威力。

　　如果有疏散的可能,在人身安全确有可靠保障的条件下,应立即组织力量及时疏散着火区域周围的爆炸物品,使着火区周围形成一个隔离带。

　　扑救爆炸物品堆垛时,水流应采用吊射,避免强力水流直接冲击堆垛,以免堆垛倒塌引起再次爆炸。

　　灭火人员应尽量利用现场现成的掩蔽体或尽量采用卧姿等低姿射水,尽可能地采取自我保护措施。消防车辆尽量不要停靠在离爆炸物品太近的水源处。

　　灭火人员发现有发生再次爆炸的危险时,应立即向现场指挥报告,现场指挥应迅速做出准确判断,确有发生再次爆炸征兆或危险时,应立即下达撤退命令。灭火人员看到或听到撤退信号后,应迅速撤至安全地带,来不及撤退时应就地卧倒。

　　灭火的主要原理有哪些?

7. 扑救遇水燃烧物品火灾处置措施

此类物品共同特点是遇水后能发生剧烈的化学反应产生可燃性气体,同时放出热量,以致引起燃烧爆炸。遇水燃烧物品火灾应用干沙土、干粉灭火剂等扑救,灭火时严禁用水、酸、碱灭火剂和泡沫灭火剂扑救。

遇水燃烧物,如锂、钠、钾、铷、铯、锶等,由于化学性质十分活泼,能夺取二氧化碳中的氧而引起化学反应,使燃烧更加猛烈,所以也不能用二氧化碳进行扑救。

结合案例 1 中的问题,完成学生活动表中的活动内容,完成后可以拍照上传至网络平台。

学生活动表

活动描述	案例 1 问题密钥	备注
请针对案例 1 中提到的问题完成相关内容		字数不超过 100

学生姓名: 　　　　　　　　　　　　　　　　完成时间:

点睛

> 危化火灾扑救难,既定程序不出乱。
> 扑救措施记心间,物质不同多有变。
> 液化气体火灾现,搜寻堵漏最关键。
> 易燃液体比重看,水轻不溶压火焰。
> 爆炸物品忌土沙,细节做好保平安。

项目 14　矿井事故抢险救援

项目分析

　　矿井事故易发多发，一旦发生事故，如果超出企业内部处置范畴，必须请求政府和矿山救护队等力量介入进行抢险救援。如果抢险救援得当，可以最大限度地减少人员伤亡和财产损失，可以将事故的影响降到最低。相反，抢险救援失当，就会贻误救援时机甚至产生不必要的人员伤亡。

　　本项目主要以专业救援队伍抢险救援为主线，以矿井常见的火灾、水灾为对象进行抢险救援分析，让学生了解矿井事故抢险救援，熟悉一定的抢险救援程序和技术，培养学生关心国家能源、支持矿山救援的思想，树立守护家园、爱国爱民的家国情怀。

任务 1　矿井火灾事故抢险救援

 任务分析

　　矿井火灾事故发生后，仅仅依靠现场人员和企业的初期处置很难有效处理事故，大多数情况需要专业救援队伍等救援力量介入进行抢险救援。抢险救援工作能够有效开展，需要依靠党的领导、政府的支持以及专业的队伍、技术和方法。

微课资源

　　本任务以矿井火灾救援实际案例为出发点，主要介绍了矿井火灾抢险救援主要流程和技术要点，重点是矿井火灾事故抢险救援流程和基本技术方法，难点是矿井火灾事故应急救援指挥。

 任务目标

知识目标

1. 理解矿井火灾事故抢险救援技术流程和技术要点。
2. 熟悉矿山救护队抢险救援的注意事项。

能力目标

1. 具备设计矿井火灾事故救人方案的能力。
2. 具备火区封闭与启封的判断决策能力。
3. 具备基本的矿山事故应急救援指挥能力。

素质目标

1. 培养学生守护家园、爱国爱民的思想。
2. 培养学生团结意识和规范施救的行为。
3. 增强学生勇敢坚强、敬业奉献的精神。

案例引入

案例 1 某矿井火灾事故抢险救援案例

一、矿井概况

某煤矿井田内主要可采煤层为 11、14、21 煤层,倾角为 10°～15°,局部倾角较大,现开采 11、14 煤层。该矿属于低瓦斯矿井,煤层具有自燃倾向性。矿井采用立井、斜井多水平综合开拓方式,主井、副井为斜井,风井为立井。

主井倾角 25°、斜长 402 m;副井倾角 25°,斜长 360 m;回风立井垂直长度 119 m。在开采水平布置采区运输、轨道、回风 6 条轨道下山,在下山两翼布置各区段采煤工作面。采煤工作面采用长壁后退式采煤法,综合机械化回采工艺,全部垮落法管理顶板。矿井采用中央并列式、抽出式通风,由主、副斜井进风,由回风立井回风。

二、事故发生简要经过

某月 30 日 11B07 综采工作面一名工人在 78# 支架处清理浮煤时,突然发现有明火落下,随后发现 100# 支架处又有明火落下,见此情况,他立即沿进风巷道撤离,并告知其他工人一起沿进风方向撤离。此时,班长在工作面上出口处也发现火情,他立即组织其他人员沿避灾路线撤离,同时向带班矿长进行了汇报。带班矿长立即向矿调度室进行了汇报。事故矿井通风示意图如图 14-1 所示。

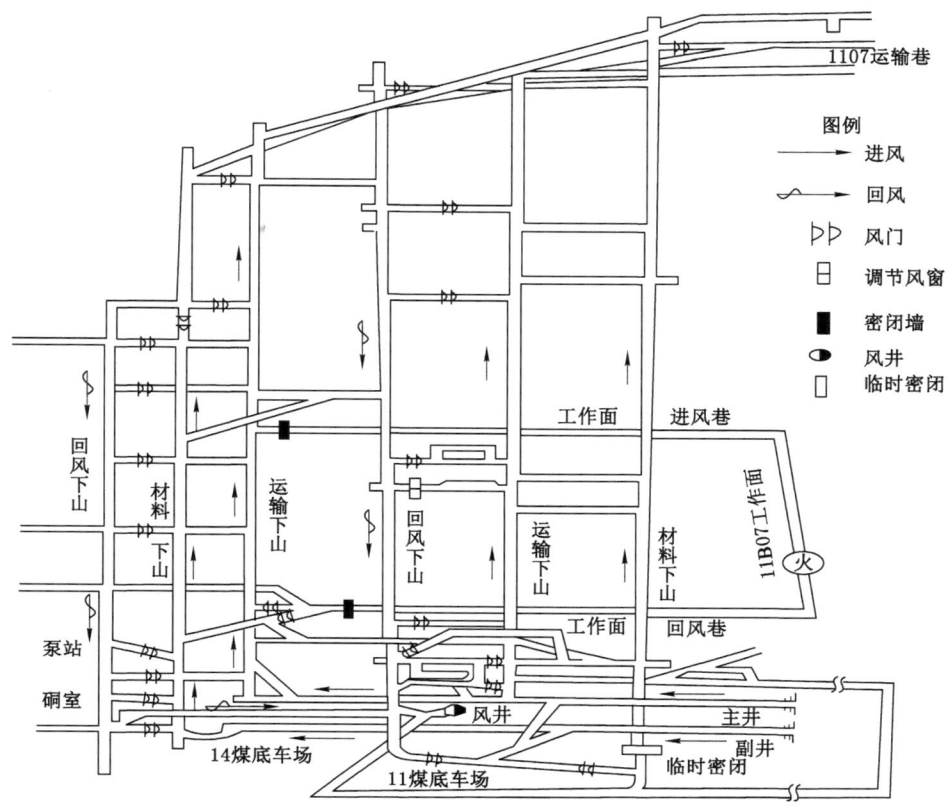

图 14-1 案例 1 事故矿井通风示意图

三、事故直接原因

11B07 工作面工人在移动支架时,支架与支架相互摩擦产生火花引燃架后积存的瓦斯,引起火灾。

四、事故抢险救援过程

公司救护大队接到通知后迅速赶赴现场,此时企业已经对矿井实施了封闭。根据事故性质,副大队长立即带领相关人员出动气体分析化验车、液态二氧化碳灭火装备,于下午 4 点到达事故矿井。经与煤矿领导共同研究决定,制订了对已封闭矿井进行惰化并逐步启封的救援方案:第一步,从副井井口向井下注入液态二氧化碳,并在距着火工作面回风巷内 100 m 左右位置通过打钻孔向工作面灌注液态二氧化碳。第二步,在符合启封条件时,锁风进入灾区,在井底打三道密闭,解放副井井筒。第三步,在条件允许的情况下,把着火工作面进、回风巷封堵上,把大系统解放,随之解放工作面,恢复生产。为确保救援过程安全,同时制定了安全技术措施。

经过一个月的抢险救援,最终完成了火区的全部启封工作,完成了既定目标。

引入问题:依据以上抢险救援案例,分析矿井火灾救援有哪些常用技术? 上述救援可能存在哪些问题?

 知识探索

名句赏析:"用热血书写青春,用生命践行忠诚。"矿山救护队用行动很好诠释了这句话,他们保护着国家的能源,守护着矿工的生命,忠于使命、忠于国家。

一、矿山救护队抢险救援流程

1. 闻警出动

救援小队接警后,第一时间按响警报电铃,将事故类别、事故地点、遇险人数及救援任务、救援计划填写在救援行动计划表上,随后集合队伍,并根据事故类型向小组成员布置救援任务,小队携带仪器设备迅速赶往灾区。

由小队队长向指挥员汇报,汇报内容主要包括救援小队名称、队长姓名、队员人数、救援任务、拟定的救援路线、救援时间等,指挥员给出相应指示。

报告范文:"报告指导员,××小队接××矿调度室电话报警,×月×日×时×分,在该矿井××工作面××米处出现××事故,目前该矿仍有×名矿工被困井下。我小队具体负责本次井下救援任务,由××担任本次救援小队队长,小队人员共计×人。救援时间为×日×时至×日×时,拟定救援路线为××,汇报结束,请指示!"

2. 救援准备

到达现场后等待救援指挥部进一步命令并进行现场仪器装备战前检查。指挥员给出具体救灾命令和指示后迅速下井进行灾区侦察。

3. 抢救人员路线设计

火灾发生后,抢险救援一个重要任务就是抢救被困人员,首先要确定临时井下救援基地,救援基地的选择要在保证安全的前提下尽量靠近灾区,如果是火灾,临时救援基地一般设置在火灾发生点的上风侧。营救火灾下风侧人员时,尽量选择距离最近、避开着火点的路线。

> **边学边用**
>
> 某煤矿在 1453 综采工作面采用上行通风,如图 14-2 所示,回风巷 308 m 处(68 号点位起算)出现火灾事故,火灾波及范围有 20 m,有 1 名矿工没有升井,据井下人员定位系统显示,该矿工可能位于 1453 综采工作面。
>
> 请问如何选择井下救援基地和救援路线?
>
> _____
>
> _____

4. 灾区侦察

(1)队员行进间距要求

在侦察期间,队员应在互为可见范围内行动,即各队员之间距离不可超过 9 m。

(2)侦察路线

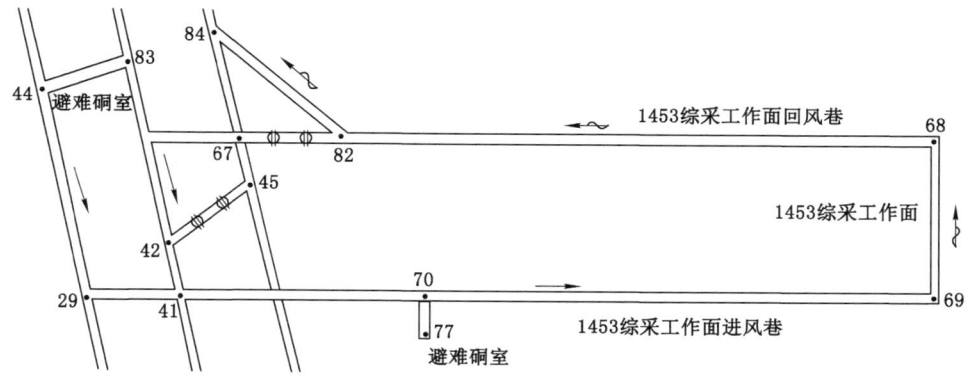

图 14-2　某矿井工作面示意图

队员按照一定路线,在条件允许的前提下以与侦察巷道呈斜交式前进进行侦察,若改变侦察路线,需报告至井下救援基地指挥员同意。侦察前进时,队长在队列前、副队长在队列后,返回时相反。

（3）行进方式及信号使用

侦察小队应采用红外线测距仪,对前进巷道进行距离测定,且在前进或撤退时,队员不可出现奔跑现象。侦察小队应按《矿山救护规程》正确使用信号,可由队长直接下达口令或使用哨子发出信号。

（4）信息汇报及时

侦察小队在灾区处理事故、井下救援前,应由队长发出命令,对应队员按照队长命令行动,禁止擅自行动。

（5）正确检测气体

侦察小队应在下列地点使用指定仪器或多功能气体检测仪正确检测气体浓度:气体告示牌、冒落区两侧、风障、风门、火区、密闭、局部通风机、电器开关、遇险或遇难人员等地点,每个地点只需检测 1 次。

检测气体种类:甲烷、二氧化碳、一氧化碳和氧气。

检测气体方法:检测仪器位置符合要求。检测甲烷时,检测仪位置高于头部;检测一氧化碳时,检测仪位置与胸平齐;检测氧气时检测仪应位于腰部或腰部稍下;检测二氧化碳时,检测仪应位于膝盖以下、地面以上。

思考各种气体检查点位置有什么依据?

（6）安全防护

① 正确佩用氧气呼吸器

a. 侦察小队自佩用氧气呼吸器开始计时,20 min 内必须在停留状态下互检 1 次,因呼吸器故障再次进入灾区时,同样要进行此项检查。

b. 侦察小队不适或呼吸器出现故障,应按《矿山救护规程》要求采取措施处理。

② 正确使用救生索

烟雾巷道侦察时,队员应使用救生索连接。

5. 灾害处理

在灾区侦察的基础上对于发现的事故破坏现场进行灾害处理,比如封闭火区、实施综合灭火、启封火区等工作。

二、抢险救援技术要点

(1) 了解掌握火灾地点、火灾类型、火源位置、灾区范围、遇险人员数量及分布位置、通风、瓦斯等有害气体浓度、巷道破坏程度,以及现场救援队伍和救援装备等情况。根据需要,增调救援队伍、装备和专家等救援资源。

(2) 应迅速派矿山救护队进入灾区侦察灾情,发现遇险人员立即抢救,探明灾区情况,为救援指挥部制订决策方案提供准确信息。救援指挥部根据已掌握的情况、监控系统检测数据和灾区侦察结果,进一步分析判断火源点、燃烧强度、温度及气体浓度分布状况、破坏范围及程度,判断被困人员的生存状况,研究制订救援方案和安全技术措施。

(3) 采取风流调控措施,控制火灾烟雾的蔓延,防止火灾扩大和瓦斯爆炸,防止因火风压引起风流逆转造成危害,创造有利的灭火条件,保证救灾人员的安全并有利于抢救遇险人员。采取反风措施处理进风井筒、井底车场及主要进风巷火灾时,必须详细制订和严格实施反风方案及安全措施,反风前撤出火源进风区人员。

(4) 根据现场情况选择直接灭火、隔绝灭火或综合灭火方法。当火源明确、能够接近、火势不大、范围较小、瓦斯浓度在允许范围内时,应采取清除火源、用水浇灭等直接灭火方法,尽快扑灭火灾,防止事故扩大。对于大面积或隐蔽火灾,直接灭火无效或者危及救援人员安全时,应采取封闭火区的隔绝灭火方法或综合灭火方法。封闭具有爆炸危险的火区,应采取注入惰性气体、注浆等措施惰化火区,消除爆炸危险,再在安全位置建立密闭墙进行隔绝灭火。

(5) 组织恢复通风设施时,遵循"先外后里、先主后次"的原则,由井底开始由外向里逐步恢复,先恢复主要的和容易恢复的通风设施,损坏严重、一时难以恢复的通风设施可用临时设施代替。

三、安全注意事项

(1) 加强对灾区气体检测分析,防止瓦斯、煤尘爆炸造成伤害。必须指定专人检查瓦斯和煤尘,观测灾区的气体和风流变化。当甲烷浓度达到 2% 并继续上升时,全部人员立即撤离至安全地点并向指挥部报告。

(2) 救护队在行进和救援过程中,救护队指挥员应当随时注意风量、风向的动态变化,判断是否出现风流逆转、逆退和滚退等风流紊乱,并采取相应防护措施。还应注意顶板和巷道支护情况,防止因高温燃烧造成巷道垮落伤人。

（3）处理掘进工作面火灾时，应保持原有的通风状态，进行侦察后再采取措施。

（4）处理上、下山火灾时，必须采取措施防止因火风压造成风流逆转或巷道垮塌造成风流受阻威胁救援人员安全。

（5）处理爆炸物品库火灾时，应先将雷管运出，再将其他爆炸物品运出。因高温或爆炸危险不能运出时，应关闭防火门，退至安全地点。

（6）处理绞车房火灾时，应将火源下方的矿车固定，防止烧断钢丝绳造成跑车伤人。处理蓄电池电机车库火灾时，应切断电源，采取措施，防止氢气爆炸。

（7）封闭火区时，为了保证安全和提高效率，可采取远距离自动封闭技术实施封闭。采用传统封闭技术时，必须设置井下基地和机动小队，准备充足的封闭材料和工具，确保灾区爆炸性气体达到爆炸浓度之前完成封闭工作，撤出作业人员。

（8）采取火区锁风措施减小火区封闭范围时，应采取注惰、注浆等措施有效惰化火区后实施锁风作业。

四、相关工作要求

（1）严禁盲目入井施救。救援过程中，如果发现有爆炸危险、风流逆转或其他灾情突变等危险征兆，救援人员应立即撤离火区。在已经发生爆炸的火区无法排除发生二次爆炸的可能时，禁止任何人员入井，根据灾情研究制订相应救援方案和安全技术措施。

（2）封闭具有爆炸危险的火区时，必须保证救援人员安全。应采用注入惰性气体等抑爆措施，加强封闭施工的组织管理，选择远离火点的安全位置构筑密闭墙。封闭完成后，所有人员必须立即撤出，24 h 内严禁派人检查或加固密闭墙。

（3）发现已经封闭的火区发生爆炸造成密闭墙破坏时，严禁派救护队侦察或者恢复密闭墙，应该采取措施实施远距离封闭。

五、主要技术措施

1. 火区封闭

根据火区内瓦斯聚积的情况，可将封闭火区的方法分为：

（1）锁风封闭

在火区进、回风两侧构筑防火墙封闭火区，封闭火区时保持不通风。这种方法适用于火区气体贫氧、氧浓度低于瓦斯失爆和失燃界限。这种情况虽然极为少见，但是如果发生火灾时采取调风措施阻断火区通风，空气中的氧因火源及瓦斯燃烧而大量消耗，也是可能出现的。

（2）通风封闭

这是目前应用最广泛的一种方法，也是一种正确、安全的方法。在保持火区通风的条件下，同时构筑进、回风两侧的防火墙以封闭火区。这时火区空气中的氧浓度高于失爆界限（12%），封闭区内瓦斯浓度存在着发生爆炸的可能与危险，在构筑防火墙风量逐渐减少或当火区构筑防火墙开始脱离全矿风压的影响时都可能发生。

① 先进后回：先封闭进风侧巷道，再封闭回风侧巷道。这种方法在抚顺、辽源等高瓦斯

矿应用较多,先将进风侧巷道封闭,然后撤离人员,隔24 h再封闭回风侧巷道。若有瓦斯积聚,则任其爆炸,待回风侧因爆炸形成贫氧区后再封闭。

② 进回同时:应用最广泛的一种方法,由救护队员在进、回风巷道构筑密闭,在密闭上预留一通风孔,同时封闭通风孔。封闭完成后立即撤出人员以防瓦斯爆炸,在确认无瓦斯爆炸后再构筑永久防火墙。

③ 先回后进:采用较少,先封闭回风侧巷道有利于使火区空气中氧气浓度迅速减少,加速火区熄灭,但应防止瓦斯积聚爆炸和火烟回流。

思考各种封闭火区方法的优缺点。

(3)注入惰气封闭火区

此法即是联合灭火法的一种,也是最安全、最有效的灭火方法。在封闭火区的同时注入惰气(CO_2、N_2等),既可防止火区发生瓦斯爆炸,又能加速火区熄灭。但是采用这种方法需要装备一整套注惰装置,而且要有足够的惰气源供入火区。

2. 火区启封

启封火区是一项危险的工作,一定要谨慎从事。

《煤矿安全规程》第二百八十条明确规定:"启封已熄灭的火区前,必须制定安全措施。启封火区时,应当逐段恢复通风,同时测定回风流中一氧化碳、甲烷浓度和风流温度。发现复燃征兆时,必须立即停止向火区送风,并重新封闭火区。启封火区和恢复火区初期通风等工作,必须由矿山救护队负责进行,火区回风风流所经过巷道中的人员必须全部撤出。在启封火区工作完毕后的 3 天内,每班必须由矿山救护队检查通风工作,并测定水温、空气温度和空气成分。只有在确认火区完全熄灭、通风等情况良好后,方可进行生产工作。"

启封火区的方法有两种:通风启封与锁风启封。

(1)通风启封

适用:火区范围不大,确认火源已熄灭。

方法:首先打开一个回风侧防火墙,过一定时间后再打开一个进风侧防火墙。待火灾气体排放一定时间,如无异常现象,再相继打开其余防火墙。可采用局部通风机强力通风,迅速冲淡火灾气体,防止爆炸,同时撤人。打开第一个回风侧防火墙时,应先开一个小孔,然后逐渐扩大,严禁一次性将防火墙全部扒开。

(2)锁风启封

适用:火区范围大,火源是否熄灭难以确认的高瓦斯矿井。

方法:首先在将打开的防火墙外侧5～6 m 处构筑一道带风门的防火墙,形成封闭空间,然后打开原防火墙,救护队员进入探查火源,确认一定地段无火源后,再选择适当地点重新建立临时防火墙,恢复通风,这样逐段逼近发火地点、逐段启封。

边学边用

结合案例 1 中的问题，完成学生活动表中的活动内容，完成后可以拍照上传至网络平台。

学生活动表

活动描述	案例 1 问题密钥	备注
请针对案例 1 中提到的问题完成相关内容		字数不超过 100

学生姓名：　　　　　　　　　　　完成时间：

点睛

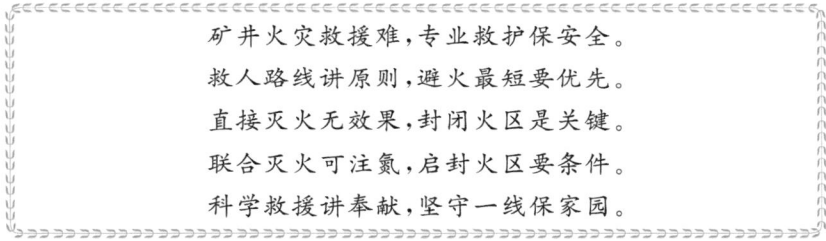

矿井火灾救援难，专业救护保安全。

救人路线讲原则，避火最短要优先。

直接灭火无效果，封闭火区是关键。

联合灭火可注氮，启封火区要条件。

科学救援讲奉献，坚守一线保家园。

任务 2　矿井水灾事故抢险救援

任务分析

矿井水灾事故发生后，如果仅仅依靠现场人员和企业的初期应急处置无法有效控制事故，专业救援队伍等救援力量介入进行抢险救援就在所难免。抢险救援工作能够有效开展，需要依靠党的领导、政府的支持以及专业的队伍、技术和方法。

微课资源

本任务以矿井水灾救援实际案例为出发点，主要介绍了矿井水灾抢险救援主要流程和技术要点，重点是矿井水灾事故抢险救援流程和基本技术方法，难点是矿井水灾事故应急救援指挥。

 任务目标

知识目标
1. 理解矿井水灾事故特点。
2. 熟悉矿井水灾事故抢险救援流程和方法。

能力目标
1. 具备设计矿井水灾事故救人方案的能力。
2. 具备基本矿井水灾事故应急救援指挥的能力。

素质目标
1. 培养学生守护家园、爱国爱民的思想。
2. 培养学生团结意识和规范施救的行为。
3. 增强学生勇敢坚强、敬业奉献的精神。
4. 培养学生精益求精的工匠精神。

 案例引入

案例 1　某矿井水灾事故抢险救援案例

某日,暴雨引发的洪水经废弃的老窑溃入某煤矿井下,导致井下 260 m 水平巷道 600 余米被淹,透水量超过 4 000 m³。当时井下有 102 名矿工,其中 33 人及时升井、69 人被困。事故发生后,矿山救护队迅速出动,国务院领导立即做出重要批示,提出明确要求,国家安全生产监督管理总局、国家煤矿安全监察局及当地省委省政府主要负责同志迅速赶赴现场,共同研究确定了"一堵、二排、三送"的抢险方案,即:堵住漏水源头,加强井下排水,向遇险工人聚集点送风、送氧、送牛奶。从企业厂矿到一般群众都全力投入事故抢救中,在人力、物力、财力上给予了无私的援助,保证了抢救工作顺利进行。通过 76 h 的艰苦奋战,克服困难,排除险情,最终 69 名被困矿工全部获救。

引入问题:依据以上抢险救援案例,说一说该矿井水灾救援成功的主要原因是什么? 应该注意哪些问题?

知识探索

名句赏析:"召之即来,来之能战,战之能胜。"矿山救护队用行动和誓言守护着矿山的安全。

一、事故特点

（1）矿井透水水源主要包括地表水、含水层水、断层水、老空水等。地表水的溃入来势猛，水量大，可能造成淹井，多发生在雨季和极端天气情况。含水层透水来势猛，当含水层范围较小时，持续时间短，易于疏干；当范围较大时，破坏性强，持续时间长。断层水补给充分，来势猛，水量大，持续时间长，不易疏干。老空水是煤矿重要充水水源，以静储量为主，突水来势猛，破坏性强，但一般持续时间短。老空水常为酸性水，透水后一般伴有有害气体涌出。

（2）井下采掘工作面发生透水之前，一般都有某些征兆，如巷道壁和煤壁挂汗、煤层变冷、出现雾气、淋水加大、出现压力水流、有水声和特殊气味等。

（3）透水事故易发生在接近老空区、含水层、溶洞、断层破碎带、出水钻孔地点、有水灌浆区以及与河床、湖泊、水库等相近的地点。其中，掘进工作面是矿井水害的多发地点。

（4）透水会造成遇险人员被水冲走、淹溺等直接伤害，或造成窒息等间接伤害，也容易因巷道积水堵塞造成遇险人员被困灾区。大量突水还可能冲毁巷道支架，造成巷道破坏和冒顶，使灾区的有毒有害气体浓度升高。

（5）水灾事故发生后，遇险人员可能因避险离开工作地点，撤离至较安全位置，在井下分布较广。由于水灾事故受困人员往往具有较大生存空间，且无高温高压环境，有毒有害气体浓度不会迅速增大，相对爆炸、火灾、突出事故，遇险人员具备较大存活可能。

二、抢险救援流程和方法

抢险救援基本流程可以参考矿井火灾抢险救援流程，包括闻警出动、救援准备、抢救遇险人员路线设计、灾区侦察和灾害处理等。这里重点介绍抢救遇险人员路线设计方法和灾害处理过程中的井下接电排水。

1. 抢救遇险人员路线设计

抢救遇险人员路线设计一定要考虑水灾的特点，井下临时救援基地一定要在透水点以上位置，靠近被困人员，尽量选择新鲜风流且能躲避爆炸的位置，如果有符合条件的避难硐室，可以选择避难硐室作为井下临时救援基地。设计救人路线从井下临时救援基地开始，沿高于透水点标高的巷道到达人员被困地点。

边学边用

某煤矿在1453综采工作面采用上行通风，如图14-2所示，工作面中部位置出现透水事故，有1名矿工没有升井，据井下人员定位系统显示，该矿工可能位于1453综采工作面透水点附近。

请问如何选择井下救援基地和救援路线？

2. 井下透水点接电排水一般流程和方法

在进行抢险救援排水过程中,往往需要恢复供电,通过磁力启动器接电操作是矿山救援队员的基本技能。磁力启动器如图 14-3 所示。

图 14-3　磁力启动器

具体的接电流程如下:

(1) 向井下基地指挥员请求停止设备供电。

(2) 指挥员将信息向矿山指挥部汇报,经同意后告知灾区小队。

(3) 小队接到命令后停止并闭锁磁力启动器手把。

(4) 停止并闭锁分路馈电开关。

(5) 断电并挂牌。

(6) 开盖前使用多功能气体检测仪进行瓦斯检测(检测位置高于头部,浓度小于 1%)。

(7) 开盖后使用验电笔对每个接线柱进行验电。

(8) 对验电完毕的接线柱使用放电线进行放电。

(9) 兆欧表的自检,先开路、后闭路。

(10) 使用兆欧表对接线柱进行测电阻,连接时相与相、相与地之间依次连接。

(11) 对兆欧表各接线柱再次进行放电(各接线柱与接地柱之间连接,放电线先接触地线、再接触接线柱)。

(12) 使用电笔对电缆各相进行验电。

(13) 验电完毕后使用放电线对电缆进行放电。

(14) 制作线缆接头并对线缆进行绝缘性检测(兆欧表再次自检后,进行绝缘性检测)。

(15) 对线缆用放电线进行放电。

(16) 卸下进线嘴,制作密封圈。

(17) 连接电缆,依次将进线嘴、金属圈、密封圈套在电缆上进行连接。

(18) 使用兆欧表检测接线柱与所接电缆的绝缘性,对接线柱进行测电阻。

(19) 对各接线柱再次进行放电。

(20) 电缆连接完毕后在防爆面上均匀涂抹防锈油,拧紧开关上盖之后观察其防爆间隙及密闭性能。接好后,抽送线缆,必须牢固、不松动。

(21) 向井下基地指挥员报告,请示送电。

（22）检查瓦斯，摘牌送电，检查泵的正反转。若反转，馈电开关手把打至另外一侧。

注意：在接线的过程中不可在开关盖上放工具、剁电缆等。

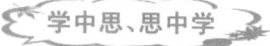

思考接电过程容易出现失爆的情况有哪些？

三、抢险救援技术要点

（1）了解掌握突水区域及影响范围、透水类型及透水量、井下水位、补给水源、遇险人员数量及事故前分布地点、事故后遇险人员可能躲避位置及其标高、矿井被淹最高水位、灾区通风和气体情况、巷道被淹及破坏程度，以及现场救援队伍、救援装备、排水能力等情况。根据需要，增调救援队伍、装备和专家等救援资源。

（2）采取排、疏、堵、放、钻等多种方法，全力加快灾区排水。综合实施加强井筒排水、向无人的下部水平或采空区放水、钻孔排水等措施。应调集充足的排水力量，采用大功率排水设备，加快排水进度，并根据水质的酸性、泥沙含量等情况调集耐酸泵和泥沙泵进行排水。

（3）排水期间，切断灾区电源，加强通风，监测瓦斯、二氧化碳、硫化氢等有毒有害气体浓度，防止中毒，防止瓦斯浓度超限引起爆炸。

（4）利用压风管、水管及打钻孔等方法与被困人员取得联系，向被困人员输送新鲜空气、饮料和食物，为被困人员创造生存条件，为救援争取时间。在距离不太远、巷道无杂物、视线较清晰时，可考虑潜水进行救护。潜水员携带氧气瓶、食物、药品等送往被困人员地点，打开氧气瓶，提高空气中的氧气浓度。

（5）在排水救援的同时，根据现场条件可采取施工地面或井下大孔径救生钻孔的方法营救被困人员。

四、安全注意事项

（1）在救援过程中，应特别注意通风工作，救护队要设专人检查瓦斯和有害气体。负责水泵的人员应佩戴呼吸保护装置，井筒和井口附近禁止明火火源，防止瓦斯爆炸，如发现瓦斯涌出，应及时排出，以免造成灾害。

（2）清理倾斜巷道淤泥时，应从巷道上部进行。为抢救人员需从斜巷下部清理淤泥、黏土、流沙或煤渣时，必须制定专门措施，设有专人观察，设置阻挡的安全设施，防止泥沙和积水突然冲下，并应设置有安全退路的躲避硐室。出现险情时，人员立即进入躲避硐室暂避。

（3）排水后进行侦察、抢救人员时，注意观察巷道情况，防止冒顶和底板塌陷。救护队员通过局部积水巷道时，应该靠近巷道一侧探测前进。

（4）救护队进入独头平巷侦察或抢救人员时，如果水位仍在上升，要派人观察独头巷道外出口处水位的情况，防止水位增高堵住救援人员的退路。在通过积水巷道时，应考虑到水位的上升速度、距离和有害气体情况，要与观察水情的人员保持联系，如发现异常情况要立即撤离并返回基地。

（5）抢救和运送长期被困人员时，注意环境和生存条件的变化，严禁用灯光照射眼睛，应用担架并盖保温毯将被困人员运到安全地点，进行必要的医疗急救处置后尽快送往医院进行治疗。

五、相关工作要求

（1）救护队在处理水灾事故时，必须带齐救援装备。在处理老空水透水时，应特别注意检查有害气体（如甲烷、二氧化碳、硫化氢）和氧气浓度，以防止缺氧窒息和有毒有害气体中毒。

（2）处理上山巷道突水时，禁止由下往上进入突水点或被水、泥沙堵塞的开切眼和上山，防止二次突水、淤泥的冲击。从平巷中通过这些开切眼或下山口时，要加强支护或封闭上山开切眼，防止泥沙下滑。

（3）井下发生突水事故后，严禁任何人以任何借口在不佩戴防护器具的情况下冒险进入灾区，防止发生次生事故造成自身伤亡。

（4）严禁向低于矿井被淹最高水位以下可能存在躲避人员的地点打钻，防止独头巷道生存空间空气外泄、水位上升，淹没遇险人员，造成事故扩大。

结合案例 1 中的问题，完成学生活动表中的活动内容，完成后可以拍照上传至网络平台。

学生活动表

活动描述	案例 1 问题密钥	备注
请针对案例 1 中提到的问题完成相关内容		字数不超过 100
学生姓名：	完成时间：	

点睛

矿井水灾常发生，排水救人先行动。

接电排水看规程，防爆措施要记清。

通信联络打钻孔，压风压水皆可用。

受困人员莫轻生，党和政府是保证。

参考文献

[1] 窦英茹,张菁.现场急救知识与技术[M].北京:科学出版社,2018.

[2] 国家安全生产应急救援指挥中心.矿山事故应急救援典型案例及处置要点[M].北京:煤炭工业出版社,2018.

[3] 赫中全.消防救援基础技能训练[M].北京:化学工业出版社,2020.

[4] 李其中,王晔,秦绪坤.矿山事故应急救援决策指挥[M].北京:应急管理出版社,2020.

[5] 李雨成.应急救援装备[M].北京:应急管理出版社,2021.

[6] 刘立文.抢险救援技术[M].北京:中国人民公安大学出版社,2019.

[7] 马宝成.应急管理蓝皮书:中国应急管理发展报告(2021)[M].北京:社会科学文献出版社,2021.

[8] 马宝成.应急管理体系和能力现代化[M].北京:中共中央党校出版社,2022.

[9] 王小辉,梁玉春,管金海.事故应急救援[M].广州:广东教育出版社,2021.

[10] 叶巍,刘娜娜,谢龙魁.建筑消防技术[M].武汉:华中科技大学出版社,2021.

[11] 易俊,黄文祥.矿山事故应急救援技术[M].北京:煤炭工业出版社,2018.

[12] 应急管理部消防救援局.消防安全案例分析[M].2版.北京:中国计划出版社,2022.

[13] 张瑞新,樊建武.新时代应急管理理论与实践[M].北京:应急管理出版社,2021.

[14] 赵正宏.应急救援法律法规[M].北京:中国石化出版社,2019.